普通高等教育高职高专“十二五”规划教材 电气类

电力电子技术

主 编 姜久超 王 伟
副主编 蒋瑾瑾 冷海滨 黄伟林
刘 暐 张 舒 李国顺
主 审 王彦忠

中国水利水电出版社
www.waterpub.com.cn

内 容 提 要

《电力电子技术》主要包括电力电子器件、晶闸管可控整流电路、晶闸管触发电路、直流变换电路、交流变换电路、无源逆变电路及电力电子装置的典型应用等内容。本教材从高职教育的特点出发，结合多所高职高专院校电力电子技术课程教学的特点，对电力电子技术的内容进行了精心挑选。本教材各章节均附有小结、习题与思考题。

本教材适合作为高等专科学校、高等职业院校及成人高校的电气类专业的教学用教材，也可以作为相关专业的教材或教学参考书，亦可作为从事电力电子技术工作的工程人员参考用书。

图书在版编目（CIP）数据

电力电子技术 / 姜久超，王伟主编. -- 北京 : 中国水利水电出版社，2014.8(2023.7重印)
普通高等教育高职高专“十二五”规划教材. 电气类
ISBN 978-7-5170-2414-9

Ⅰ. ①电… Ⅱ. ①姜… ②王… Ⅲ. ①电力电子技术—高等职业教育—教材 Ⅳ. ①TM1

中国版本图书馆CIP数据核字(2014)第199674号

书　　名	普通高等教育高职高专“十二五”规划教材　电气类 **电力电子技术**
作　　者	主　编　姜久超　王伟 副主编　蒋瑾瑾　冷海滨　黄伟林　刘暐　张舒　李国顺 主　审　王彦忠
出版发行	中国水利水电出版社 （北京市海淀区玉渊潭南路 1 号 D 座　100038） 网址：www. waterpub. com. cn E-mail：sales@mwr. gov. cn 电话：(010) 68545888（营销中心）
经　　售	北京科水图书销售有限公司 电话：(010) 68545874、63202643 全国各地新华书店和相关出版物销售网点
排　　版	中国水利水电出版社微机排版中心
印　　刷	北京市密东印刷有限公司
规　　格	184mm×260mm　16 开本　13.25 印张　314 千字
版　　次	2014 年 8 月第 1 版　2023 年 7 月第 4 次印刷
印　　数	8001—9500 册
定　　价	**45.00** 元

凡购买我社图书，如有缺页、倒页、脱页的，本社营销中心负责调换

前言

《电力电子技术》是高职高专电气自动化技术、电气工程、电力系统及其自动化、机电一体化等专业中应用性很强的一门专业技术基础课。近年随着计算技术、电子技术的迅猛发展，电力电子技术这一高新技术学科也得到了迅速发展，新的应用成果层出不穷，为了使本课程教学紧跟新技术的发展步伐，满足高等职业教育的发展需求，本教材根据多个高职院校一线教师多年教学经验，以高职院校相关专业的培养目标为需求，力求突出高职高专教育的特点，满足高职高专学生学习特点而编写了本教材。

本教材按照高等职业教育中“加强应用，联系实际，突出特色”的原则，在内容编写上降低了理论深度和数学公式的推导难度，力求做到“重点突出、概念清楚、深入浅出、循序渐进、学以致用”的目的。在内容处理上主要以电力电子技术的概念、典型电路的分析以及电力电子技术的应用实例为重点，既注重电力电子技术的最新发展，又注意高职学生知识结构和能力的培养，强调学生动手能力、解决实际问题的能力及工程设计创新能力的培养。

本教材共分为7章，包含4部分内容。第一部分为第1章，主要内容包括常用电力电子器件的工作原理、特性、参数、驱动电路及保护方法；第二部分为第2～6章，也是本书的主干部分，主要包括可控整流、直流变换、交流变换、无源逆变、触发电路等电力电子技术的基本电路的电路组成、工作原理、波形分析、参数计算和应用范围等；第三部分为第7章即电力电子技术典型装置的应用；最后一部分为附录的实训项目。

另外，本教材对每章节根据教学要求编排了适当的例题和课后习题，从而更好地帮助学生巩固、理解所学知识。

本教材在高职高专电气类及相关专业教学中，建议参考学时为60学时，各高职院校可根据本校具体教学情况酌情考虑，可在60学时范围内浮动。

本教材由河北工程技术高等专科学校姜久超担任第一主编，浙江同济科技职业学院王伟担任第二主编，安徽水利水电职业技术学院蒋瑾瑾、湖北水利水电职业技术学院冷海滨、长江工程职业技术学院黄伟林、河北工程技术高等专科学校刘暐、三峡电力职业学院张舒任副主编。具体编写分工为：姜久超编写第6、7章；王伟编写第2章；蒋瑾瑾编写第1章；冷海滨编写第4

章；黄伟林编写第 3 章；刘暐编写第 5 章；附录部分由河北工程技术高等专科学校的李国顺编写；保定红星高频设备有限公司王彦忠对全书进行了审阅；姜久超负责全书组稿和定稿。张继芳、吉庆昌、郝巧红也参与了本教材部分内容的编写工作。

本教材在编写过程中，参阅了大量的参考文献，在此对参考文献的作者致以衷心的感谢。

由于编者的水平有限，书中难免存在错误和不妥之处，恳请读者批评指正，并将意见和建议反馈给我们，以便我们及时修订。

编者

2014 年 4 月

目录

绪　论

电力电子技术是一种使用电力电子器件对电能进行变换和控制的技术，它以电力电子（功率半导体）器件、变流器电路及其控制电路为研究对象，实现对各种形式电能的高效合理的使用，也为人类各个应用领域提供了高质量的电能。

电力电子技术是1976年被国际电工委员会命名的一门新兴交叉学科，又称为电力电子学，它是集电力技术、电子学和控制理论三大学科而成。电力技术在高压直流输电、电力机车牵引、交直流电源等电力系统中应用广泛，这些领域与电力电子技术的电能变换的联系都非常密切。而电子学中电子器件和电路两大分支又分别与电力电子器件和电力电子电路相对应，电子学和电力电子的关系也显而易见。控制理论为实现电力电子技术的弱电（电子器件、低电压、小电流）控制强电（电力器件、高电压、大电流）搭起了一条强有力的纽带。

在计算机、信息技术迅猛发展的今天，无论是电力、机械、矿冶、交通、石油化工等传统产业，还是通信、航天、环保、机器人等高科技产业，都迫切需要高质量电能，从环保角度考虑尤其需要高效、高质、节能、环保的电能，而电力电子技术正是实现这些功能的重要手段，电力电子技术已经和我们的生活紧密相关。

1. 电力电子技术的发展

电力电子技术的发展取决于电力电子器件的发展，电力电子器件是电力电子技术发展和创新的火种，每一种新型电力电子器件的出现都能给电力电子技术带来一次发展和革命，因此，电力电子技术的发展是以电力电子器件的发展史为纲的。

20世纪50年代，美国通用电气公司研制生产出第一个晶闸管，以此为标志，电力电子器件发展可归纳为以下3个阶段。

（1）20世纪50～60年代，这期间为电力电子器件发展的初期。第一个晶闸管诞生，半导体器件包括电力电子器件在内的关键技术全部得以完善，由于晶闸管优越的电气性能和控制性能，使其应用范围迅速扩大，化工、钢铁、电力等行业迅速发展，引发了电力电子技术的一场革命。

（2）20世纪70～80年代，这期间为电力电子器件的发展成长期。主要的电力电子器件如MOSFET（电力场效应晶闸管）、IGBT（绝缘栅双极晶体管）、GTO（门极可关断晶闸管）及光触发晶闸管等全控型器件发展迅速。这些器件通过对门极的控制既可使其开通又可使其关断，通断的频率较高，又能满足功率变换对器件的要求，这些特性优越的电力电子器件的使用把电力电子技术又推进到一个新的发展阶段。

（3）20世纪90年代至今，这一时期为电力电子器件的成长成熟期。基于硅材料的电压全控型电力电子器件和智能型集成功率模块技术得到进一步的完善和发展，新的器件结构、微电子与功率电子的结合、多芯片封装智能模块等新型器件不断出现，也必将引领电力电子技术进入全新的智能化时代。

整个电力电子器件的发展如图 0-1 所示。

伴随着电力电子器件的发展，电力电子变流技术的发展也大致分为 3 个阶段：第一阶段是应用电力二极管、普通晶闸管等不可控或半控型器件的强迫换流技术；第二阶段是应用 GTO、MOSFET、IGBT 等可关断大功率器件而普遍采用的 PWM 控制技术；第三阶段是以采用软开关、功率因数校正、消除谐波以及考虑电磁兼容、扩大其功率、电压、电流范围和全数字控制为特征的现代电力电子变流技术。

近年来，国际上对电力电子技术的发展和应用有了一个新的提高和定位，即电力电子系统的集成化，主要包括变流器的模块化、标准化、智能化，电力电子芯片系统，多芯片封装模块，电力电子系统集成理论研究等。我国国家科学自然基金也专门设立了电力电子系统集成关键技术研究的重点项目。

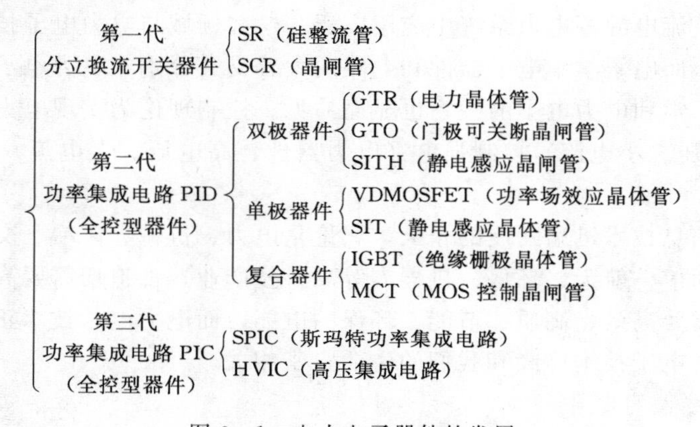

图 0-1 电力电子器件的发展

2. 电力电子技术的应用

电力电子技术从其应用电路的功能大致可分为以下 4 种。

(1) 整流即 AC-DC 变换，将交流电压变换为固定或可调的直流电。

(2) 直流变换即 AC-AC 变换，将直流电变换成固定或可调的直流电。

(3) 逆变即 DC-AC 变换，将直流电变换成幅值和频率固定或可调的交流电。

(4) 交交变换即 AC-AC 变换，将一种幅值和频率的交流电变换为另一种幅值和频率固定或可调的交流电。

电力电子技术这 4 种功能的电路应用领域非常广泛，在一般的工业领域、交通运输、电力系统、计算机通信系统、新能源系统等方面都有广泛的应用。

(1) 在冶金、机械、化工等工业行业中，都大量使用了各种功率的交直流电动机和各种功率的整流电源，对交直流电动机如轧钢机、数控机床的伺服电动机、矿山的牵引机等，都要求所使用的电动机有良好的调速性能，而为实现这种性能为电动机供电的整流电源或直流斩波电源都是电力电子装置；对整流电源如电镀装置用、电解铝用、高频或中频感应加热用等全部采用的电力电子装置。

(2) 在交通运输中，电气机车的直流电源和变频装置、电动汽车中蓄电池的充电装置及电动机的控制、飞机船舶中所需的直流电源等也全部是电力电子装置。

（3）在电力系统中，直流长距离输电、无功功率补偿、谐波的抑制、直流操作电源等都必须依靠电力电子装置才能实现。

（4）现在大量使用的各种家用电器、电子装置及计算机等供电时也必须通过电力电子装置才能实现，其中基于电力电子技术的不间断电源在各类系统中应用越来越广泛。

（5）在新能源利用中，尤其是可再生能源利用中，电力电子发挥了重要的作用。如利用风能、太阳能、地热能等进行发电时，由于各种装置利用的能量不同，转换为电能的方式也不一样，将其电能并入电网时必须利用电力电子技术按用户和电网的要求进行调整和控制。而这些发电系统中的直流变换环节、储能控制环节、逆变环节和并网控制环节也都需要由电力电子装置来完成。

3. 教材内容及学习要求

《电力电子技术》是一门与实践联系紧密的专业基础课，也是高等职业院校电气自动化、电气工程及其相关专业的一门必修的专业基础课。本教材的内容主要包括电力电子器件、晶闸管可控整流电路、晶闸管触发电路、直流变换电路、交流变换电路、无源逆变电路及电力电子装置的典型应用和相应的实训等内容。各部分内容按照高职高专教学需求编写，突出实践应用，力求做到体现高职高专教学的特点。

在学习本课时，应重点放在概念的理解和波形的分析上，并在此基础上做到理论联系实际。在学习方法上：①掌握电力电子器件的导通和截止条件；②了解电力电子器件组成的各种电路；③从波形分析入手读懂电路的工作过程；④进行相应的参数计算；⑤进行故障分析总结；⑥了解本电路的应用；⑦进行相应电路的实训。

在学习本课程前学生应具备高等数学、电路分析、电子技术、电机拖动等学科的基本知识，学习完本课程后，电动机拖动控制系统、交直流调速等课程作为本课程的后续专业课程。

第1章 电力电子器件

本章要点

- 电力电子器件概念及其分类
- 电力二极管
- 晶闸管
- 全控型电力电子器件
- 电力电子集成模块
- 电力电子器件的驱动和保护

本章难点

- 晶闸管额定电流、额定电压的概念
- 全控器件工作原理及相应的驱动电路

电力电子器件是电力电子电路组成的基础，也即电力电子变流技术的核心。电力电子器件以开关矩阵的形式用在电力电子装置中，实现电能的交流—直流、直流—交流、直流—直流及交流—交流的变换。掌握好电力电子器件的特性和正确使用方法，是学好电力电子技术的前提。

1.1 电力电子器件概述和分类

1.1.1 电力电子器件概述

电力电子器件（Power Electronic Device）是指可直接用于处理电能的主电路中，用于实现电路中电能变换和控制的电子器件。这里“主电路”（Main Power Circuit）是指在电气设备或电力系统中，直接承担电能的变换或控制任务的电路。而“电子器件”与之前在模拟、数字电子电路中的处理信息的电子器件一样，主要由半导体材料硅构成，也常称为电力半导体器件。

与模拟、数字电子电路中的处理信息的电子器件相比，电力电子器件主要用于处理电能的主电路中，特征比较如下：

（1）电力电子器件处理的电功率小到毫瓦级，大至兆瓦级，一般远大于处理信息的电子器件。

（2）电力电子器件一般只工作在开关状态，因为电力电子器件一般处理的电功率较大，为了避免工作在放大状态时器件的本身损耗太大，或者工作在开通状态，阻抗小，接近短路，管压降小，而电流则由外电路决定；或者工作在阻断状态，阻抗大，接近断路，电流几乎为零，管子两端所承受的电压则由外电路决定。

而在模拟电子电路中电子器件一般工作在线性放大状态，主要用来放大微弱的小信号；数字电路中电子器件主要工作在开关状态，用开关状态表示不同的信息，如“开”表示“1”、“关”表示“0”。

此外，电力电子器件在做电路分析时，常常被看做理想器件，即导通时没有管压降，阻断时没有漏电流，很类似广义上的开关。

(3) 信息电子器件可以通过驱动电路对其输出信号放大后输出驱动电力电子器件。主要是因为信息电子器件与电力电子器件处理的功率等级不同，强弱信号不能直接有电的联系。

(4) 大功率电力电子器件往往需要安装散热器，主要是因为实际工作中的电力电子器件并不是理想器件，其在开通时管压降并不为零，关断时漏电流也不为零，以及在开通过程和关断过程中产生的损耗，决定了电力电子器件为了保证正常工作，必须安装散热器。

1.1.2 应用电力电子器件系统的组成

如图 1-1 所示，电力电子系统一般由控制电路、检测电路、驱动电路和以电力电子器件为核心的主电路组成。

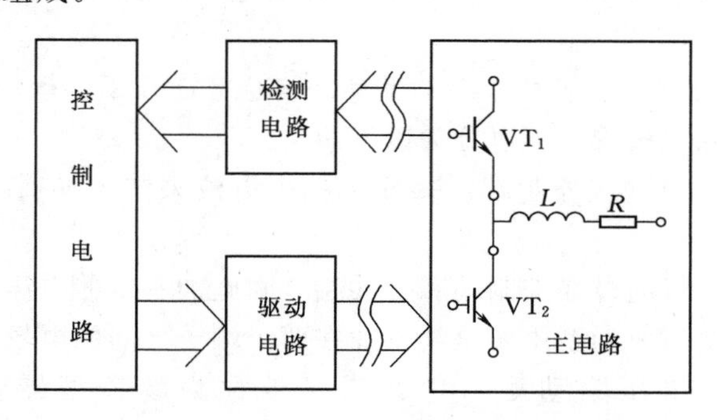

图 1-1 电力电子系统的组成

控制电路按系统的工作要求形成控制信号，通过驱动电路去控制主电路中电力电子器件的通或断，来完成整个系统的功能。因此，电力电子电路又常称为电力电子系统。有的电力电子系统中，还需要有检测电路。广义上往往将检测电路和驱动电路等主电路之外的电路都归入控制电路，从而粗略地说，电力电子系统是由主电路和控制电路组成的。

主电路中的电压和电流一般都较大，而控制电路的元器件只能承受较小的电压和电流，因此在主电路和控制电路连接的路径上，如驱动电路与主电路的连接处，或者驱动电路与控制信号的连接处，以及主电路与检测电路的连接处，一般需要进行电气隔离，而通过其他手段如光、磁等来传递信号。

由于主电路中往往有电压和电流的过冲，而电力电子器件一般比主电路中普通的元器件要昂贵，但承受过电压和过电流的能力却要差一些，因此，在主电路和控制电路中附加一些保护电路，以保证电力电子器件和整个电力电子系统正常、可靠运行，也往往是非常必要的。

电力电子器件一般有 3 个端子（或称极或管角），其中两个连接在主电路中，而第三端被称为控制端（或控制极）。器件通断是通过在其控制端和一个主电路端子之间加一定的信号来控制的，这个主电路端子是驱动电路和主电路的公共端，一般是主电路电流流出器件的端子。

1.1.3 电力电子器件的分类

1. 按照电力电子器件能够被控制电路信号所控制的程度分类

可以将电力电子器件分为以下3类：

(1) 半控型器件。通过控制信号可以控制其导通而不能控制其关断。这类器件主要是指晶闸管（Thyristor，SCR）及其大部分派生器件，器件的关断由其在主电路中承受的电压和电流决定。

(2) 全控型器件。通过控制信号既可控制其导通又可控制其关断，又称自关断器件。典型代表性器件有绝缘栅双极晶体管（Insulated-Gate Bipolar Transistor，IGBT）、电力场效应晶体管（Power MOSFET，P-MOSFET）、门极可关断晶闸管（Gate-Turn-Off Thyristor，GTO）及电力晶体管（Giant TRansistor，GTR）。

(3) 不可控器件。不能用控制信号来控制其通断，因此也就不需要驱动电路。这就是电力二极管（Power Diode）只有两个端子，器件的通和断是由其在主电路中承受的电压和电流决定的。

2. 按照驱动电路加在器件控制端和公共端之间信号的性质分类

电力电子器件（除二极管）可以分为以下两类：

(1) 电流驱动型。通过从控制端注入或者抽出电流来实现导通或者关断的控制，如SCR、GTR、GTO等。

(2) 电压驱动型。仅通过在控制端和公共端之间施加一定的电压信号就可实现导通或者关断的控制。由于电压驱动型主要是利用加在两个端子之间的电场来改变流过器件的电流大小和通断，所以电压驱动型器件常常又被称为场控型器件，如P-MOSFET、IGBT等。

3. 按照电力电子器件内部电子和空穴两种载流子参与导电的情况分类

可以将电力电子器件（除二极管）分为下面3类：

(1) 单极型器件。由一种载流子参与导电的器件，如P-MOSFET。

(2) 双极型器件。由电子和空穴两种载流子参与导电的器件，如SCR、GTO、GTR。

(3) 复合型器件。由单极型器件和双极型器件集成混合而成的器件，如IGBT。

4. 按照驱动电路加在电力电子器件上的驱动信号类型分类

可以将电力电子器件分为以下两类：

(1) 脉冲触发型。通过在控制端施加一个电压或电流脉冲信号来实现器件的开通或关断的控制，不必持续施加控制信号维持其状态。

(2) 电平控制型。必须通过持续施加在控制端和公共端之间的一定电平的电压或电流信号来使器件维持在导通或阻断状态。

1.2 电力二极管

电力二极管（Power Diode）虽然是不可控器件，但其结构和原理简单，工作可靠，

自 20 世纪 50 年代初期就替代汞弧整流器，直到现在仍广泛应用于许多电气设备中，分布在中、高频整流和逆变以及低压高频整流的场合。特别是快恢复二极管和肖特基二极管，具有不可替代的地位。

1.2.1 PN 结与电力二极管的工作原理

电力二极管的基本结构和工作原理与信息电子电路中的二极管一样，都是以半导体 PN 结为基础，由一个面积较大的 PN 结和两端引线及封装组成的。从外形上看，主要有螺栓型和平板型两种封装，如图 1-2 所示。

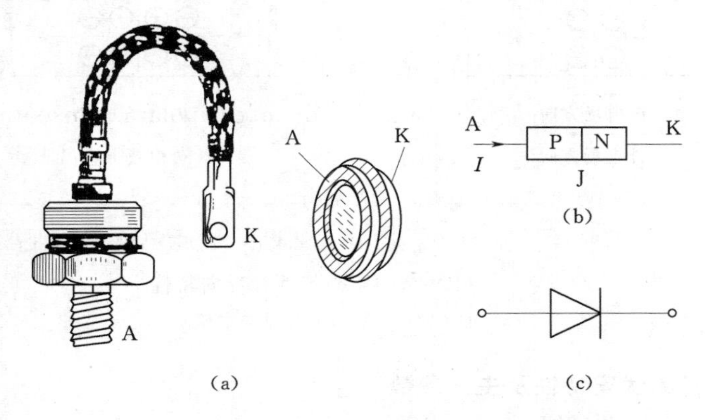

图 1-2　电力二极管的外形、基本结构和电气图形符号

如图 1-3 所示，N 型半导体和 P 型半导体掺杂后在交界面处，由于载流子浓度的差异，会形成扩散运动，即 P 区的空穴向 N 区扩散，N 区的自由电子向 P 区扩散，在交界面处形成了 PN 结。交界面处只留下不带空穴的负离子区，和不带自由电子的正离子区，形成了空间电荷区。

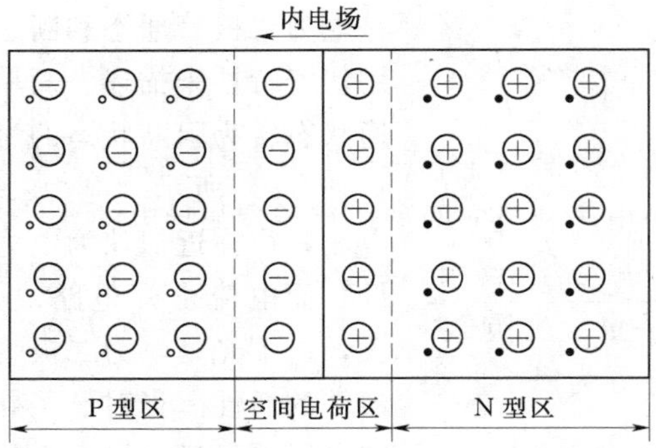

内电场

P 型区　空间电荷区　N 型区

图 1-3　PN 结的形成

当电源正极接 P 区、负极接 N 区时，称为给 PN 结加正向电压或正向偏置，如图 1-4 (a) 所示，此时外电源建立的外电场削弱内电场，使得空间电荷区变窄，而在外电路上则形成自 P 区流向 N 区的电流，称之为正向电流 I，这就是 PN 结的正向导通状态。正向导通的 PN 结，具有电导调制效应，使得 PN 结在正向电流较大时压降仍然很低，维持在 1V 左右，所以正向偏置的 PN 结表现为低阻态。

当电源负极接P区、正极接N区时，称为给PN结加反向电压或反向偏置，如图1-4（b）所示，此时外电源建立的外电场与内电场同向，使得空间电荷区变宽，而在外电路上则形成自N区流向P区的近似为零的反向电流，PN结表现为高阻态，被称为PN结的反向阻断状态。

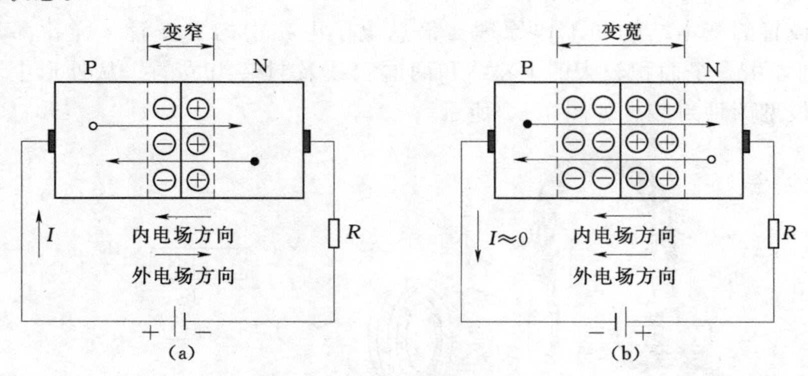

图1-4 PN结的正向特性和反向特性

（a）加正向电压；（b）加反向电压

1.2.2 电力二极管的伏安特性及主要参数

1. 电力二极管的伏安特性

电力二极管的基本特性主要指其伏安特性，如图1-5所示。当电力二极管承受的正向电压大到一定值（阈值电压U_{TO}），正向电流才开始明显增加，处于稳定导通状态。与正向电流I_F对应的电力二极管两端的电压U_F即为其正向电压降。当电力二极管承受反向电压时，只有少子引起的微小而数值恒定的反向漏电流。

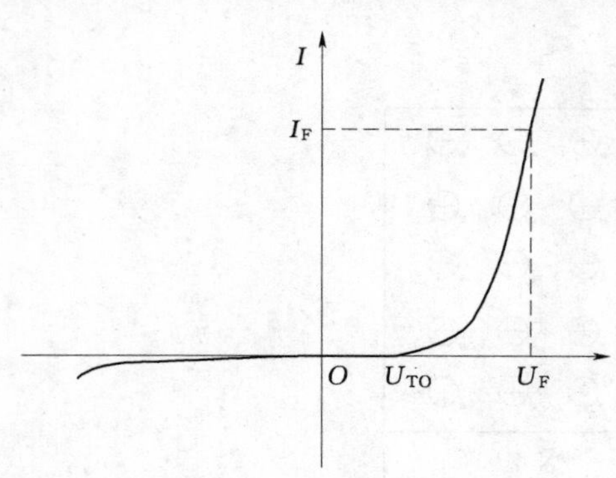

图1-5 电力二极管的伏安特性

此外，电力二极管还有其开关特性，反映的是电力二极管通态和断态之间的转换过程，不能用伏安特性来描述。简单地说，电力二极管由开通状态转为阻断状态的过程称为关断过程，如图1-6（a）所示，电力二极管阻断时有极小的漏电流，往往近似认为电力二极管导通时管压降较低，而电流由外电路决定，往往数值较管压降大，这不光是电力二极管的特性，也是电力电子器件的通性。当对已经导通的电力二极管施加反向电压须经过一段短暂的时间才能重新获得反向阻断能力，进入截止状态。

电力二极管由关断状态转为开通状态的过程称为开通过程，如图1-6（b）所示，电力二极管关断时电流几乎为零，管子两端所承受的电压则由外电路决定，往往数值较此时管子的电流大，这几乎是所有电力电子器件关断时的通性。

2. 电力二极管的主要参数

（1）正向平均电流$I_{F(AV)}$。电力二极管长期运行时，在指定的管壳温度（简称壳温，

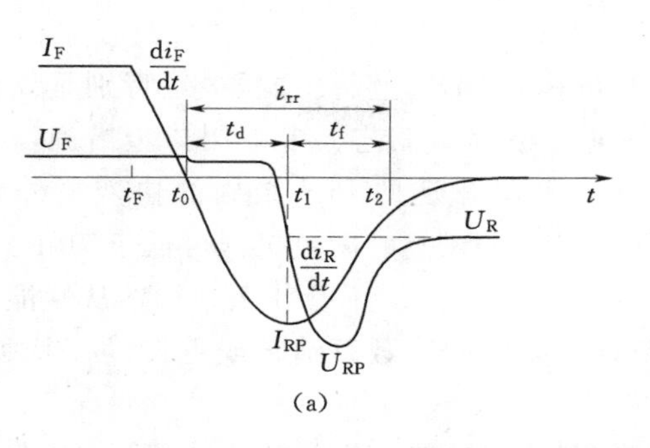

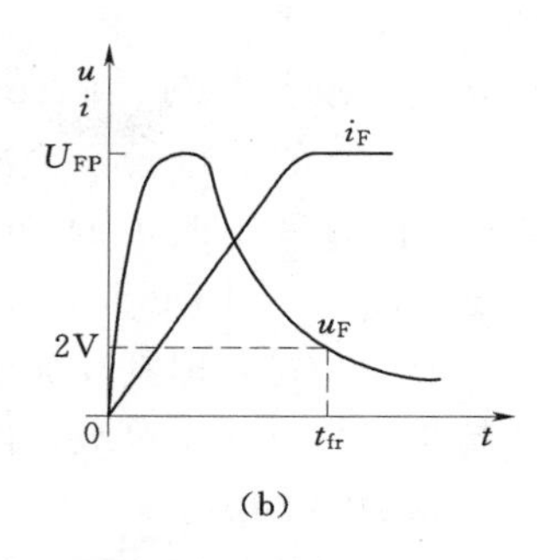

图 1-6 电力二极管的动态过程波形

(a) 关断过程；(b) 开通过程

用 T_C表示）和散热条件下，其允许流过的最大工频正弦半波电流的平均值。可以看出，这是标称其额定电流的参数。正向平均电流是按照电流的发热效应来定义的，因此使用时应按有效值相等的原则来选取电流定额，并应留有一定的裕量。例如，某电力二极管的正向平均电流为 $I_{F(AV)}$，即它所允许流过的最大工频正弦半波电流的平均值是 $I_{F(AV)}$，则该电力二极管允许流过的最大电流有效值是 $1.57I_{F(AV)}$；反之，如果某电力二极管在电路中需要流过某种波形的电流有效值为 I_D，则至少应该选择额定电流为（正向平均电流）$I_D/1.57$ 的电力二极管。应该注意的是，当用在频率较高的场合时，开关损耗造成的发热往往不能忽略；当采用反向漏电流较大的电力二极管时，其断态损耗造成的发热效应也不小。这些在选择电力二极管的正向电流定额时都应加以重视。

(2) 正向压降 U_F。它指电力二极管在指定温度下，流过某一指定的稳态正向电流时对应的正向压降，有时参数表中也给出在指定温度下流过某一瞬态正向大电流时器件的最大瞬时正向压降。

(3) 反向重复峰值电压 U_{RRM}。它指对电力二极管所能重复施加的反向最高峰值电压，通常是其雪崩击穿电压 U_B的 2/3，使用时往往按照电路中电力二极管可能承受的反向最高峰值电压的两倍来选定。

(4) 最高工作结温 T_{JM}。结温是指管芯 PN 结的平均温度，用 T_J表示。

最高工作结温是指在 PN 结不致损坏的前提下所能承受的最高平均温度。T_{JM}通常在 125～175℃范围内。

(5) 浪涌电流 I_{FSM}。它指电力二极管所能承受最大的连续一个或几个工频周期的过电流。

3. 电力二极管的主要类型

按照正向压降、反向耐压、反向漏电流等性能，特别是反向恢复特性的不同介绍。在应用时，应根据不同场合的不同要求选择不同类型的电力二极管。

性能上的不同是由半导体物理结构和工艺上的差别造成的。

(1) 普通二极管（General Purpose Diode）。其又称整流二极管（Rectifier Diode）多用于开关频率不高（1kHz 以下）的整流电路中，其反向恢复时间较长，一般在 5μs 以上，这在开关频率不高时并不重要。但其正向电流定额和反向电压定额可以达到很高，分别可达数千安和数千伏以上。

（2）快恢复二极管（Fast Recovery Diode，FRD）。恢复过程很短特别是反向恢复过程很短（5μs 以下）的二极管，也简称快速二极管，工艺上多采用掺金措施，有的采用PN结型结构，有的采用改进的PiN结构，采用外延型PiN结构的快恢复外延二极管（Fast Recovery Epitaxial Diodes，FRED），其反向恢复时间更短（可低于50ns），正向压降也很低（0.9V左右），但其反向耐压多在400V以下。不管什么结构，从性能上可分为快速恢复和超快速恢复两个等级。前者反向恢复时间为数百纳秒或更长，后者则在100ns以下，甚至达到20～30ns。

（3）肖特基二极管。以金属和半导体接触形成的势垒为基础的二极管称为肖特基势垒二极管（Schottky Barrier Diode，SBD），简称肖特基二极管。肖特基二极管在信息电子技术中早就得到了应用，但在电力电子电路中，直到20世纪80年代以后，由于工艺的发展才得以广泛应用。

肖特基二极管的弱点是当反向耐压提高时其正向压降也会高得不能满足要求，因此多用于200V以下的低压场合；反向漏电流较大且对温度敏感，因此反向稳态损耗不能忽略，而且必须更严格地限制其工作温度。肖特基二极管的优点在于反向恢复时间很短（10～40ns），正向恢复过程中也不会有明显的电压过冲；在反向耐压较低的情况下其正向压降也很小，明显低于快恢复二极管。因此，其开关损耗和正向导通损耗都比快速二极管还要小、效率高。

1.3 晶闸管

晶闸管（Thyristor）是晶体闸流管的简称，又称为可控硅整流器（Silicon Controlled Rectifier，SCR），以前被简称为可控硅。在电力二极管开始得到应用后不久，1956年美国贝尔实验室（Bell Lab.）发明了晶闸管，到1957年美国通用电气公司（GE）开发出第一只晶闸管产品，并于1958年达到商业化。从此开辟了电力电子技术迅速发展和广泛应用的崭新时代，其标志就是以晶闸管为代表的电力半导体器件的广泛应用，有人称之为继晶体管之后的又一次电子技术革命。自20世纪80年代以来，开始被性能更好的全控型器件取代，但由于能承受的电压和电流容量最高，工作可靠，因此在大容量的场合具有重要地位。

晶闸管往往专指晶闸管的一种基本类型——普通晶闸管，广义上讲，晶闸管还包括其他许多类型的派生器件。本节将主要介绍普通晶闸管的工作原理、基本特性和主要参数，最后再对其派生器件进行介绍。

1.3.1 晶闸管的结构和工作原理

图1-7所示为晶闸管的外形、结构和电气图形符号。从外形上看，晶闸管主要有螺栓型和平板型两种封装，都引出阳极A、阴极K和门极（控制端）G 3个连接端。对于螺栓型封装，通常螺栓是其阳极，能与散热器紧密连接且安装方便；另一端较粗的端子为阴极，最细的那个端子为门极。平板型封装的晶闸管可由两个散热器将其夹在中间，两个平面分别为阳极和阴极，引出的细长端子为门极。

晶闸管从内部的结构看是4层三端半导体结构，分别为P_1、N_1、P_2、N_2。如图1-7（b）所示，P_1区引出阳极A，P_2区引出门极G，N_2区引出阴极K。4层结构形成3个PN结，即J_1、J_2和J_3。如果施加正向电压于阳极和阴极间（阳极电位高于阴极），则J_2结反向偏置，器件处于阻断状态，只有很小的漏电流流过；如果在阳极与阴极之间施加反向电压（阴极电位高于阳极），则J_1、J_3结都反向偏置，器件仍然处于阻断状态，仅有很小的漏电流流过。

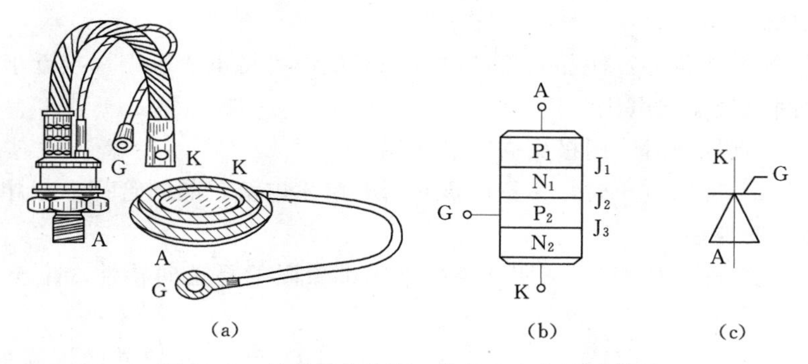

图1-7 晶闸管的外形、结构和电气图形符号

晶闸管的导通工作原理可以用双晶体管模型来解释，如图1-8所示。在器件上取一斜截面，则晶闸管可以看成由两个晶体管$P_1N_1P_2$和$N_1P_2N_2$组成的。

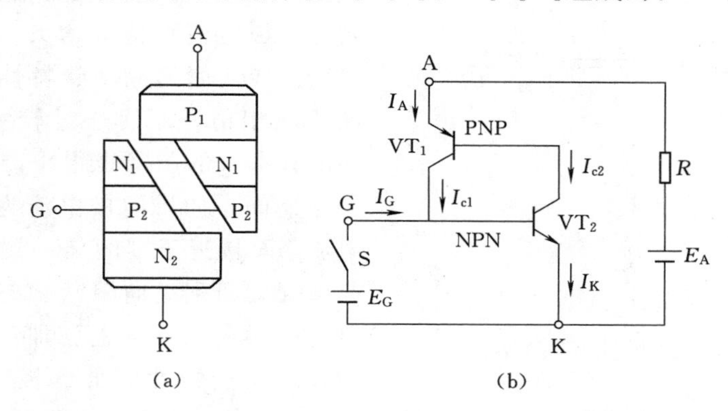

图1-8 晶闸管的双晶体管模型及其工作原理

现在就来做一个实验，如图1-8（b）所示，阳极与阴极之间接E_A正电源，门极与阴极之间接E_G正电源，合上开关S，外电路向门极注入电流I_G，I_G流入VT_2的基极，放大形成VT_2的集电极电流I_{c2}，它构成了VT_1的基极电流，产生其集电极电流I_{c1}，又进一步增大VT_2的基极电流，如此形成强烈的正反馈，最后VT_1和VT_2进入深度饱和状态及晶闸管导通。此时若撤掉门极电流I_G，晶闸管仍然维持导通。若想关断晶闸管，必须去掉阳极与阴极之间施加的正向电压，或者在阳极与阴极之间施加反向电压，或者设法使流过晶闸管的电流降到接近于零的某一数值以下，晶闸管才能被关断。

晶闸管在以下几种情况也有可能被触发导通：阳极电压升高至相当高的数值造成雪崩效应；阳极电压上升率du/dt过高；结温较高。

光直接照射硅片，即光触发。光触发可以保证控制电路与主电路之间的良好绝缘而应用于高压电力设备中。此外，其他都因不易控制而难以应用于实践，只有门极触发（包括光触发）是最精确、迅速而可靠的控制手段。光触发的晶闸管称为光控晶闸管（Light Triggered Thyristor，LTT），将在晶闸管派生器件中作简单介绍。

由以上晶闸管的工作原理可以得到如下结论：

（1）晶闸管的导通条件：晶闸管的阳极和阴极之间承受正向电压且门极和阴极之间加正向电压，两者缺一不可。

（2）晶闸管的关断条件：使晶闸管的电流降到最小维持电流以下（接近于零的某一数值），或阳阴之间承受反向电压。

（3）晶闸管一旦导通后，门极失去控制作用。

（4）晶闸管承受反向电压时，不论门极是否有触发电流，晶闸管都不会导通。

1.3.2 晶闸管伏安特性

晶闸管的伏安特性，如图 1-9 所示。位于第Ⅰ象限的是正向特性，位于第Ⅲ象限的是反向特性。

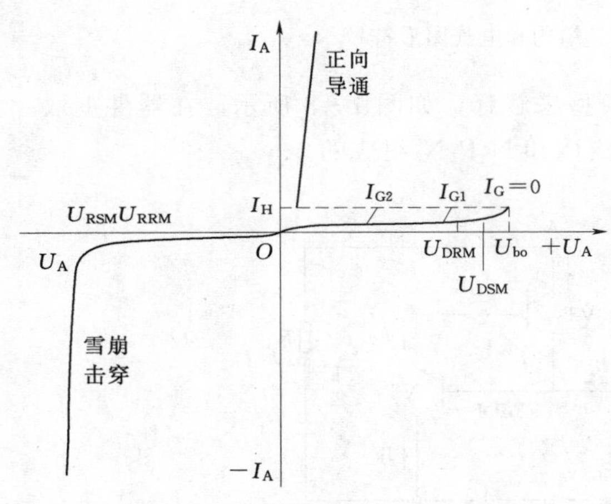

图 1-9 晶闸管的伏安特性（$I_{G2}>I_{G1}>I_G$）

当 $I_G=0$ 时，器件两端施加正向电压，正向呈阻断状态，只有很小的正向漏电流流过，正向电压超过临界极限即正向转折电压 U_{bo}，则漏电流急剧增大，器件开通。随着门极电流幅值的增大，正向转折电压降低。导通后的晶闸管特性和二极管的正向特性相仿。即使通过较大的阳极电流，晶闸管本身的压降也很小，仅在 1V 左右。导通期间，如果门极电流为零，并且阳极电流降至接近于零的某一数值 I_H 以下，则晶闸管又回到正向阻断状态。I_H 称为维持电流。当在晶闸管上施加反向电压时，晶闸管的伏安特性类似二极管的反向特性。晶闸管处于反向阻断状态时，只有极小的反向漏电流流过。当反向电压超过一定限度，到反向击穿电压后，外电路如无限制措施，则反向漏电流急剧增加，导致晶闸管发热损坏。

1.3.3 晶闸管的主要参数

没有损坏的普通晶闸管，在反向稳定工作状态下，往往都是处于阻断状态的。而晶闸管正向工作时则可能处于导通状态，也可能处于阻断状态。因此，在这里提到的晶闸管“断态”和“通态”参数是针对其正向工作时不同的状态，而省略了“正向”二字。另外，实际应用时，应该注意参考器件参数和特性曲线的具体规定，必须在额定结温内使用，才能保障管子不被损坏。

1. 电压定额

（1）断态重复峰值电压 U_{DRM}。在门极断路而结温为额定值时，允许重复加在器件上的正向峰值电压。

(2) 反向重复峰值电压 U_{RRM}。在门极断路而结温为额定值时，允许重复加在器件上的反向峰值电压。

(3) 通态（峰值）电压 U_T。晶闸管通以某一规定倍数的额定通态平均电流时的瞬态峰值电压。

通常取晶闸管的 U_{DRM} 和 U_{RRM} 中较小的标值作为该器件的额定电压。选用时，一般取额定电压为正常工作时晶闸管所承受峰值电压的2～3倍。取100V整数倍为一个等级。

2. 电流定额

(1) 通态平均电流 $I_{T(AV)}$。晶闸管在环境温度为40℃和规定的冷却状态下，稳定结温不超过额定结温时所允许流过的最大工频正弦半波电流的平均值。标称其额定电流的参数。

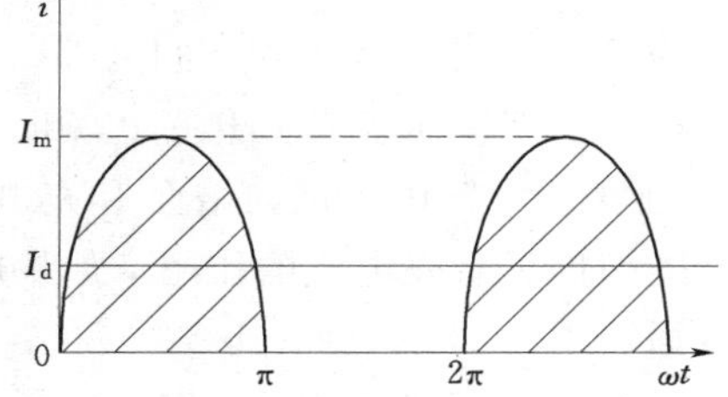

图1-10 单相正弦半波电流

例如，单相正弦半波电流波形如图1-10所示。

$$I_{T(AV)} = \frac{1}{2\pi}\int_0^{\pi} I_m \sin\omega t \mathrm{d}\omega t = \frac{I_m}{\pi}$$

整流输出：平均电流

$$I_{T(AV)} = \frac{1}{2\pi}\int_0^{\pi} I_m \sin\omega t \mathrm{d}\omega t = \frac{I_m}{\pi}$$

选择器件：有效电流

$$I_{Tn} = \sqrt{\frac{1}{2\pi}\int_0^{\pi} (I_m \sin\omega t)^2 \mathrm{d}(\omega t)} = \frac{I_m}{2}$$

波形系数（额定情况下）

$$K_f = \frac{I_{Tn}}{I_{T(AV)}} = \frac{\pi}{2} = 1.57$$

例如，一只额定电流为 $I_{T(AV)} = 100\text{A}$ 的晶闸管，其额定有效值 $I_{Tn} = K_f I_{T(AV)} = 157\text{A}$。

即

$$K_f = \frac{I}{I_d}$$

波形系数：某电流波形的有效值与平均值之比。

实际电流（电流波形不一定为正弦半波）的平均电流的确定，即有效值相等的原则，有

$$I = K_f I_d = 1.57 I_{T(AV)} = I_{Tn}$$

例如，通过一只晶闸管的实际电流额定有效值为157A，则额定电流为多少？（考虑1.5～2.0的安全裕量）

$$I_{T(AV)} = (1.5 \sim 2.0)\frac{I_T}{1.57} = (1.5 \sim 2.0)\frac{157}{1.57}$$
$$= (150 \sim 200)(\text{A})$$

(2) 维持电流 I_H。使晶闸管维持导通所必需的最小电流，一般为几十到几百毫安，

与结温有关。结温越高，则 I_H 越小。

(3) 擎住电流 I_L。晶闸管刚从断态转入通态并移除触发信号后，能维持导通所需的最小电流。对同一晶闸管来说，通常 $I_L \approx (2 \sim 4) I_H$。

(4) 浪涌电流 I_{TSM}。它指由于电路异常情况引起的并使结温超过额定结温的不重复性最大正向过载电流。

3. 动态参数

除开通时间 t_{gt} 和关断时间 t_q 外，还有以下参数：

(1) 断态电压临界上升率 du/dt。在阻断的晶闸管两端施加的电压具有正向的上升率时，相当于一个电容的 J_2 结会有充电电流流过，被称为位移电流。此电流流经 J_3 结时，起到类似门极触发电流的作用。如果电压上升率过大，使充电电流足够大，就会使晶闸管误导通。

(2) 通态电流临界上升率 di/dt。如果电流上升太快，则晶闸管刚一开通，便会有很大的电流集中在门极附近的小区域内，从而造成局部过热而使晶闸管损坏。

4. 晶闸管的型号

P—普通型；K—快速型；S—双向型；N—逆导型；G—可关断型

KP［电流］—［电压/100］［ ］

如 KP100—12G，表示：额定电流为 100A，额定电压为 1200V，管压降（通态平均电压）为 1V 的普通晶闸管。

1.3.4 晶闸管的派生器件

1. 快速晶闸管（Fast Switching Thyristor，FST）

其包括所有专为快速应用而设计的晶闸管，有快速晶闸管和高频晶闸管。对管芯结构和制造工艺进行了改进，开关时间以及 du/dt 和 di/dt 都有明显改善。

普通晶闸管关断时间数百微秒，快速晶闸管为数十微秒，高频晶闸管在 10μs 左右。

高频晶闸管的不足在于其电压和电流定额都不易做高。由于工作频率较高，选择通态平均电流时不能忽略其开关损耗的发热效应。

2. 双向晶闸管（TRIode AC Switch，TRIAC 或 Bidirectional triode thyristor）

如图 1－11 所示，双向晶闸管可认为是一对反并联连接的普通晶闸管的集成，有两个

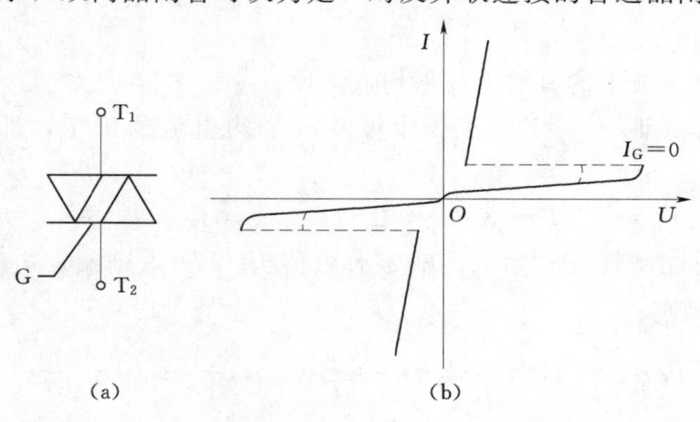

图 1－11 双向晶闸管的电气图形符号和伏安特性

主电极，即 T_1 和 T_2，一个门极 G；正反两方向均可触发导通，所以双向晶闸管在第Ⅰ和第Ⅲ象限有对称的伏安特性；与一对反并联晶闸管相比是经济的，且控制电路简单，在交流调压电路、固态继电器（Solid State Relay，SSR）和交流电机调速等领域应用较多。通常用在交流电路中，因此不用平均值而用有效值来表示其额定电流值。

3. 逆导晶闸管（Reverse Conducting Thyristor，RCT）

如图 1-12 所示，将晶闸管反并联为一个二极管制作在同一管芯上的功率集成器件，具有正向压降小、关断时间短、高温特性好、额定结温高等优点。逆导晶闸管的额定电流有两个：一个是晶闸管电流；一个是反并联二极管的电流。

4. 光控晶闸管（Light Triggered Thyristor，LTT）

如图 1-13 所示，光控晶闸管又称光触发晶闸管，是利用一定波长的光照信号触发导通的晶闸管。小功率光控晶闸管只有阳极和阴极两个端子；大功率光控晶闸管则还带有光缆，光缆上装有作为触发光源的发光二极管或半导体激光器。

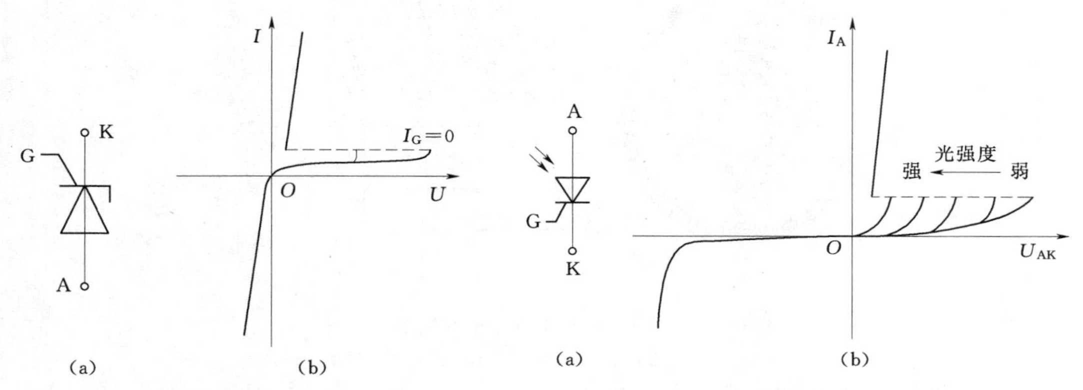

图 1-12 逆导晶闸管的电气图形符号和伏安特性

图 1-13 光控晶闸管的电气图形符号和伏安特性

光触发保证了主电路与控制电路之间的绝缘，且可避免电磁干扰的影响，因此目前在高压大功率的场合，如高压直流输电和高压核聚变装置中占据重要的地位。

1.4 全控型电力电子器件

门极可关断晶闸管是在晶闸管问世后不久出现的。20 世纪 80 年代以来，信息电子技术与电力电子技术在各自发展的基础上相结合，产生了一代高频化、全控型、采用集成电路制造工艺的电力电子器件，从而将电力电子技术又带入了一个崭新的时代。

门极可关断晶闸管、电力晶体管、电力场效应晶体管、绝缘栅双极晶体管就是全控型电力电子技术的典型代表。

1.4.1 门极可关断晶闸管

门极可关断晶闸管（Gate-Turn-Off Thyristor，GTO）也是晶闸管的一种派生器件，是一种通过门极来控制器件导通和关断的电力半导体器件。GTO 既具有普通晶闸管的优点（耐压高、电流大、耐浪涌能力强、价格便宜），同时又具有GTR的优点（自关断能力、无需辅助关断电路、使用方便）。GTO是目前应用于高电压、大容量场合中的一种大功率开关器件。广泛应用于电力机车的逆变器、电网动态无功补偿和大功率直流斩波调速领域。

1. GTO的结构和工作原理

GTO与普通晶闸管一样，是PNPN 4层半导体结构，外部也是引出阳极、阴极和门极。但和普通晶闸管不同的是一种多元的功率集成器件，内部包含数十个甚至数百个共阳极的小GTO元，这些GTO元的阴极和门极则在器件内部并联在一起。这种特殊结构是为了便于实现门极控制关断而设计的。图1-14（a）、（b）分别给出了典型的GTO各单元阴极、门极间隔排列的图形和其并联单元结构的断面示意图，图1-14（c）是GTO的电气图形符号。

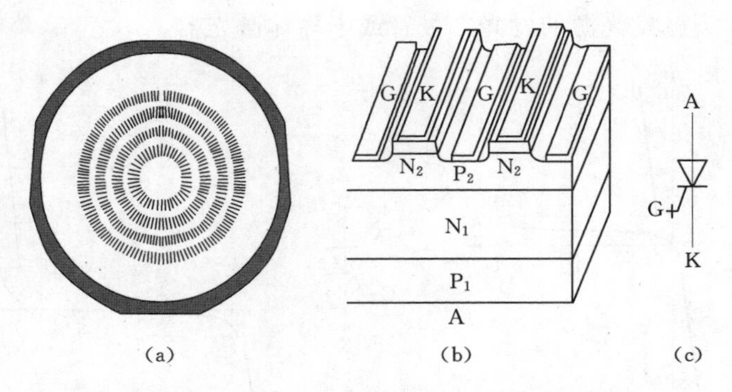

图1-14　GTO的内部结构和电气图形符号

（a）各单元的阴极、门极间隔排列的图形；（b）并联单元结构断面示意图；（c）电气图形符号

与普通晶闸管一样，可以用图1-15所示的双晶体管模型来分析。

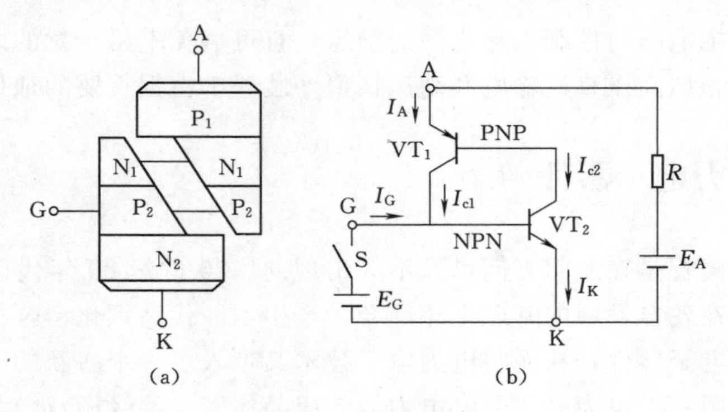

图1-15　双晶体管

（a）双晶体管模型；（b）工作原理

由$P_1N_1P_2$和$N_1P_2N_2$构成的两个晶体管VT_1和VT_2分别具有共基极电流增益α_1和α_2。由普通晶闸管分析可以看出，$\alpha_1+\alpha_2=1$是器件临界导通的条件。当$\alpha_1+\alpha_2>1$时，两个

等效晶体管过饱和而使器件导通；当 $\alpha_1+\alpha_2<1$ 时，不能维持饱和导通而关断。GTO 能够通过门极关断的原因是其与普通晶闸管有以下区别：

（1）设计 α_2 较大，使晶体管 VT_2 控制灵敏，易于 GTO 关断。

（2）导通时 $\alpha_1+\alpha_2$ 更接近 1，导通时饱和不深，接近临界饱和，有利门极控制关断，但导通时管压降增大。

（3）多元集成使 GTO 元阴极面积很小，门、阴极间距大为缩短，使得 P_2 基区横向电阻很小，能从门极抽出较大电流。

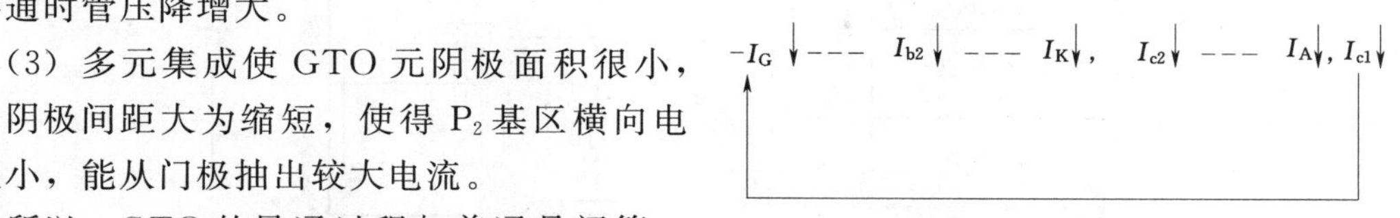

图 1－16　GTO 的正反馈开通过程

所以，GTO 的导通过程与普通晶闸管一样，有同样的正反馈过程，只是导通时饱和程度较浅，而关断过程中给门极加负脉冲形成强烈正反馈即从门极抽出电流，则 I_{b2} 减小，使 I_K 和 I_{c2} 减小，I_{c2} 的减小又使 I_A 和 I_{c1} 减小，又进一步减小 VT_2 的基极电流。

当 I_A 和 I_K 的减小使 $\alpha_1+\alpha_2<1$ 时，器件退出饱和而关断 GTO 的多元集成结构，还使 GTO 比普通晶闸管开通过程快，承受 di/dt 能力强。

2. GTO 的主要参数

（1）最大可关断阳极电流 I_{ATO}。用来标称 GTO 额定电流。

（2）电流关断增益 β_{off}。I_{ATO} 与门极负脉冲电流最大值 I_{GM} 之比，称为电流关断增益，即

$$\beta_{off}=\frac{I_{ATO}}{I_{GM}}$$

β_{off} 一般很小，只有 5 左右，这是 GTO 的一个主要缺点。1000A 的 GTO 关断时门极负脉冲电流峰值要为 200A。

（3）开通时间 t_{on}。开通时间指延迟时间与上升时间之和。

（4）关断时间 t_{off}。关断时间一般指储存时间和下降时间，而不包括尾部时间。

1.4.2　电力晶体管

电力晶体管（Giant TRansistor，GTR；Bipolar Junction Transistor，BJT）是一种耐高电压、大电流的双极型晶体管，英文有时也称为 Power BJT。具有控制方便、开关时间短、通态压降低、高频特性好等优点，因此，应用于交流电动机调速、不间断电源（UPS）及家用电器等中小容量的变流装置中。电力电子技术中普遍应用的主要是高电压、大电流的达林顿晶体管模块。自 20 世纪 80 年代以来，在中、小功率范围内取代晶闸管，但目前又大多被 IGBT 和电力 MOSFET 取代。

1. GTR 的结构和工作原理

与普通的双极结型晶体管基本原理是一样的。但 GTR 主要特性是耐压高、电流大、开关特性好。GTR 通常采用至少由两个晶体管按达林顿接法组成的单元结构，同 GTO 一样采用集成电路工艺将许多这种单元并联而成。GTR 是由 3 层半导体形成的两个 PN 结构成，多采用 NPN 结构。

图 1－17（a）、（b）分别给出了 NPN 型 GTR 的内部结构断面示意图和电气图形符号。

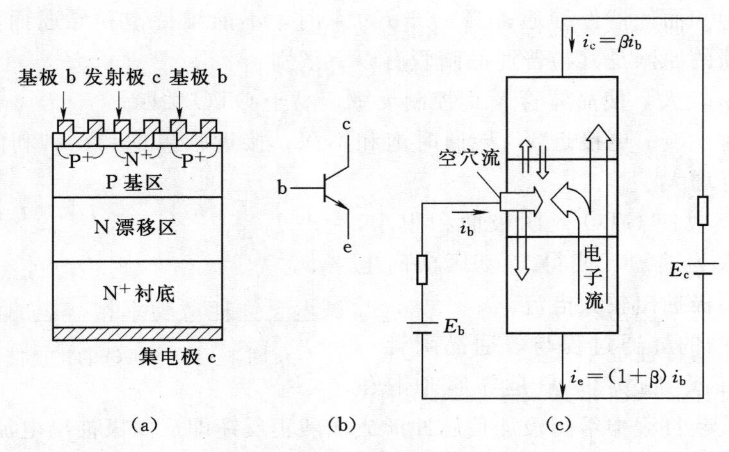

图 1-17 GTR 的结构、电气图形符号和工作原理

在应用中，GTR 一般采用共发射极接法。图 1-17（c）给出了在此接法下 GTR 的电流放大系数，它反映了基极电流对集电极的控制能力，即

$$\beta=\frac{i_c}{i_b}$$

当考虑到集电极和发射极间的漏电流 I_{ceo} 时，i_c 和 i_b 的关系为 $i_c=\beta i_b+I_{ceo}$，GTR 产品说明书中通常给直流电流增益 h_{FE}，它是在直流工作情况下集电极电流与基极电流之比。一般可认为 $\beta\approx h_{FE}$。单管 GTR 的 β 值比小功率的晶体管小得多，通常为 10 左右，采用达林顿接法可有效增大电流增益。

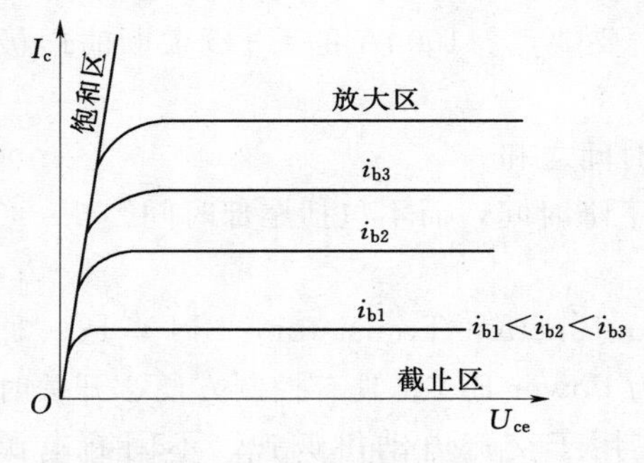

图 1-18 共发射极接法时 GTR 的输出特性

2. GTR 的输出特性

图 1-18 给出了 GTR 在共发射极接法时的典型输出特性，分为截止区、放大区和饱和区。在电力电子电路中，GTR 工作在开关状态，即工作在截止区或饱和区。但在开关过程中，即在截止区和饱和区之间过渡时，要经过放大区。

3. GTR 的主要参数

除了前面讲到的一些参数，如电流放大倍数β、直流电流增益 h_{FE}、集射极间漏电流 I_{ceo}、集射极间饱和压降 U_{ces}、开通时间 t_{on} 和关断时间 t_{off} 外，对 GTR 主要关心的参数还包括以下几个：

（1）最高工作电压。GTR 上电压超过规定值时会发生击穿，击穿电压不仅和晶体管本身特性有关，还与外电路接法有关。有发射极开路时集电极和基极间的反向击穿电压 BU_{cbo}；基极开路时集电极和发射极间的击穿电压 BU_{ceo}；发射极和基极间用电阻连接或短路连接时集电极和发射极间的击穿电压 BU_{cer} 和 BU_{ces}，以及发射结反向偏置时集电极和发射极间的击穿电压 BU_{cex}。这些击穿电压间的关系为 $BU_{cbo}>BU_{cex}>BU_{ces}>BU_{cer}>BU_{ceo}$。

实际使用时，为确保安全，最高工作电压要比 BU_{ceo} 低得多。

(2) 集电极最大允许电流 I_{cM}。通常规定为 h_{FE} 下降到规定值的 1/2～1/3 时所对应的 I_c 为集电极最大允许电流 I_{cM}。实际使用时要留有裕量，只能用到 I_{cM} 的一半或稍多一点。

(3) 集电极最大耗散功率 P_{cM}。它指最高工作温度下允许的耗散功率。产品说明书中给 P_{cM} 时同时给出壳温 T_C，间接表示了最高工作温度。

4. GTR 的二次击穿现象与安全工作区

(1) 一次击穿。当集电极电压升高至击穿电压时，I_c 迅速增大，出现雪崩击穿，被称为一次击穿。出现一次击穿后只要 I_c 不超过与最大允许耗散功率相对应的限度，GTR 一般不会损坏，工作特性也不变。

(2) 二次击穿。一次击穿发生时如无有效的限制电流，I_c 增大到某个临界点时会突然急剧上升，同时伴随电压的陡然下降，这种现象称为二次击穿。二次击穿常常立即导致器件的永久性损坏，或者工作特性明显衰变，因而 GTR 危害极大。

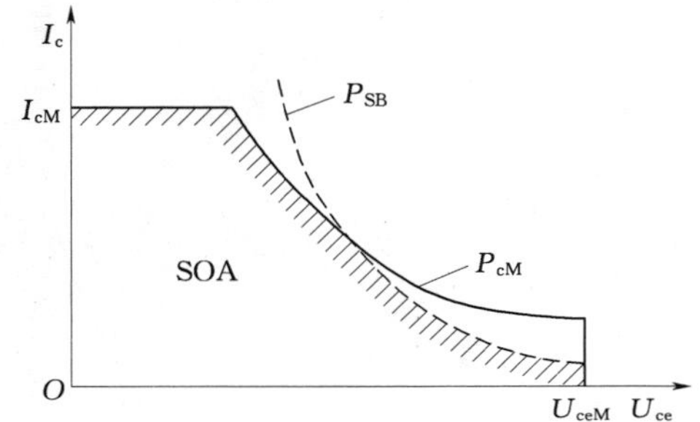

图 1-19 GTR 的安全工作区

(3) 安全工作区（Safe Operating Area，SOA）。GTR 工作时不仅不能超过最高电压 U_{ceM}、集电极最大电流 I_{cM}、最大耗散功率 P_{cM}，也不能超过二次击穿临界线限定。这些限制条件就规定了 GTR 的安全工作区，如图 1-19 的阴影区所示。

1.4.3 电力场效应晶体管

电力场效应晶体管（Power Metal Oxide Semiconductor Field Effect Transistor，Power MOSFET）简称电力场效应晶体管，它是一种单极型电压控制器件。它具有自关断能力，且输入阻抗高、驱动功率小、开关速度快，工作频率可达 1MHz，不存在二次击穿问题，安全工作区域宽。但其电压和电流容量小，故在高频小功率的电力电子装置中得到广泛使用。

1. 电力 MOSFET 的结构和工作原理

电力 MOSFET 的种类和结构繁多，按导电沟道可分为 P 沟道和 N 沟道。当栅极电压为零时漏源极之间就存在导电沟道的，称为耗尽型；对于 N（P）沟道器件，栅极电压大于（小于）零时才存在导电沟道的，称为增强型。

在电力 MOSFET 中主要是 N 沟道增强型。电力 MOSFET 在导通时只有一种极性的载流子参与导电，是单极性晶体管。小功率 MOS 管是横向导电器件。而目前电力 MOSFET 大都采用垂直导电结构，又称为 VMOSFET（Vertical MOSFET），这大大提高了 MOSFET 器件的耐压和耐电流能力。按垂直导电结构的差异，又分为利用 V 形槽实现垂直导电的 VVMOSFET 和具有垂直导电双扩散 MOS 结构的 VDMOSFET（Vertical Double-diffused MOSFET）。这里主要以 VDMOSFET 器件为例进行讨论。

图 1-20 给出了 N 沟道增强型 VDMOSFET 中一个单元的截面图。电力 MOSFET 的电气图形符号如图 1-21 所示。

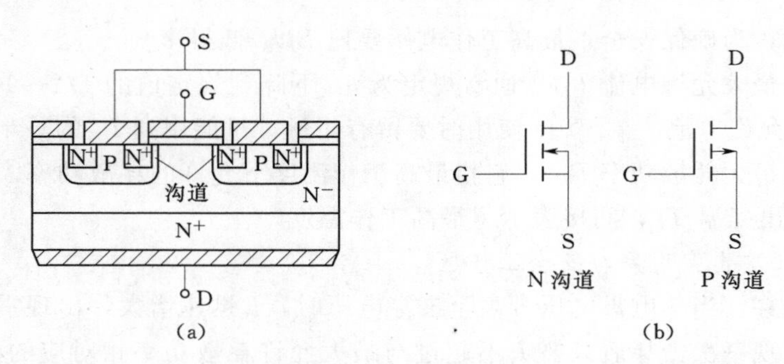

图1-20 电力MOSFET的内部结构断面示意图和电气图形符号

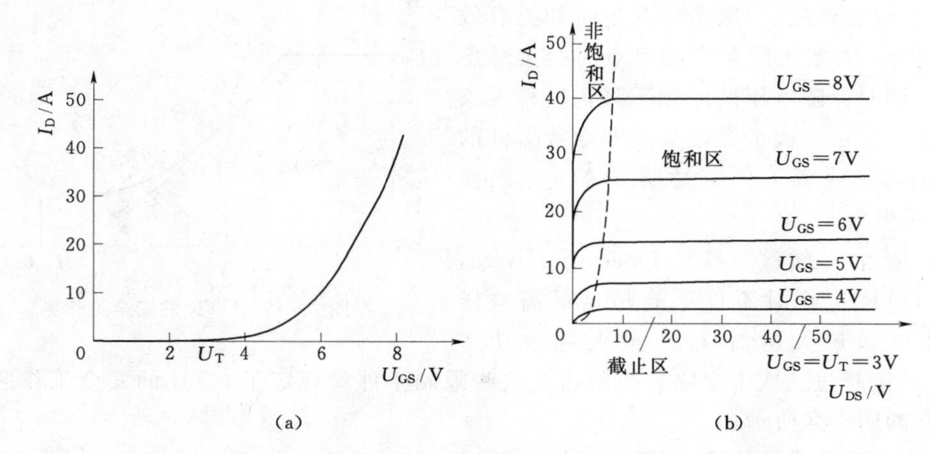

图1-21 电力MOSFET的转移特性和输出特性

N沟道增强型VDMOSFET的工作原理如下：

截止：漏源极间加正电源，栅源极间电压为零。P基区与N漂移区之间形成的PN结J_1反偏，漏源极之间无电流流过。

导电：在栅源极间加正电压U_{GS}。

栅极是绝缘的，所以不会有栅极电流流过。但栅极的正电压会将其下面P区中的空穴推开，而将P区中的少子——电子吸引到栅极下面的P区表面。

当$U_{GS}>U_T$（开启电压或阈值电压）时，栅极下P区表面的电子浓度将超过空穴浓度，使P型半导体反型成N型而成为反型层，该反型层形成N沟道而使PN结J_1消失，漏极和源极导电。

2. 电力MOSFET的基本特性

(1) 静态特性。漏极电流I_D和栅源间电压U_{GS}的关系称为MOSFET的转移特性。如图1-22(a)所示。

I_D较大时，I_D与U_{GS}的关系近似线性，曲线的斜率定义为跨导G_{fs}。

$$G_{fs}=\frac{dI_D}{dU_{GS}}$$

MOSFET是电压控制型器件，输入阻抗高，输入电流非常小。

如图 1-21（b）是 MOSFET 的漏极伏安特性，即输出特性。从图中可以看到，分为截止区（对应于 GTR 的截止区）、饱和区（对应于 GTR 的放大区）、非饱和区（对应于 GTR 的饱和区）。电力 MOSFET 工作在开关状态，即在截止区和非饱和区之间来回转换。

电力 MOSFET 本身结构所致，其漏源极之间有寄生二极管，漏源极间加反向电压时器件导通。

电力 MOSFET 的通态电阻具有正温度系数，这一点对器件并联时的均流有利。

（2）动态特性。用图 1-22（a）所示电路来测试电力 MOSFET 的开关特性。

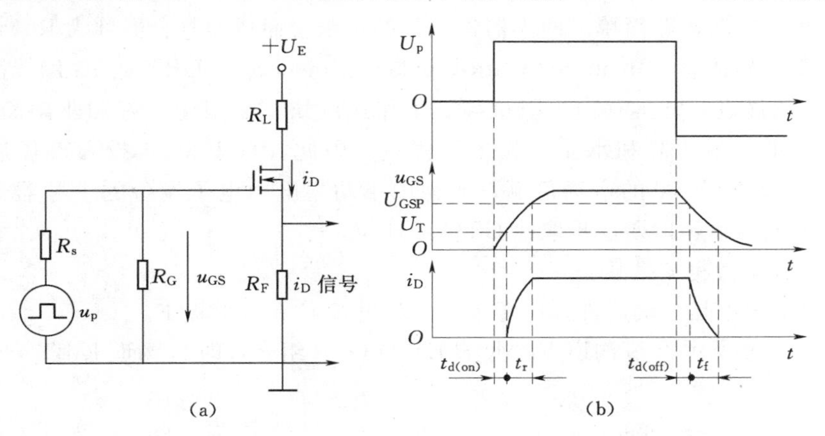

图 1-22 电力 MOSFET 的开关过程

（a）测试电路；（b）开关过程波形

u_p—矩形脉冲信号源；R_s—信号源内阻；R_G—栅极电阻；R_L—漏极负载电阻；

R_F—检测漏极电流；U_T—开启电压或阈值电压

开通过程组成如下：

1）开通延迟时间 $t_{d(on)}$。U_p 前沿时刻到 $u_{GS}=U_T$ 并开始出现 i_D 的时刻间的时间段。

2）上升时间 t_r。u_{GS} 从 u_T 上升到 MOSFET 进入非饱和区的栅压 U_{GSP} 的时间段。

i_D 稳态值由漏极电源电压 U_E 和漏极负载电阻决定。

U_{GSP} 的大小和 i_D 的稳态值有关。

u_{GS} 达到 U_{GSP} 后，在 U_p 作用下继续升高直至达到稳态，但 i_D 不变。

开通时间 t_{on} 是开通延迟时间与上升时间之和，即 $t_{on}=t_{d(on)}+t_r$。

关断过程组成如下：

1）关断延迟时间 $t_{d(off)}$。指 U_p 下降到零起，C_{in} 通过 R_s 和 R_G 放电，u_{GS} 按指数曲线下降到 U_{GSP} 时，i_D 开始减小为止的时间段。

2）下降时间 t_f。指 u_{GS} 从 U_{GSP} 继续下降起，i_D 减小，到 $u_{GS}<U_T$ 时沟道消失，i_D 下降到零为止的时间段。

关断时间 t_{off} 是关断延迟时间和下降时间之和，即 $t_{off}=t_{d(off)}+t_f$。

从上面的开关过程可以看出，MOSFET 的开关速度和 C_{in} 充放电有很大关系。使用者无法降低 C_{in}，但可降低驱动电路内阻 R_s 减小的时间常数，加快开关速度。

MOSFET 只靠多子导电，不存在少子储存效应，因而关断过程非常迅速。开关时间在 10～100ns 之间，工作频率可达 100kHz 以上，是主要电力电子器件中最高的。场控器件，静态时几乎无需输入电流。但在开关过程中需对输入电容充放电，仍需一定的驱动功率。开关频率越高，所需要的驱动功率越大。

1.4.4 绝缘栅双极晶体管

GTR 和 GTO 的特点是双极型，电流驱动，有电导调制效应，通流能力很强，开关速度较低，所需驱动功率大，驱动电路复杂。

MOSFET 的优点是单极型，电压驱动，开关速度快，输入阻抗高，热稳定性好，所需驱动功率小且驱动电路简单。两类器件取长补短结合而成的复合器件为 Bi-MOS 器件。

绝缘栅双极晶体管（Insulated-Gate Bipolar Transistor，IGBT 或 IGT）综合了 GTR 和 MOSFET 的优点，既具有输入阻抗高、工作速度快、热稳定性好和驱动简单的特点，又有通态电压低、耐压高和承受电流大等优点。因此，自 1986 年投入市场后，取代了 GTR 和一部分 MOSFET 的市场份额，成为中小功率电力电子设备的主导器件，并继续提高电压和电流容量，以期逐步取代 GTO 的地位。

1. IGBT 的结构和工作原理

IGBT 的结构也是三端器件，即栅极 G、集电极 C 和发射极 E。

图 1－23（a）所示为 N 沟道 VDMOSFET 与 GTR 组合，即 N 沟道 IGBT（N－IGBT）。

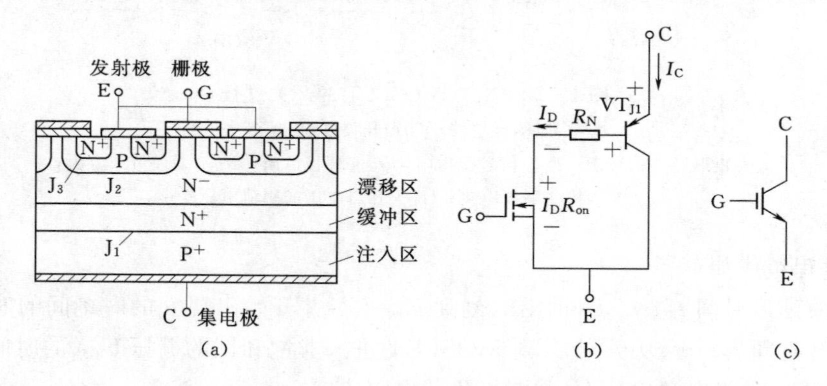

图 1－23 IGBT 的结构、简化等效电路和电气图形符号

IGBT 比 VDMOSFET 多一层 P＋注入区，形成了一个大面积的 P＋N 结 J_1。这样使 IGBT 导通时由 P＋注入区向 N 基区发射少子，从而对漂移区电导率进行调制，使得 IGBT 具有很强的通流能力。简化等效电路表明，IGBT 是 GTR 与 MOSFET 组成的达林顿结构，一个由 MOSFET 驱动的厚基区 PNP 晶体管。图中 R_N 为晶体管基区内的调制电阻。

IGBT 的驱动原理与电力 MOSFET 基本相同，场控器件，通断由栅射极电压 U_{GE} 决定。

导通：U_{GE}大于开启电压 $U_{GE(th)}$ 时，MOSFET 内形成沟道，为晶体管提供基极电流，IGBT 导通。

导通压降：电导调制效应使电阻 R_N 减小，使通态压降小。

关断：栅射极间施加反压或不加信号时，MOSFET 内的沟道消失，晶体管的基极电流被切断，IGBT 关断。

2. IGBT 的基本特性

图 1-24（a）所示为 IGBT 的转移特性。转移特性反映了 I_C 与 U_{GE} 间的关系，与 MOSFET 转移特性类似。

开启电压 $U_{GE(th)}$ 指 IGBT 能实现电导调制而导通的最低栅射电压。$U_{GE(th)}$ 随温度升高而略有下降，在+25℃时，$U_{GE(th)}$ 的值一般为 2～6V。

图 1-24（b）所示为 IGBT 的输出特性，也称伏安特性。输出特性（伏安特性）反映了以 U_{GE} 为参考变量时 I_C 与 U_{CE} 间的关系。分为 3 个区域：正向阻断区、有源区和饱和区。分别与 GTR 的截止区、放大区和饱和区相对应。此外，$U_{CE}<0$ 时，IGBT 为反向阻断工作状态。

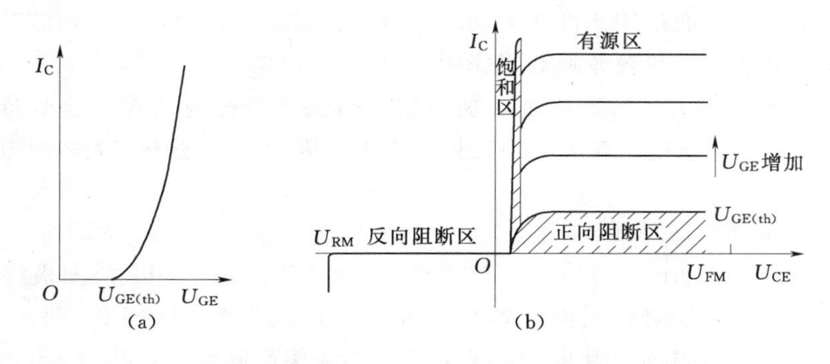

图 1-24 IGBT 的转移特性和输出特性

3. IGBT 的主要参数

除了前面提到的各参数值外，IGBT 的主要参数还包括以下几个：

（1）最大集射极间电压 U_{CES}。由内部 PNP 晶体管的击穿电压确定。

（2）最大集电极电流。包括额定直流电流 I_C 和 1ms 脉宽最大电流 I_{CP}。

（3）最大集电极功耗 P_{CM}。正常工作温度下允许的最大功耗。

IGBT 的特性和参数特点总结如下：

（1）开关速度高，开关损耗小。在电压 1000V 以上时，开关损耗只有 GTR 的 1/10，与电力 MOSFET 相当。

（2）相同电压和电流定额时，安全工作区比 GTR 大，且具有耐脉冲电流冲击能力。

（3）通态压降比 VDMOSFET 低，特别是在电流较大的区域。

（4）输入阻抗高，输入特性与 MOSFET 类似。

（5）与 MOSFET 和 GTR 相比，耐压和通流能力还可以进一步提高，同时保持开关频率高的特点。

1.4.5 其他新型电力电子器件

1. MOS 控制晶闸管 MCT

MCT（MOS Controlled Thyristor）是将 MOSFET 与晶闸管组合而成的复合器件。MCT 结合了 MOSFET 的高输入阻抗、低驱动功率、快速的开关过程和晶闸管的高电压、

大电流、低导通压降的特点。一个 MCT 器件由数以万计的 MCT 元组成，每个元的组成为一个 PNPN 晶闸管、一个控制该晶闸管开通的 MOSFET 和一个控制该晶闸管关断的 MOSFET。

总之，MCT 曾一度被认为是一种最有发展前途的电力电子器件。因此，20 世纪 80 年代以来一度成为研究的热点。但经过 10 多年的努力，其关键技术问题没有大的突破，电压和电流容量都远未达到预期的数值，未能投入实际应用。

2. 静电感应晶体管 SIT

SIT（Static Induction Transistor）诞生于 1970 年，实际上是一种结型场效应晶体管。

将用于信息处理的小功率 SIT 器件的横向导电结构改为垂直导电结构，即可制成大功率的 SIT 器件。SIT 是一种多子导电的器件，工作频率与电力 MOSFET 相当，甚至更高，功率容量更大，因而适用于高频大功率场合。在雷达通信设备、超声波功率放大、脉冲功率放大和高频感应加热等领域获得应用。

但是 SIT 在栅极不加信号时导通，加负偏压时关断，称为正常导通型器件，使用不太方便。此外，SIT 通态电阻较大，通态损耗也大，因而 SIT 还未在大多数电力电子设备中得到广泛应用。

3. 静电感应晶闸管 SITH

SITH（Static Induction THyristor）诞生于 1972 年，是在 SIT 的漏极层上附加一层与漏极导电类型不同的发射极层而得到的。因为其工作原理也与 SIT 类似，门极和阳极电压均能通过电场控制阳极，因此 SITH 又被称为场控晶闸管（Field Controlled Thyristor，FCT）。由于比 SIT 多了一个具有少子注入功能的 PN 结，SITH 是两种载流子导电的双极型器件，具有电导调制效应，通态压降低、通流能力强。其很多特性与 GTO 类似，但开关速度比 GTO 高得多，是大容量的快速器件。

SITH 一般也是正常导通型，但也有正常关断型。此外，其制造工艺比 GTO 复杂得多，电流关断增益较小，因而其应用范围还有待拓展。

4. 集成门极换流晶闸管 IGCT

IGCT（Integrated Gate-Commutated Thyristor），也称 GCT（Gate-Commutated Thyristor），即门极换流晶闸管，是 20 世纪 90 年代后期出现的新型电力电子器件，结合了 IGBT 与 GTO 的优点，容量与 GTO 相当，但开关速度快 10 倍，且可省去 GTO 庞大而复杂的缓冲电路，只不过所需的驱动功率仍很大。目前 IGCT 正在与 IGBT 等新型器件展开激烈竞争，试图最终取代 GTO 在大功率场合的位置。

5. 功率模块与功率集成电路

自 20 世纪 80 年代中后期开始，模块化趋势，按照典型电力电子电路所需要的拓扑结构，将多个相同的电力电子器件或多个相互配合使用的不同电力电子器件封装在一个模块中，可缩小装置体积，降低成本，提高可靠性，更重要的是对工作频率高的电路，可大大减小线路电感，从而简化对保护和缓冲电路的要求。这种模块被称为功率模块，或者按照主要器件的名称命名，如 IGBT 模块。

更进一步，如果将器件与逻辑、控制、保护、传感、检测、自诊断等信息电子电路制

作在同一芯片上，称为功率集成电路（Power Integrated Circuit，PIC）。与功率集成电路类似的还有许多名称，但实际上各有侧重。高压集成电路（High Voltage IC，HVIC）一般指横向高压器件与逻辑或模拟控制电路的单片集成。智能功率集成电路（Smart Power IC，SPIC）一般指纵向功率器件与逻辑或模拟控制电路的单片集成。智能功率模块（Intelligent Power Module，IPM）则专指 IGBT 及其辅助器件与其保护和驱动电路的单片集成，也称智能 IGBT（Intelligent IGBT）。

高低压电路之间的绝缘问题以及温升和散热的处理，一度是功率集成电路的主要技术难点。因此，以前功率集成电路的开发和研究主要在中小功率应用场合，如家用电器、办公设备电源、汽车电器等。智能功率模块在一定程度上回避了上述两个难点，只将保护盒驱动电路与 IGBT 器件封装在一起，最近几年获得了迅速发展。

功率集成电路实现了电能和信息的集成，成为机电一体化的理想接口，具有广阔的应用前景。

1.5 电力电子集成模块

早期的电力电子产品由分立元器件（Discrete Devices）组成，功率器件安装在散热器上，附近安装驱动、检测、保护等印制电路板（PCB），还有分立的无源元件。用分立元器件制造电力电子产品，设计周期长，加工劳动强度大，可靠性差，成本也高。

因此电力电子产品逐步向模块化、集成化方向发展，其目的是使尺寸紧凑、实现电力电子系统的小型化，缩短设计周期，并减小互连导线的寄生参数等。电力电子器件的模块化和集成化，先后经历了功率模块、单片集成式模块、智能功率模块（Intelligent Power Module，IPM）等发展阶段。其中功率模块与驱动、保护、控制电路是分立的，而单片集成和 IPM 中的功率器件与驱动、保护、控制等功能集成为一体。

但是，电力电子集成技术和集成电路技术也有十分显著的不同之处，这是由二者的性质不同引起的。集成电路所在的微电子领域主要是用电子电路来处理信息，而电力电子技术则是处理能量。因此，与集成电路技术相比，电力电子集成技术的不同主要体现在 3 个方面：主电路处于高电压状态，控制电路处于低电压状态，需要进行电压隔离；主电路器件会产生大量的热，其本身也可承受较高的温度，而一般控制电路可承受的温度要低很多，因此需要进行热隔离；主电路的开关元件在动作时一般会产生较高的电压和较大的电流变化应力，产生较强的电磁干扰，从而影响控制驱动电路的正常工作。因此，电力电子集成技术并不能简单照搬集成电路技术，而必须进行新的技术研究和开发。

一般说来，电力电子集成技术可分为功率模块、单片集成、混合封装集成 3 类。

1. 功率模块

电力电子变换器常常需要由多个功率器件组成，如一个双向开关至少需要两个功率器件和两个二极管；考虑串并联，单相、三相半桥或全桥开关电路要用几个、甚至几十个功率器件和一些辅助器件（如快速二极管 FD）组成。电力电子变换器的功率器件间的互连引线多，寄生电感大。为了使其结构紧凑、体积小、加工方便，更为了缩短开关器件间的互连导线、减小电感，功率器件必须实现模块化、集成化，称为功率模块。一个三相全桥整流模块有3个输入接线端，接三相电源；有两个输出接线端，接负载。将若干功率开关器件和快速二极管组合成标准的功率模块（Power Module），是集成电力电子技术发展进程中最初步的集成化、模块化。因为这种功率模块没有与驱动、控制、保护、检测、通信等功能集成，现在国内外已经开发出功率MOS管、可控整流元件或晶闸管（SCR）、双极型功率晶体管以及IGBT等功率模块。

图1-25（a）所示为最简单的功率模块，是单相功率因数校正用的Boost PFC功率模块，它包含一个IGBT（或功率MOS管）与一个Boost二极管以及4个整流管组成的单相桥，将其封装，有8个接线端，按照图1-25（b）所示电路图配以电感、电容元件、电阻元件及驱动电路控制器就可以组装成单相Boost PFC主电路，十分简便。此外，变频器主电路也有专用的功率器件标准模块，可以灵活地组装成各种单相、三相半桥或全桥逆变器。

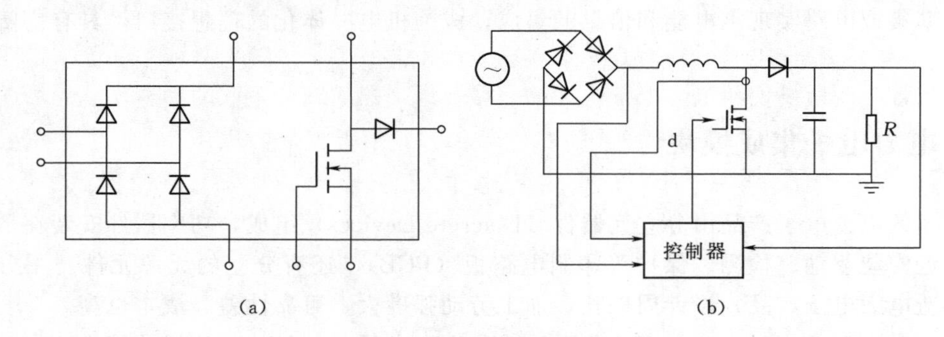

图1-25 最简单的功率模块

2. 单片集成

单片集成是将主电路、驱动、控制电路及其他附属电路都集成在一个芯片上，这实际上是微电子领域的集成电路技术在电力电子领域的延伸。这种技术适用于小功率场合，以TopSwitch为代表的单片集成电源已经取得了很大的成功，广泛用于各种电子设备中。手机和其他移动电子设备中用的电源芯片也都属于该技术的范畴。当功率较大、电压较高时，由于电压隔离、热隔离、电磁干扰三大因素，实现单片集成技术还有很多困难。单片集成技术工艺简单，基本可移植集成电路技术获得成功经验以及成本较低。它是电力电子集成技术的一个主要发展方向。随着技术的不断进步，单片集成的功率范围将不断扩大。如果能在材料和半导体工艺方面取得突破，单片集成技术会有十分美好的发展前景。

3. 混合封装集成

混合封装集成是把多个主电路芯片、驱动芯片和控制芯片集成在一起，适用于几百瓦以及千瓦级的功率范围。混合封装技术的研究是根据电力电子技术的特点而展开的。目前，全世界有关电力电子集成技术的研究主要集中在混合封装技术方面。一个完整的电力电子变换器可以看作由许多不同的功能部件和封装部件构成，目前这些部件采用不同的生产工艺和步骤，由不同的厂家生产，缺乏综合优化考虑，这也是目前产品成本较高以及体积较大的重要原因之一。从某种意义上讲，集成技术就是要在保证甚至提高整体变换器性能的情况下，尽可能地减少功能部件和封装部件的数量。

IPM是一种混合集成方法，20世纪80年代即已开发。日本东芝、富士电机、Eupec

/Infineon、Semikron、Powerex等公司都生产IPM。将具有驱动、控制、自保护、自诊断功能的IC与电力电子器件集成，封装在一个绝缘外壳中，形成相对独立、有一定功能的模块。IPM在千瓦级小功率电力电子系统中应用。

1.6 电力电子器件的驱动与保护

电力电子器件的串并联，驱动和保护是电力电子器件在接入电路中附加的电路环节，尤其是驱动和保护是必须加的电路环节，本节针对这3个附加的电路环节一一简单说明，以便容易看懂电力电子装置的电路部分。

1.6.1 电力电子器件的串并联

对较大的电力电子装置，当单个电力器件的电压或电流额定值不能满足要求时，往往需要将电力电子器件串联或并联起来工作，或者将电力电子装置串联或并联起来工作。下面以晶闸管为例简要说明电力电子器件串并联会遇到的问题及采取的措施，然后简要说明电力MOSFET及IGBT并联的一些特点。

1. 晶闸管的串联

晶闸管的串联中，当然是希望器件分压相等，但是实际使用过程中，会因制造工艺很难使两个晶闸管的特性完全相同，这样两个晶闸管的特性存在差异，使器件电压分配不均匀。电压分配不均匀有静态不均压和动态不均压。静态不均压是指串联的器件流过的漏电流相同，但因静态伏安特性的分散性，各器件分压不等。动态不均压是指由于器件动态参数和特性的差异造成的不均压，就要采取措施，尽量能满足要求。

图1-26表示两个晶闸管串联时，两个晶闸管的漏电流是相同的，但是两个晶闸管的静态伏安特性的图形不重叠，在相同漏电流的作用下所承受的正向电压是不同的。若外加电压继续升高，则承受电压高的VT_1首先达到转折电压而导通，使VT_2承担全部电压也导通，两个器件都失去控制作用。同理，反向时，因伏安特性不同而不均压，可能使其中一个器件先反向击穿，另一个随之击穿。这就是静态不均压。

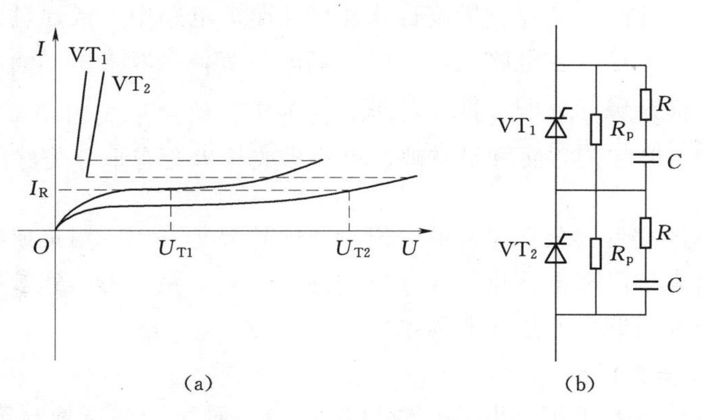

图1-26 晶闸管的串联

为了达到静态均压，采取的措施为：首先选用参数和特性尽量一致的器件。此外，在上述使用的电路中采用电阻均压，如图1-26（b）中的R_p，同时均压的电阻R_p的阻值应比器件阻断时的正、反向电阻小得多。

类似地，为了达到动态均压，采取的措施为：首先选用参数和特性尽量一致的器件。另外，还可以在每个晶闸管的两端并联一个 RC 支路作动态均压电路，如图 1-26（b）所示。对于晶闸管还可以采用门极强脉冲触发，能减少开通时间上的差异。

2. 晶闸管的并联

对较大的电力电子装置，常用多个电力器件并联来承担大的电流，在并联中就会分别因静态和动态特性参数的差异而电流分配不均匀。电流分配不均匀往往会使有的器件的电流不足，有的器件的电流过载，影响到装置的输出，从而影响到使用的性能。

为了达到均流，就要挑选特性参数尽量一致的器件。此外，还要采用均流电抗器。另外，对于晶闸管的触发，用门极强脉冲触发也有助于动态均流。

当需要同时串联和并联晶闸管时，通常采用先串后并的方法连接。

3. 电力 MOSFET 和 IGBT 并联运行的特点

电力 MOSFET 的通态电阻 R_{on} 具有正温度系数，具有电流自动均衡的能力，容易并联。但是选用时要注意选用通态电阻 R_{on}、开启电压 U_T、跨导 G_{fs} 和输入电容 C_{iss} 尽量相近的器件并联。同时电路走线和布局应尽量对称。为了更好地均流，有时可在源极电路中串入小电感，起到均流电抗器的作用。

IGBT 在 1/2 或 1/3 额定电流以下的区段，通态压降具有负温度系数。在 1/2 或 1/3 额定电流以上的区段，通态压降则具有正温度系数。因而 IGBT 并联使用时也具有电流的自动均衡能力，易于并联。实际使用时，器件的参数尽量一致，电路走线和布局应尽量对称。

1.6.2 电力电子器件的驱动

驱动电路是主电路与控制电路之间的接口，使电力电子器件工作在较理想的开关状态，缩短开关时间，减小开关损耗，对装置的运行效率、可靠性和安全性都有重要的意义。

对器件或整个装置的一些保护措施也往往设在驱动电路中，或通过驱动电路实现。驱动电路还要提供控制电路与主电路之间的电气隔离环节，一般采用光隔离或磁隔离。光隔离一般采用光耦合器。磁隔离的元件通常是脉冲变压器。

按照驱动电路加在电力电子器件控制端和公共端之间信号的性质划分可分为电流驱动型和电压驱动型。

驱动电路具体形式可为分立元件的，但目前的趋势是采用专用集成驱动电路。双列直插式集成电路及将光耦隔离电路也集成在内的混合集成电路。为达到参数最佳配合，首选所用器件生产厂家专门开发的集成驱动电路。

1. 驱动电路的基本任务

（1）按控制目标的要求施加开通或关断的信号。对半控型器件只需提供开通控制信号；对全控型器件则既要提供开通控制信号，又要提供关断控制信号。

（2）驱动电路还要提供控制电路与主电路之间的电气隔离环节，一般采用光隔离或磁隔离。在电路中光隔离一般采用光耦合器；而磁隔离的元件通常是脉冲变压器。

2. 晶闸管的触发电路

晶闸管触发电路的作用是产生符合要求的门极触发脉冲，保证晶闸管在需要的时刻由阻断转为导通。

晶闸管触发电路应满足下列要求：

(1) 脉冲的宽度应保证晶闸管可靠导通。

(2) 触发脉冲应有足够的幅度。

(3) 不超过门极电压、电流和功率定额，且在可靠触发区域之内。

(4) 有良好的抗干扰性能、温度稳定性及与主电路的电气隔离。

由上述要求可以得到理想的晶闸管的触发脉冲，如图 1-27 所示。

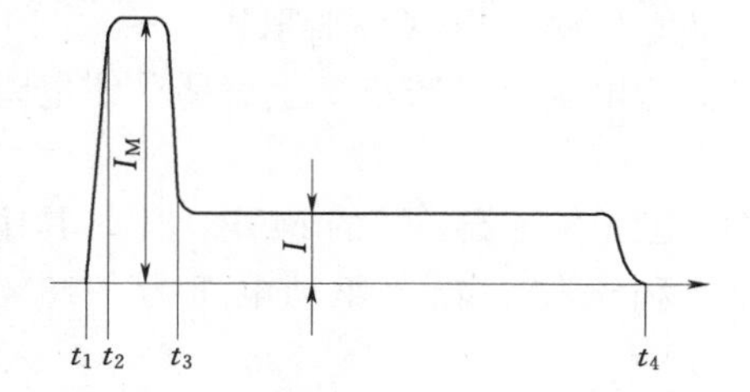

图 1-27 理想的晶闸管的触发脉冲

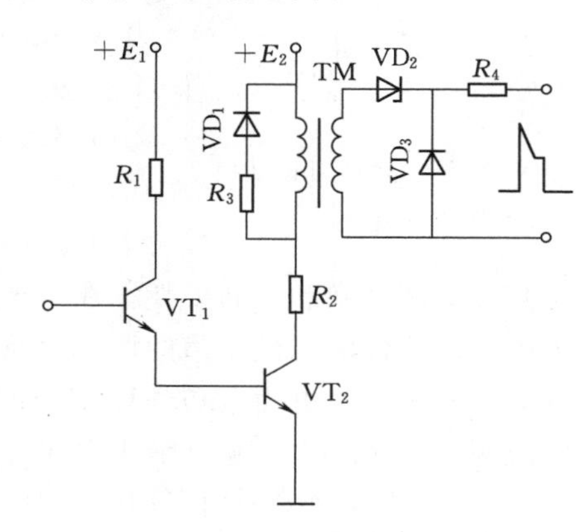

图 1-28 常见的晶闸管触发电路

图 1-28 所示为常见的晶闸管触发电路，它是由 VT_1，VT_2 和脉冲变压器 TM 组成，它能产生脉冲，不过不是强脉冲。为了能产生强脉冲，电路中还要添加电路环节。

3. 典型全控型器件的驱动电路

(1) GTO。GTO 的开通控制与普通晶闸管相似，但对触发脉冲前沿的幅值和陡度要求高，且一般需在整个导通期间施加正门极电流。使 GTO 关断需施加负门极电流，对其幅值和陡度的要求更高，幅值需达阳极电流的 1/3 左右，陡度需达到 50A/μs 强负脉冲宽度约 30μs，负脉冲总宽的 100μs。

关断后还应在门阴极施加约 5V 的负偏压，以提高抗干扰能力。推荐的 GTO 门极电压电流波形如图 1-29 所示。

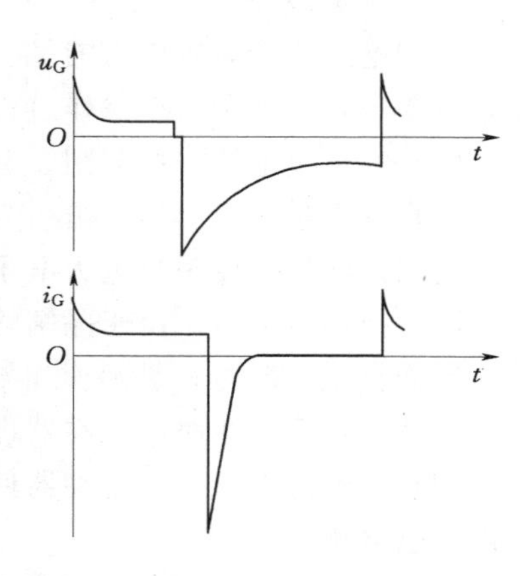

图 1-29 推荐的 GTO 门极电压电流波形

GTO 一般用于大负载量电路的场合，其驱动电路通常包括开通驱动电路、关断驱动电路和门极反偏电路 3 部分，可分为脉冲变压器耦合式和直接耦合式两种类型。直接耦合式驱动电路可避免电路内部的相互干扰和寄生振荡，可得到较陡的脉冲前沿。目前应用较广，但其功耗大、效率较低。

(2) GTR。使 GTR 开通的基极驱动电流应使 GTR 处于准饱和导通状态，使之不进入放大区和深度饱和区。关断 GTR 时，施加一定的负基极电流有利于减小关断时间和关断损耗。关断后同样应在基射极之间施加一定幅值（6V左右）的负偏压。推荐的GTR基极驱动电流波形如图1－30所示。

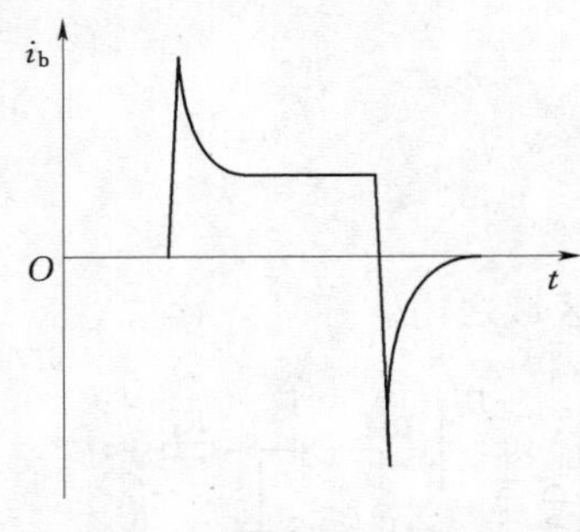

图1－30　推荐的GTR基极驱动电流波形

一般GTR的驱动电路包括电气隔离和晶体管放大电路两部分。常见的电路可查阅相关资料。常见的有THOMSON公司的UAA4002和三菱公司的M57215BL集成驱动电路。

（3）电力MOSFET和IGBT是电压驱动型器件。电力MOSFET的栅源极之间和IGBT的栅射极之间都有数千皮法左右的极间电容，为了快速建立驱动电压，要求驱动电路输出电阻小。使MOSFET开通的驱动电压一般为10～15V，使IGBT开通的驱动电压一般为15～20V。关断时施加一定幅值的负驱动电压（一般取－5～－15V）有利于减小关断时间和关断损耗。在栅极串入一只低值电阻可以减小寄生振荡。该电阻阻值应随被驱动器件电流额定值的增大而减小。

常见的专为驱动电力MOSFET设计的混合集成电路有三菱公司的M57918L，其输入信号电流幅值为16mA，输出最大脉冲电流为＋2A和－3A，输出驱动电压为＋15V和－10V。IGBT的驱动多采用专用的混合集成驱动器。

1.6.3　电力电子器件的保护

在电力电子电路中，除了电力电子器件参数选择合适，驱动电路设计良好外，还需要采用合适的过电压保护、过电流保护、du/dt保护和di/dt保护。

1. 过电压保护

保护电力电子装置中可能发生的过电压分为外因过电压和内因过电压两类。外因过电压，主要来自雷击和系统操作过程等外因，主要有：

（1）操作过电压。由分闸、合闸等开关操作引起的过电压。

（2）雷击过电压。由雷击引起的过电压。

内因过电压主要来自电力电子装置内部器件的开关过程，包括：

（1）换相过电压。由于晶闸管或与全控型器件反并联的续流二极管在换相结束后，不能立刻恢复阻断能力，晶闸管或与全控型器件反并联的续流二极管在换相结束后，反向电流急剧减小，会由线路电感在器件两端感应出过电压。

（2）关断过电压。全控型器件关断时，正向电流迅速降低而由线路电感在器件两端感应出的过电压。

图1－31所示为过电压抑制措施原理，各电力电子装置可视具体情况只用其中的几种。图中F为避雷针，D为变压器静电屏蔽层，RC_1为阀侧，RC_2为阀侧浪涌过电压抑制用反向阻断式RC电路，RV为压敏电阻过电压抑制器，RC_3为阀器件换相过电压抑制用RC电路，RC_4为直流侧RC抑制电路，RCD为阀器件关断过电压抑制用RCD电路。

从图中可知，RC_3和RCD为内因过电压抑制措施。那么，外因过电压抑制措施中，RC过电压抑制电路最为常见，RC过电压抑制电路可接于供电变压器的两侧（供电网一

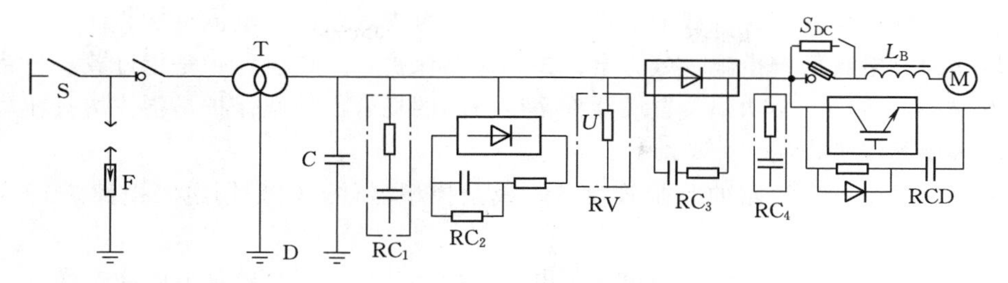

图 1-31 过电压抑制措施

侧称网侧，电力电子电路一侧称阀侧)，或电力电子电路的直流侧。其 RC 连接方式不再说明，感兴趣的同学可以查阅其他资料。遇到大容量电力电子装置时，可采用反向阻断式 RC 电路，如图 1-32 所示。此外，还有其他措施：用雪崩二极管、金属氧化物压敏电阻、硒堆和转折二极管（BOD）等非线性元器件限制或吸收过电压。

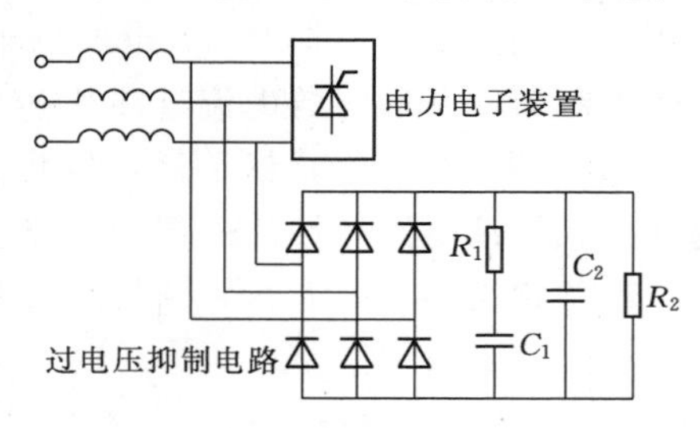

图 1-32 反向阻断式 RC 电路

2. 过电流保护

电路运行不正常或发生故障时，会发生过电流。过电流有过载和短路两种情况。

图 1-33 所示为过电流保护措施，其采用了快速熔断器、直流快速断路器，还有过电流继电器常用的措施。一般电力电子装置中都会采用几种过电流保护措施，以提高可靠性和合理性。在选择各种保护措施时应注意相互协调。通常，电子电路作为第一保护措施，快速熔断器仅作为短路时的部分区段的保护，直流快速断路器整定在电子电路动作之后实现保护，过电流继电器整定在过载时动作。

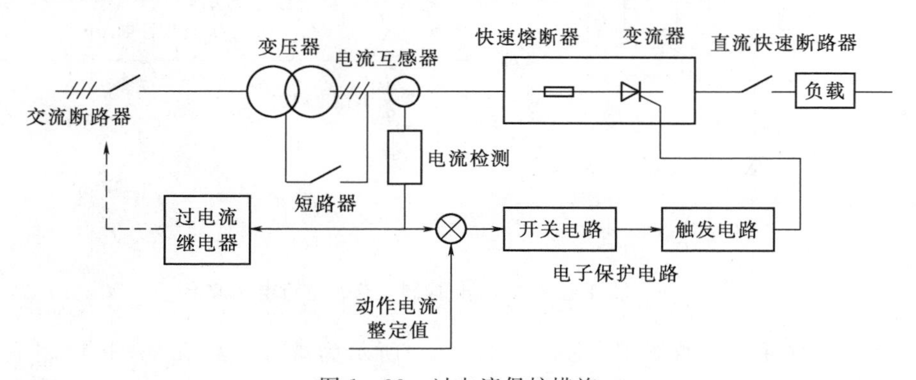

图 1-33 过电流保护措施

采用快速熔断器是电力电子装置中最有效、应用最广泛的一种过电流保护措施。选择快熔时应考虑以下几点：

(1) 电压等级根据熔断后快熔实际承受的电压确定。

(2) 电流容量按其在主电路中的接入方式和主电路连接形式确定。

(3) 快熔的额定电流有效值应小于被保护器件的电流额定有效值。

(4) 为保证熔体在正常过载情况下不熔化，应考虑其时间—电流特性。

快熔作为过电流保护措施，分为全保护和短路保护，其中全保护是指过载、短路均由快熔进行保护，适用于小功率装置或器件裕度较大的场合。短路保护是指快熔只在短路电流较大的区域起保护作用。

对重要的且易发生短路的晶闸管设备，或全控型器件，需采用电子电路进行过电流保护。

常在全控型器件的驱动电路中设置过电流保护环节，这对过电流的响应最快。

3. 缓冲电路

缓冲电路又称吸收电路，其作用是对器件的内因过电压或内因过电流的保护，最重要的是防止电压和电流变化太快，也就是 du/dt 的保护和 di/dt 的保护。缓冲电路又分关断缓冲电路和开通缓冲电路。关断缓冲电路（又称 du/dt 抑制电路）用于吸收器件的关断过电压和换相过电压，抑制 du/dt，减小关断损耗。开通缓冲电路（又称 di/dt 抑制电路）用于抑制器件开通时的电流过冲和 di/dt，减小器件的开通损耗。将关断缓冲电路和开通缓冲电路结合在一起，就是复合缓冲电路。还有另外的分类法，按能量的去向分类法，分为耗能式缓冲电路和馈能式缓冲电路（无损吸收电路）。

通常将缓冲电路专指关断缓冲电路，将开通缓冲电路叫做 di/dt 抑制电路。

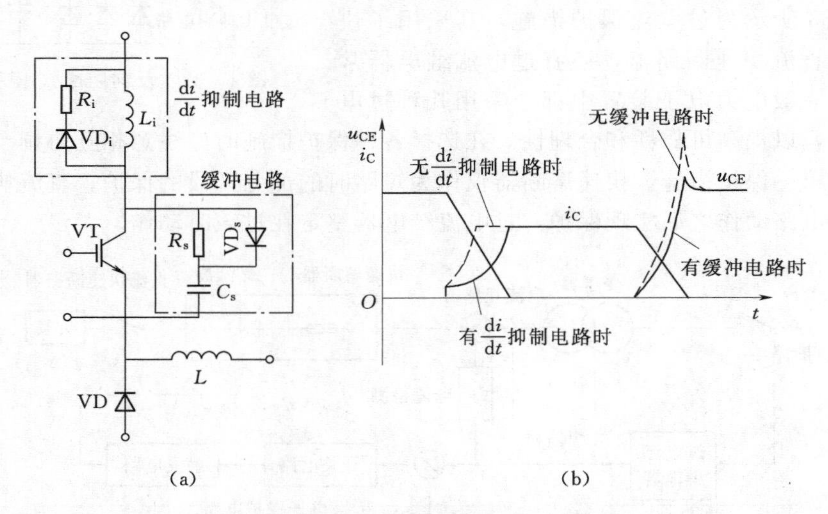

图 1-34 缓冲电路和 di/dt 抑制电路及电流电压波形

下面来分析缓冲电路的作用。图 1-34（a）所示为缓冲电路和 di/dt 抑制电路，图 1-34（b）所示为集电极电压 u_{CE} 和集电极电流 i_C 的波形，其中实线部分为有缓冲电路和 di/dt 抑制电路的波形，虚线部分为没有缓冲电路的波形。从图 1-34（b）中看出，di/dt 抑制电路抑制了器件在开通过程中的电流变化过快，缓冲电路抑制了器件在关断过程中的电压变化过快。

一般缓冲电路有不同的电路形式，根据容量不同采用不同的形式。如充放电型 RCD 缓冲电路，适用于中等容量的场合。

本 章 小 结

本章主要介绍各种器件的工作原理、基本特性、主要参数以及选择和使用中应注意的一些问题，然后集中讲述电力电子器件的驱动、缓冲保护和串、并联使用这3个问题。

学习电力电子器件最重要的是掌握其基本特性。此外，还应该掌握电力电子器件的型号命名法，以及其参数和特性曲线的使用方法，这是在实际中正确应用电力电子器件的两个基本要求。

另外，需要说明的是，由于电力电子电路的工作特点和具体情况的不同，可能会对与电力电子器件用于同一主电路的其他电路元件，如变压器、电感、电容、电阻等，有不同于普通电路的要求。这里将在讲电路时适当地讨论。

习 题 与 思 考 题

1-1　晶闸管导通的条件是什么？怎样使已经导通的晶闸管关断？

1-2　为什么同为PNPN结构，GTO能关断，而普通晶闸管却不能？

1-3　信息电子器件与电力电子器件相比有哪些特点和不同？

1-4　电力电子器件有哪些分类？并列举各种分类下的典型代表器件。

1-5　电力电子器件何时需要串并联，简单的串并联会有哪些问题，需要采取哪些措施？

1-6　常见的过电压保护、过电流保护措施有哪些？

1-7　电力电子器件的换流方式有哪些？

1-8　晶闸管额定电流的定义是什么？

1-9　额定电流为100A的晶闸管流过单相全波电流时，允许其最大平均电流是多少？

1-10　晶闸管并联阻容吸收电路可起到哪些保护作用？

1-11　如图1-35，型号为KF100-3，维持电流4mA的晶闸管，在以下电路中使用是否合理？为什么？(未考虑电压、电流安全余量)

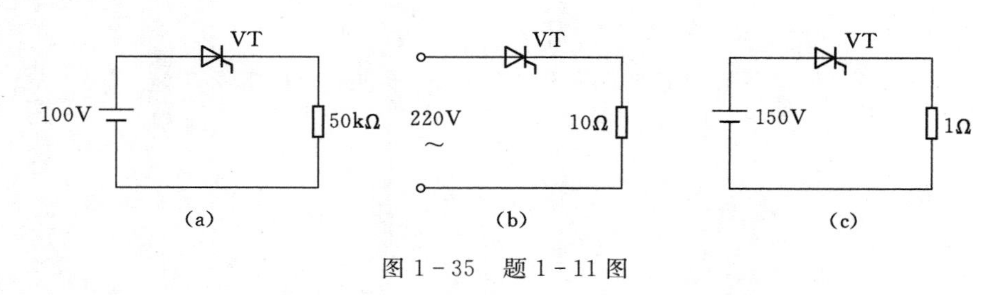

图1-35　题1-11图

1-12　图1-36中阴影部分为晶闸管处于通态区间的电流波形，各波形的电流最大值均为I_m，试计算各波形的电流平均值I_{d1}、I_{d2}、I_{d3}与电流有效值I_1、I_2、I_3。

1-13　上题中如果不考虑安全裕量，问100A的晶闸管能送出的平均电流I_{d1}、I_{d2}、I_{d3}各为多少？这时，相应的电流最大值I_{m1}、I_{m2}、I_{m3}各为多少？

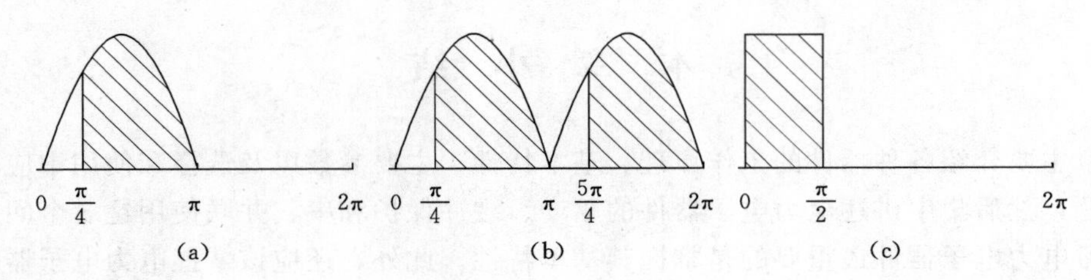

图 1-36　题 1-12 图

1-14　画出图 1-37 所示电路的负载 R_d 上的波形图。

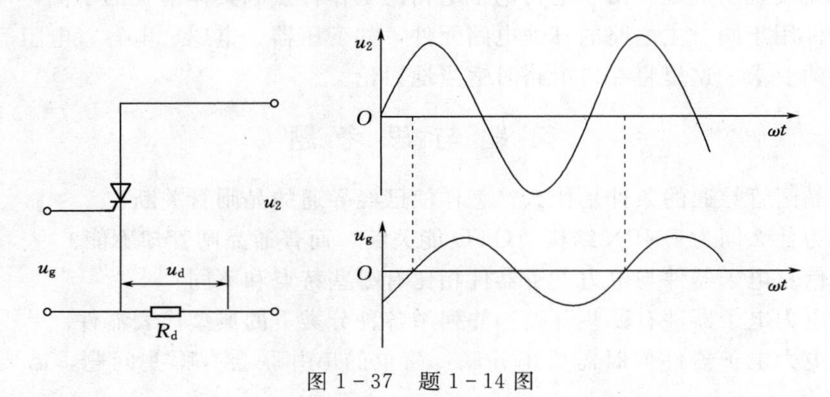

图 1-37　题 1-14 图

第2章 晶闸管可控整流电路

本章要点

- 单相可控整流电路
- 三相可控整流电路
- 有源逆变电路
- 整流电路的比较
- 整流电路的应用

本章难点

- 单相可控整流电路的结构及工作原理
- 三相可控整流电路的结构及工作原理
- 分析不同性质负载情况下晶闸管可控整流电路的工作特点
- 有源逆变电路的分析及有源逆变的失败原因分析

许多直流负载要求直流电源电压大小可调，由整流二极管构成的各类整流电路无法实现输出电压调节功能，因此需采用晶闸管全部或部分替代整流二极管而构成的晶闸管可控整流电路。在电工设备中，晶闸管可控整流电路主要应用在可控整流、交流调压、无触点直流开关、逆变和变频等方面。

晶闸管可控整流电路完整地讲应包括主电路和触发电路两部分，“有控必有触”，本章将先介绍晶闸管主电路。晶闸管主电路可分为单相可控整流电路和三相可控整流电路两类，其中单相可控整流电路主要有单相半波可控整流电路、单相半控桥式整流电路（以下简称单相半控桥）和单相全控桥式整流电路（以下简称单相全控桥）3种形式，三相可控整流电路也有三相半波可控整流电路、三相半控桥式整流电路（以下简称三相半控桥）和三相全控桥式整流电路（以下简称三相全控桥）3种电路形式。

在工程实际中负载的性质是不一样的。有些负载基本上是电阻性质的，如电阻加热炉、电解、电镀等。这种负载的特点是不论流过负载的电流变化与否，负载两端的电压和通过它的电流总是成正比例关系的，两者的波形形状相同。另一种负载，既有电阻又有电感，如发电厂中的发电机励磁绕组，这类负载称为电感性负载。另外，还有反电势性质的负载，如在光伏发电系统等领域。在晶闸管可控整流电路中，各种不同性质的负载将直接影响可控整流电路的工作状态。在本章2.1和2.2节中将分析各种不同性质负载情况下晶闸管可控整流电路的工作特点。

2.1 单相可控整流电路

一般容量在4kW以下的可控整流装置多采用单相可控整流电路，下面主要分析各种负载情况下 3 种单相可控整流电路（单相半波可控整流电路、单相半控桥和单相全控桥）的结构、工作原理和主要参数，重点突出如何利用波形图并结合晶闸管移相功能分析单相可控整流电路的工作情况。

2.1.1　单相半波可控整流电路

1. 负载呈阻性时的单相半波可控整流电路

（1）电路结构。图 2-1 是一个最基本的单相半波可控整流电路，其中 R_d 为负载电阻，TR 是单相整流变压器。

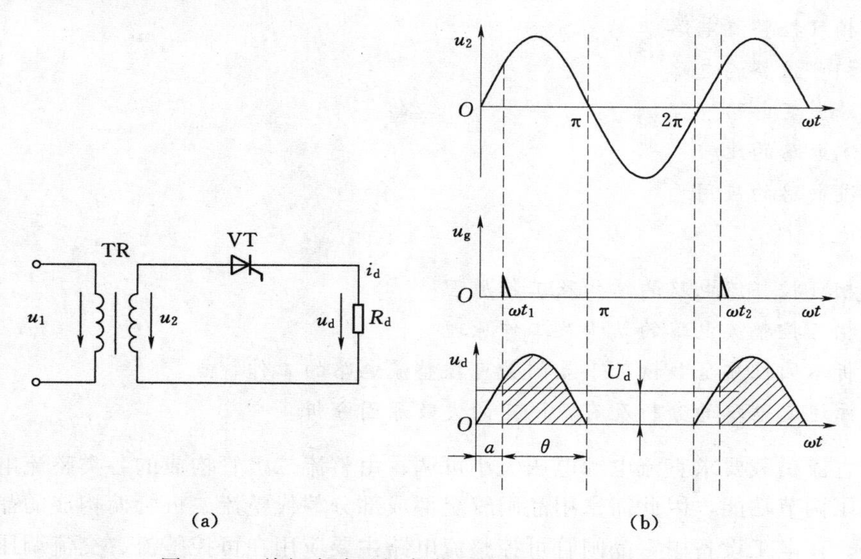

图 2-1　单相半波阻性负载可控整流电路及其波形

（2）工作原理（波形分析法）。下面分析在一个周期内输出电压的变化情况。

1）当 u_2 处于正半周时。

$0\sim\omega t_1$：晶闸管尽管承受正向电压，由于无触发脉冲，晶闸管处于正向阻断状态，故输出电压 $u_d=0$。

$\omega t_1\sim\pi$：当 t_1 时刻在晶闸管门极上加上触发脉冲 u_g，晶闸管触发导通并连续，直到 $\omega t=\pi$ 时刻过零关断，如果忽略晶闸管本身管压降，则输出电压 $u_d=u_2$。

2）当 u_2 处于负半周时。晶闸管承受反向电压，处于反向关断状态，输出电压和输出电流均为零。$\omega t=\dfrac{3}{2}\pi$ 时，晶闸管承受最大反向电压，最大值为 $\sqrt{2}U_2$。

从图 2-1（b）所示波形图中可以发现，在晶闸管承受正向电压的时间内，改变触发脉冲的输入时刻，负载上得到的电压波形也就随着改变，这样就可以控制输出电压的大小。通常把晶闸管从开始承受正向阳极电压起到施加触发脉冲时刻为止的电角度称为触发角，又称控制角，用 α 表示；将晶闸管在一个周期内导通的电角度称为导通角，用 θ 表示。显然，$\alpha+\theta=\pi$，并且导通角越大，输出电压越高。

改变触发角 α 即改变触发脉冲出现时刻，称为移相。触发角 α 变化的范围称为移相范围。移相和移相范围是晶闸管可控整流电路的两个重要概念。

总之，晶闸管通过改变触发角大小即通过移相来达到控制输出电压的目的。当触发脉冲前移，则输出电压升高；当触发脉冲后移，则输出电压下降。

通过数学推导可得，单相半波可控整流电路输出直流电压的平均值为

$$U_d = \frac{0.45U_2(1+\cos\alpha)}{2} \tag{2-1}$$

式中　U_2——变压器次级电压有效值。

根据式（2-1），当 $\alpha=0°$ 时（导通角 $\theta=180°$），晶闸管全导通，输出电压最大；当触发角 $\alpha=180°$时（导通角 $\theta=0°$），晶闸管全关断，输出电压为零。

负载电流的平均值为

$$I_d = \frac{U_d}{R_d} \tag{2-2}$$

输出电压的有效值为

$$U = U_2\sqrt{\frac{1}{4\pi}\sin2\alpha + \frac{\pi-\alpha}{2\pi}} \tag{2-3}$$

电流的有效值为

$$I = \frac{U}{R_d} = \frac{U_2}{R_d}\sqrt{\frac{1}{4\pi}\sin2\alpha + \frac{\pi-\alpha}{2\pi}} \tag{2-4}$$

电流波形的波形系数为

$$K_f = \frac{I}{I_d} = \frac{\sqrt{\pi\sin2\alpha + 2\pi(\pi-\alpha)}}{\sqrt{2}(1+\cos\alpha)} \tag{2-5}$$

变压器二次侧供给的有功功率 $P=I^2R_d=UI$，变压器二次侧的视在功率 $S=U_2I$，所以电路的功率因数为

$$\cos\varphi = \frac{P}{S} = \frac{UI}{U_2I} = \sqrt{\frac{1}{4\pi}\sin2\alpha + \frac{\pi-\alpha}{2\pi}} \tag{2-6}$$

2. 负载呈感性时的单相半波可控整流电路

（1）不接续流二极管时的单相半波可控整流电路工作情况。在电力行业实际应用中，通过中、大功率可控整流电路供电给纯电阻性负载的情况是相当少的，因为大多数负载中既有电阻又有电感，而且很多情况下负载中的感抗还占主导地位，而电阻相对次要，这种负载称为电感性负载，如同步发电机中的励磁绕组、电动机定子绕组等。为了便于分析，通常将电感性负载等效为电感与电阻的串联，如图 2-2（a）所示。

根据楞次定理，电感作为一种储能元件，它有抗拒电流变化的作用，即当通过电感的电流发生变化时，会在电感两端产生自感电动势，用来阻碍电流的变化。如当电流增大时，感应电动势极性上正下负，以阻碍电流增大；当电流减小时，感应电动势极上负下正，以阻碍电流减小，从而使得通过电感的电流不能突变，这是电感性负载的特点。只有对电感性负载特点有充分的认识，才能更好地理解所有带电感性负载可控整流电路的工作原理。下面同样通过波形来分析工作原理，图 2-2（b）所示为带电感性负载的单相半波可控整流电路工作波形。下面先来分析一个周期内电路工作情况。

1）当 u_2处于正半周时。

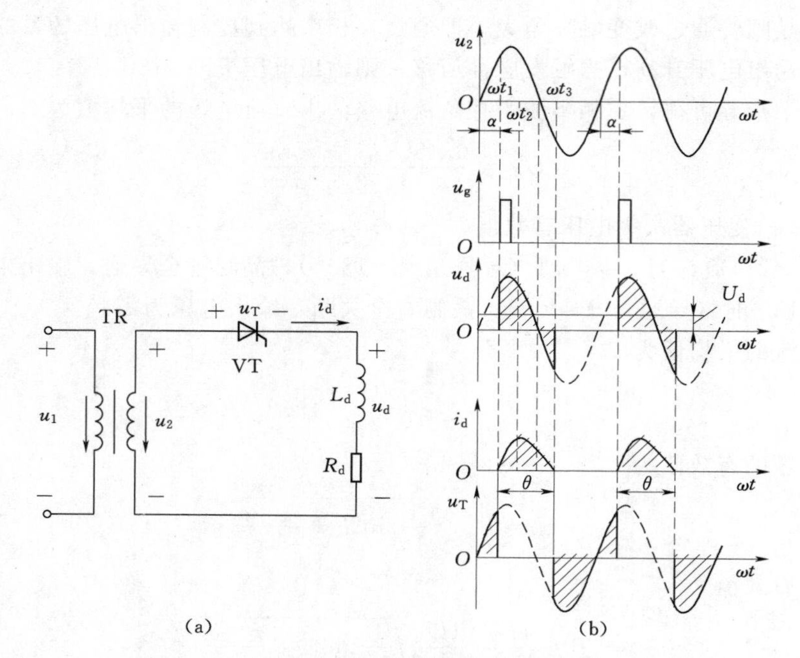

图2-2　单相半波感性负载可控整流电路及波形

$0\sim\omega t_1$：晶闸管VT尽管承受正向电压，但由于触发脉冲尚未出现，故晶闸管工作在正向阻断状态，负载电压及负载电流均为零，而晶闸管两端承受全部电源电压。

$\omega t_1\sim\pi$：在ωt_1时刻加入触发脉冲，晶闸管触发导通并连续，如忽略晶闸管本身压降，则$u_d=u_2$。由于电感L_d的作用，负载电流i_d只能从0开始上升，到ωt_2时刻负载电流达到最大值，随后i_d开始减小，L_d中感应电动势改变极性（上负下正）阻碍电流减小，到$\omega t=\pi$时刻u_2已经下降到零，但由于感应电动势作用使晶闸管VT仍承受正向电压而导通。

2）当u_2处于负半周时。

$\pi\sim\omega t_3$：u_2已进入负半周，只要自感电动势大于u_2值，则晶闸管仍然承受正向电压而继续导通，从而使输出电压u_d随u_2变化出现负电压。在ωt_3时刻，自感电动势与u_2相等，使晶闸管两端电压降为零，输出电流也下降到零，则晶闸管将过零关断。

$\omega t_3\sim 2\pi$：ωt_3时刻以后晶闸管开始承受反向电压而处于反向关断状态，输出电压及输出电流均为零，晶闸管两端又承受全部电源电压，直到结束一个周期的工作。

以后每个周期重复上述工作过程，循环往复，形成如图2-2（b）所示的波形。根据以上分析并结合波形图，感性负载情况下由于有自感电动势作用，延迟了晶闸管的关断时间，使晶闸管的导通角θ增大，从而造成输出电压u_d出现负值，输出电压平均值下降，最终使可控整流电路输出效率下降。同时，如电感L_d越大，则导通角θ越大，输出电压波形中负值部分越大，极端情况下输出电压平均值将近似为零，可控整流电路将无法正常工作。

（2）负载两端并联续流二极管后的单相半波可控整流电路工作情况。从上面分析可知，当单相半波可控整流电路供电给感性负载时，由于感性负载本身的特点将使波形输出

电压 u_d出现负值，在大电感情况下甚至造成电路零输出而无法正常工作。因此，为了使电路能正常工作，必须设法在 u_2过零时将晶闸管关断，从而使输出电压中不出现负值。同时，考虑到电感是一个储能元件，因此从能量的角度来说，关键在于 u_2过零时“开启”一个通道将电感中储存的能量快速消耗。基于这种思路，在可控整流电路输出端反向并联一个二极管 VD，如图 2-3（a）所示。由于该二极管可以在晶闸管关断后为负载电流继续流通提供一个通道，故称为续流二极管。图 2-3（b）所示为感性负载并联续流二极管时的电路输出波形。

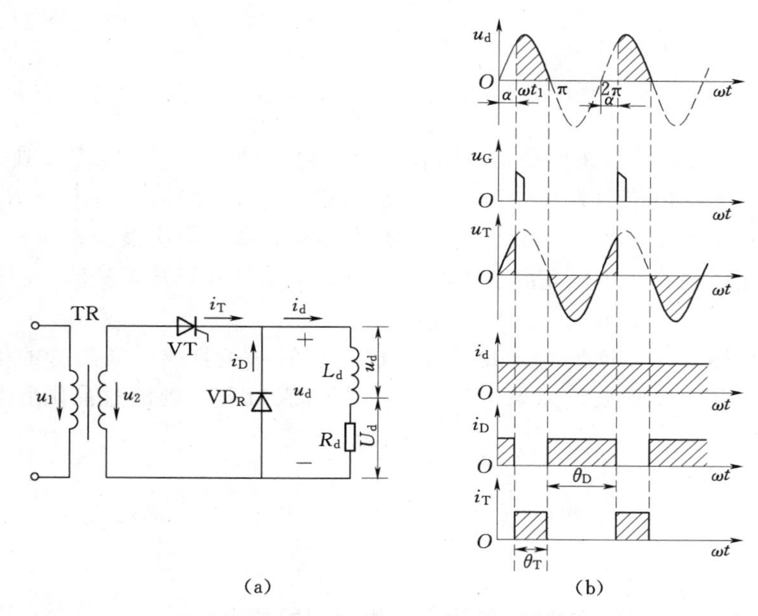

图 2-3　单相半波感性负载加并联续流二极管可控整流电路及波形

1）当 u_2处于正半周时。

在 $0\sim\omega t_1$阶段，晶闸管 VT 工作在正向阻断状态，负载电压为零，此时续流二极管不起作用；在 $\omega t_1\sim\pi$ 阶段，晶闸管触发导通并连续，如忽略晶闸管本身压降则 $u_d=u_2$，而续流二极管反向截止。总之，当 u_2处于正半周时续流二极管在电路中不起作用，输出电压 u_d波形与不加续流二极管时相同。

2）当 u_2处于负半周时。

当 u_2进入下半周过零变负时，在自感电动势（上负下正）作用下续流二极管 VD 导通。续流二极管导通后，一方面使晶闸管 VT 承受反向电压而关断，同时“开启”了一个通道将电感中储存的能量快速消耗，如忽略续流二极管的正向压降，则负载电压近似为零，不再出现负电压，所以感性负载两端并联续流二极管后负载电压 u_d的波形与电阻负载时相同。同时，这种情况下输出电流波形则与电阻负载时完全不同。进一步分析可知晶闸管 VT 导通时，电流 i_d由电源供给；晶闸管 VT 关断后，i_d经续流二极管形成回路。因此，负载电流 i_d由两部分合成，即

$$i_d=i_T+i_D$$

如负载中电感L_d足够大（$\omega L_d \gg R_d$），则在晶闸管VT关断期间，续流二极管VD可持续导通，因此可使i_d连续，所以负载电流i_d的波形近似为一条平行于横轴的直线。同理，通过晶闸管的电流i_T与通过续流二极管的电流i_D的波形也近似为矩形波。

综上所述，单相半波可控整流电路供电给感性负载时，如在负载两端并联续流二极管后电路输出电压波形将与阻性负载相同，具体参数如下：

输出电压平均值为

$$U_d = \frac{0.45U_2(1+\cos\alpha)}{2} \tag{2-7}$$

输出电流平均值为

$$I_d = \frac{U_d}{R_d} \tag{2-8}$$

根据图2-3（b）所示波形图，晶闸管的导通角$\theta_T = \pi - \alpha$，续流二极管的导通角$\theta_D = \pi + \alpha$。控制角α的移相范围为0°～180°。当负载中电感L_d足够大（$\omega L_d \gg R_d$），则i_T、i_D为矩形波。特别需要指出的是，由于电网中存在频率较高的高次谐波，而对于感性负载来说，如电流变化较快将产生较高的负电压，可能会损坏晶闸管甚至整流变压器，因此实用中在感性负载情况下均要求接上续流二极管。

当电感量足够大时，负载电流波形可看成连续的一条直线，晶闸管的电流i_T和续流二极管的电流i_D均为矩形波。如果负载电流的平均值为I_d，则流过晶闸管与续流二极管的电流平均值分别为

$$I_{dT} = \frac{\pi - \alpha}{2\pi} I_d = \frac{\theta_T}{2\pi} I_d \tag{2-9}$$

$$I_{dD} = \frac{\pi + \alpha}{2\pi} I_d = \frac{\theta_D}{2\pi} I_d \tag{2-10}$$

式中　θ_T，θ_D——晶闸管和续流二极管一个周期内的导通角。

流过晶闸管和续流二极管的电流有效值分别为

$$I_T = \sqrt{\frac{\pi - \alpha}{2\pi}} I_d = \sqrt{\frac{\theta_T}{2\pi}} I_d \tag{2-11}$$

$$I_D = \sqrt{\frac{\pi + \alpha}{2\pi}} I_d = \sqrt{\frac{\theta_D}{2\pi}} I_d \tag{2-12}$$

晶闸管和续流二极管承受的最大电压均为$\sqrt{2}U_2$，移相范围与电阻负载时相同，为0～π。

例2-1　在图2-1（a）所示电路中，变压器次级电压$U_2 = 100V$，当控制角α分别为0°、90°、120°、180°时，负载上的平均电压是多少？

解　由式（2-7）可知

$\alpha = 0°$ 时　　$U_d = \frac{0.45 \times 100 \times (1+\cos 0°)}{2} = 45(V)$

$\alpha = 90°$ 时　　$U_d = \frac{0.45 \times 100 \times (1+\cos 90°)}{2} = 22.5(V)$

$\alpha = 120°$ 时　　$U_d = \frac{0.45 \times 100 \times (1+\cos 120°)}{2} = 11.25(V)$

$\alpha = 180°$ 时 $\qquad U_d = \dfrac{0.45 \times 100 \times (1 + \cos 180°)}{2} = 0(\text{V})$

例 2-2 单相半波阻感性负载带续流二极管整流电路，直接由交流电网 220V 供电。

(1) 如果要求输出的直流平均电压在 50～92V 之间可调时，试求控制角 α 应有的移相范围。

(2) 如果电感足够大，电阻为 2Ω，当要求最大输出电压是 45V 时，试求晶闸管和续流二极管的电流有效值和平均值，并选择晶闸管定额。

解 (1) 由式 (2-7) 可知

$U_d = 50\text{V}$ 时 $\qquad \cos\alpha = \dfrac{2 \times 50}{0.45 \times 220} - 1 \approx 0$

$$\alpha \approx 90°$$

$U_d = 92\text{V}$ 时 $\qquad \cos\alpha = \dfrac{2 \times 92}{0.45 \times 220} - 1 \approx 0.85$

$$\alpha \approx 30°$$

故 α 的移相范围是 30°～90°。

(2) 因为电感足够大，可以把电流波形看成平直的直线，分别计算

$$U_d = \frac{0.45 U_2 (1 + \cos\alpha)}{2}$$

$$\cos\alpha = \frac{2 \times 45}{0.45 \times 220} - 1 \approx -0.09$$

控制角 $\alpha = 95.1°$，导通角 $\theta_T = 180° - 95.1° = 84.9°$。

$$I_d = \frac{U_d}{R_d} = \frac{45}{2} = 22.5(\text{A})$$

晶闸管和续流二极管的平均电流分别为

$$I_{dT} = \frac{\theta_T}{360°} I_d = \frac{84.9°}{360°} \times 22.5 \approx 5.31(\text{A})$$

$$I_{dD} = \frac{\theta_D}{360°} I_d = \frac{180° + 95.1°}{360°} \times 22.5 \approx 17.2(\text{A})$$

晶闸管和续流二极管的电流有效值分别为

$$I_T = \sqrt{\frac{\theta_T}{360°}} I_d = \sqrt{\frac{84.9°}{360°}} \times 22.5 = 10.9(\text{A})$$

$$I_D = \sqrt{\frac{\theta_D}{360°}} I_d = \sqrt{\frac{180° + 85.1°}{360°}} \times 22.5 = 19.6(\text{A})$$

晶闸管承受的最大电压为 $\sqrt{2} U_2 \approx 311\text{V}$。

晶闸管的定额如下：

额定电压 $U_{Tn} = (2 \sim 3) U_{TM} = 622 \sim 933\text{V}$，选取 800V。

额定电流 $I_{T(AV)} = (1.5 \sim 2) \dfrac{I_T}{1.57} = (1.5 \sim 2) \dfrac{10.9}{1.57} \approx 10.4 \sim 13.9\text{A}$，选取 15A。

必须注意式 (2-8) 中 I_d 是负载电流的平均值，而在选择导线截面和熔体额定值时必须按照电流的有效值考虑。

2.1.2　单相半控桥式整流电路

单相半波可控整流电路尽管电路结构简单，而且电路调整方便，但输出电压偏低而且输出电参数脉动大，整流变压器利用率较低，同时整流变压器二次绕组中存在直流分量，不利于整流变压器的正常运行，仅适用于输出功率较小的场合。因此，当实际应用中需要中大输出功率时，应考虑采用电路结构相对复杂的单相半控桥或单相全控桥。

1. 负载呈阻性时的单相半控桥

(1) 电路结构。将单相桥式整流电路中两个二极管换成晶闸管就组成了单相半控桥式整流电路，简称单相半控桥。单相半控桥如图2-4(a)所示，晶闸管VT_1和VT_2的阴极接在一起，构成共阴极组；两只整流管VD_1和VD_2的阳极接在一起，构成共阳极组。触发电路产生的触发脉冲同时送到晶闸管VT_1和VT_2的触发极，但能被触发导通的只能是阳极承受正向电压的一只晶闸管，所以对触发电路要求不高，因此单相半控桥实际工程中应用较广。

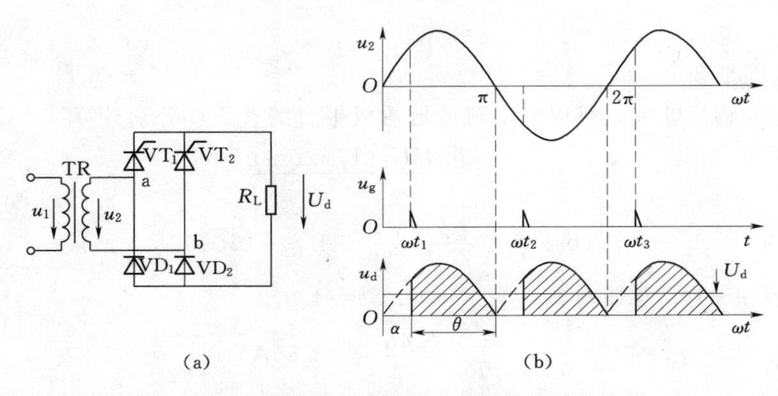

图2-4　单相半控桥式阻性负载整流电路及波形

(2) 工作原理。下面通过波形分析法来分析阻性负载情况下单相半控桥的工作原理。

在电源电压u_2正半周时，晶闸管VT_1阳极处于正向电压作用下，在控制角为α时加入触发脉冲u_g，晶闸管VT_1触发导通，二极管VD_2同时受正向偏压导通，导通回路是a→VT_1→R_L→VD_2→b，这时晶闸管VT_2和二极管VD_1均承受反向电压而处于反向阻断及反向截止状态。

在电源电压u_2的负半周时，晶闸管VT_2和二极管VD_1均处于正向电压作用下，在ωt_2时刻加入触发电压u_g使VT_2管触发导通，VD_1管受正向偏压触发导通，导通回路是b→VT_2→R_L→VD_1→a；工作波形如图2-4(b)所示。

可控整流输出电压平均值为

$$U_d = 0.9U_2\frac{1+\cos\alpha}{2} \tag{2-13}$$

负载电流的平均值为

$$I_d = 0.9\frac{U_2}{R_d}\frac{1+\cos\alpha}{2} \tag{2-14}$$

每只晶闸管承受的最大正反向峰值电压为$\sqrt{2}U_2$，通态平均电流为负载平均电流的

一半。

例 2-3 在图 2-4（a）所示电路中，如果输入电压是 $U_2=220\text{V}$，$R_L=5\Omega$，要求输出平均电压范围是 0～150V，试求电路最大输出平均电流 I_{dmax} 及晶闸管导通范围。

解 最大输出平均电流为

$$I_{dmax}=\frac{U_2}{R_d}=\frac{150}{5}=30(\text{A})$$

由式（2-7）知，输出平均电压为 150V 时

$$\cos\alpha=2\times150/(0.9\times220)-1\approx0.51$$

求得 $\alpha\approx60°$，因此晶闸管的导通角为 $\theta=180°-60°=120°$。

晶闸管导通范围是 0°～120°。

2. 负载呈感性时的单相半控桥式可控整流电路

（1）工作原理及波形分析。图 2-5 所示为带感性负载时的单相桥式半控整流电路及其工作波形，图中设定负载电感足够大，从而使负载电流连续且为“水平线”。图中两个二极管为共阳极接法，阴极电位低的管子导通，两个晶闸管共阴极接法，阳极电位高的导通。电路的工作特点是：晶闸管触发导通，整流二极管自然导通。下面分析电路的工作过程。

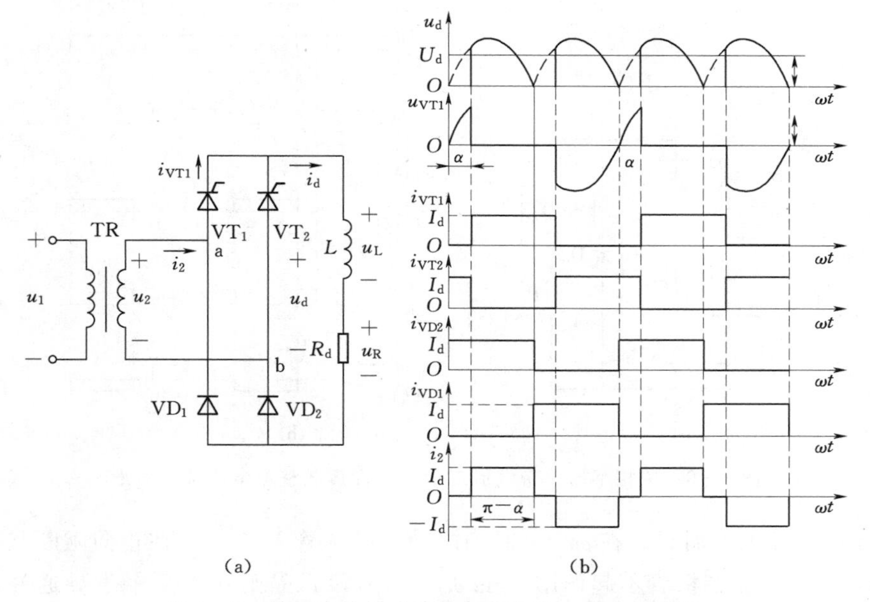

图 2-5 单相半控桥式感性负载整流电路及其波形

1）当 u_2 处于正半周时。在电源电压 u_2 的正半周，$\omega t=\alpha$ 时刻触发晶闸管 VT_1，则 VT_1、VD_2 导通，电流从电源出来经 VT_1、负载、VD_2 流回电源，负载电压 $u_d=u_2$；当 $\omega t=\pi$ 时，电源电压 u_2 经零变负，由于电感的存在，VT_1 将继续导通，此时 a 点电位较 b 点电位低，二极管自然换流，从 VD_2 换至 VD_1，这样电流不再经过变压器绕组，由 VT_1、VD_1 续流，若忽略器件导通压降，则 $u_d=0$，不会出现负电压。

2）当 u_2 处于负半周时。在电源电压 u_2 的负半周 $\omega t=\pi+\alpha$ 时刻触发晶闸管 VT_2，则

VT_2、VD_1导通，使VT_1承受反向电压而关断，电源通过VT_2和VD_1又向负载供电，$u_d=-u_2$。u_2从负半周过零变正时，电流从VD_1换流至VD_2，电感通过VT_2、VD_2续流，u_d为零。之后，VT_1再次触发导通，重复以上过程。

由以上分析可知，带感性负载与带阻性负载时相比，单相桥式半控整流电路的输出电压u_d的波形完全相同，而晶闸管的电流在一个周期内各占一半，其换流时刻由门极触发脉冲决定；二极管VD_1、VD_2的导通与关断仅由电源电压决定，在电源电压过零处换流。所以，单相桥式半控整流电路带感性负载时，各元件的导通角均为180°。

在图2-5（a）所示的电路中，如果在正常运行情况下，突然把触发脉冲切断或者触发角从α增大到180°，就会产生“失控”现象，即一个晶闸管一直导通，两个二极管轮流导通，u_d的波形为不可控的正弦半波电压。因此，可以在负载侧并联一个续流二极管D_z，如图2-6所示，这样使负载电流通过D_z续流，而不再经过VT_1、VD_2或VT_2、VD_1，这样可使晶闸管恢复阻断能力。

下面以图2-6为例，分析带续流二极管单相半控桥式整流电路的工作过程。

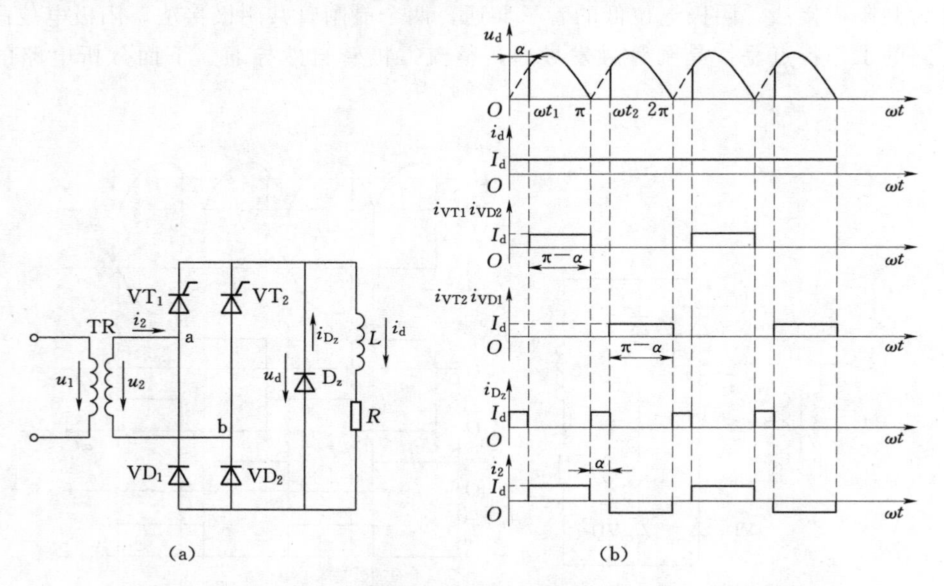

图2-6 单相半控桥带续流二极管感性负载整流电路及其波形

1）当u_2处于正半周时。在$\omega t=\alpha$时刻之前，晶闸管VT_1工作在正向阻断状态，负载电压为零，此时续流二极管不起作用；在$\omega t_1\sim\pi$阶段，晶闸管VT_1触发导通并连续，二极管VD_2同时受正向偏压导通。如忽略晶闸管VT_1和二极管VD_2本身压降，则输出电压$u_d=u_2$。同时，由于电感负载本身特有的滤波作用，使负载电流变得平滑，如负载电感很大，负载电流I_d连续且波形近似为一水平线，其波形如图2-6（b）所示。

当u_2处于正半周时晶闸管VT_2和续流二极管D_z均承受反向电压而处于反向阻断及反向截止状态，续流二极管D_z在电路中不起作用。

2）当u_2处于负半周时。在$\pi\sim\omega t_2$阶段，晶闸管VT_2和VD_1承受正向电压，但由于触发脉冲尚未“到达”，故晶闸管VT_2和VD_1工作在正向阻断及截止状态。同时，在自感电

动势（上负下正）作用下续流二极管 D_z 导通，续流二极管 D_z 导通后“开启”了一个通道将电感中储存的能量快速消耗，如忽略续流二极管 D_z 的正向压降，则负载电压近似为零，不再出现负电压，使 VT_1 和二极管 VD_2 均承受反向电压而处于反向阻断及反向截止状态。

在 $\omega t=\pi+\alpha$ 时刻，晶闸管 VT_2 触发导通，二极管 VD_1 同时受正向偏压导通。如忽略晶闸管 VT_2 和 VD_1 本身压降，则输出电压 $u_d=u_2$。当 u_2 过零时，流经晶闸管的电流也降到零，VT_2 过零关断。同样，由于电感负载本身特有的滤波作用，使负载电流变得平滑，如负载电感很大，负载电流 I_d 连续且波形近似为一水平线，其波形如图 2-6（b）所示。

以后每个周期重复上述工作过程，循环往复，形成图 2-6（b）所示的波形图。

（2）参数计算。由于在实际运用中的电路大多带有续流二极管，以带续流二极管的电路为例来讨论基本参数的计算。

输出电压的平均值为

$$U_d = 0.9U_2\frac{1+\cos\alpha}{2} \tag{2-15}$$

当 $\alpha=0°$ 时，$U_d=0.9U_2$；当 $\alpha=180°$ 时，$U_d=0$。晶闸管的移相范围为 180°。

负载电流的平均值为

$$I_d = \frac{U_d}{R_d} = 0.9\frac{U_2}{R_d}\left(\frac{1+\cos\alpha}{2}\right) \tag{2-16}$$

流过晶闸管和整流二极管的电流的平均值为

$$I_{dT} = I_{dD} = \frac{\pi-\alpha}{2\pi}I_d \tag{2-17}$$

流过晶闸管和整流管的电流有效值为

$$I_T = I_D = \sqrt{\frac{\pi-\alpha}{2\pi}}I_d \tag{2-18}$$

流过续流二极管的电流平均值为

$$I_{dD_z} = \frac{\alpha}{\pi}I_d \tag{2-19}$$

流过续流二极管的电流有效值为

$$I_{D_z} = \sqrt{\frac{\alpha}{\pi}}I_d \tag{2-20}$$

变压器二次绕组中电流的有效值为

$$I_2 = \sqrt{\frac{\pi-\alpha}{\pi}}I_d = \sqrt{2}I_T \tag{2-21}$$

例 2-4 带大电感负载、有续流二极管的单相桥式半控整流电路，负载电阻 $R=4\Omega$，电源电压 $U_2=220V$，晶闸管触发角 $\alpha=60°$，求流过晶闸管、二极管的电流平均值及有效值。

解 整流输出电压平均值为

$$U_d = 0.9U_2\frac{1+\cos\alpha}{2} = 0.9\times220\times\frac{1+\cos60°}{2} = 148.5(V)$$

负载电流的平均值为

$$I_d = \frac{U_d}{R_d} = \frac{148.5}{4} = 37.13(\text{A})$$

流过晶闸管和整流管的电流的平均值为

$$I_{dT} = I_{dD} = \frac{\pi - \alpha}{2\pi} I_d = \frac{\pi - \frac{\pi}{3}}{2\pi} \times 37.13 = 12.38(\text{A})$$

流过续流二极管的电流的平均值为

$$I_{dD_z} = \frac{\alpha}{\pi} I_d = \frac{60^\circ}{360^\circ} \times 37.13 = 12.38(\text{A})$$

流过续流二极管的电流的有效值为

$$I_{D_z} = \sqrt{\frac{\alpha}{\pi}} I_d = \sqrt{\frac{60^\circ}{180^\circ}} \times 37.13 = 21.44(\text{A})$$

2.1.3　单相全控桥式整流电路

单相可控整流电路中应用较多的电路类型还有单相全控桥式整流电路，即单相全控桥，单相全控桥的工作原理与单相半控桥的工作原理基本相同。

1. 单相全控桥阻性负载电路

在单相半控桥的基础上，将其中两只二极管均换成晶闸管，就构成了单相全控桥式整流电路，简称单相全控桥。单相全控桥（阻性负载）电路如图 2 - 7（a）所示，其中晶闸管 VT_1 和 VT_3 的阴极接在一起，构成共阴极组；晶闸管 VT_2 和 VT_4 的阳极接在一起，构成共阳极组。

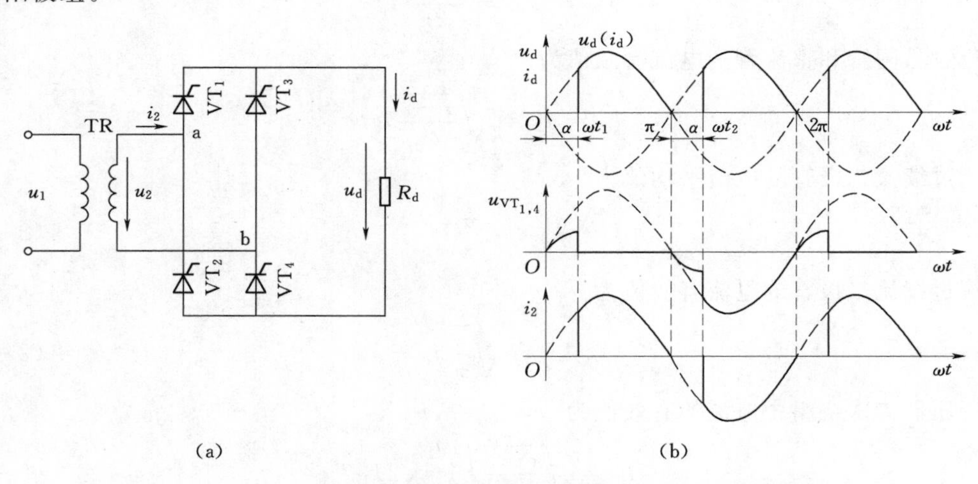

图 2 - 7　单相全控桥式阻性负载整流电路及其波形

（1）工作原理及波形分析。下面同样来分析一个周期内电路的工作情况。在单相全控桥中，晶闸管 VT_1 和 VT_4 组成一对桥臂，VT_2 和 VT_3 组成一对桥臂。

1）当 u_2 处于正半周时。

$0 \sim \omega t_1$：晶闸管 VT_1 和 VT_4 尽管承受正向电压，但由于触发脉冲尚未出现，故晶闸管 VT_1 和 VT_4 工作在正向阻断状态，而晶闸管 VT_2 和 VT_3 工作在反向关断状态，输出电压 u_d 及输出电流 i_d 均为零。

$\omega t_1 \sim \pi$：在 ωt_1 时刻加入触发脉冲，晶闸管 VT_1 和 VT_4 触发导通并连续，电流从电源 a 端经 VT_1、R_d、VT_4 流回电源 b 端。如忽略晶闸管 VT_1 和 VT_4 本身压降，则输出电压 $u_d=u_2$。当 u_2 过零时，流经晶闸管的电流也降到零，VT_1 和 VT_4 关断。

2）当 u_2 处于负半周时。

$\pi \sim \omega t_2$：u_2 进入负半周后，晶闸管 VT_2 和 VT_3 承受正向电压，但由于触发脉冲尚未“到达”，故晶闸管 VT_2 和 VT_3 工作在正向阻断状态，而晶闸管 VT_1 和 VT_4 工作在反向关断状态，输出电压 u_d 及输出电流 i_d 均为零。

$\omega t_2 \sim 2\pi$：在 ωt_2 时刻加入触发脉冲，晶闸管 VT_2 和 VT_3 触发导通并连续，电流从电源 b 端经 VT_2、R_d、VT_3 流回电源 a 端。如忽略晶闸管 VT_2 和 VT_3 本身压降，则输出电压 $u_d=u_2$。当 u_2 过零时，流经晶闸管的电流也降到零，VT_2 和 VT_3 关断。

以后每个周期重复上述工作过程，循环往复，形成如图 2-7（b）所示的波形。

（2）基本参数计算。单相全控桥电路波形与单相半控桥阻性负载时基本相同，而且它们在交流电源的正负半周都有输出电压供电给负载，所以整流电路输出负载平均电压也相同，负载上的平均电流也一样，分别为

$$U_d = 0.9U_2\frac{1+\cos\alpha}{2} \tag{2-22}$$

$$I_d = \frac{U_d}{R_d} = 0.9\frac{U_2}{R_d}\frac{1+\cos\alpha}{2} \tag{2-23}$$

由于晶闸管 VT_1、VT_4 和 VT_2、VT_3 轮流交替导通，流过每个晶闸管电流的平均值为负载电流平均值的一半，即

$$I_{dT} = \frac{1}{2}I_d = 0.45\frac{U_2}{R_d}\frac{1+\cos\alpha}{2} \tag{2-24}$$

流过晶闸管电流的有效值为

$$I_T = \frac{U_2}{\sqrt{2}R_d}\sqrt{\frac{1}{2\pi}\sin 2\alpha + \frac{\pi-\alpha}{\pi}} \tag{2-25}$$

变压器二次侧电流的有效值为

$$I_2 = \frac{U_2}{R_d}\sqrt{\frac{1}{2\pi}\sin 2\alpha + \frac{\pi-\alpha}{\pi}} = \sqrt{2}I_T \tag{2-26}$$

电路的功率因数为

$$\cos\varphi = \frac{P}{S} = \frac{UI_2}{U_2I_2} = \sqrt{\frac{1}{2\pi}\sin 2\alpha + \frac{\pi-\alpha}{\pi}} \tag{2-27}$$

晶闸管承受的最大峰值电压为

$$U_{TM} = \sqrt{2}U_2 \tag{2-28}$$

例 2-5 单相全控桥式整流电路如图 2-7 所示，已知 $R_d=4\Omega$，要求负载电流在 0～25A 之间变化，求：

（1）变压器二次侧电压有效值 U_2。

（2）选择晶闸管型号（考虑 2 倍裕量）。

（3）不考虑变压器损耗，计算整流变压器的容量。

解　(1) 最大输出电压平均值为

$$U_{dmax}=I_{dmax}R_d=25\times 4=100(\text{V})$$

因为 $\alpha=0°$ 时输出电压最大，由式 (2-22) 可知，$U_{dmax}=0.9U_2$，所以

$$U_2=\frac{U_{dmax}}{0.9}=\frac{100}{0.9}=111(\text{V})$$

(2) 考虑 2 倍的裕量，晶闸管的额定电压为

$U_{TN}=2\times U_{TM}=2\times\sqrt{2}U_2=2\times\sqrt{2}\times 111=314(\text{V})$，故可选 400V 晶闸管。

晶闸管额定电流应按 $\alpha=0°$ 考虑（此时电流最大），$\alpha=0°$ 时负载电流的波形系数为

$$K_f=\frac{I}{I_d}=1.11$$

考虑 2 倍的裕量，晶闸管额定电流为

$I_{T(AV)}=2\times\frac{I_{TM}}{1.57}=2\times\frac{K_f I_{dmax}}{1.57}=2\times\frac{1.11\times 25}{1.57}=25(\text{A})$，故可选 30A 晶闸管。

(3) 变压器容量为

$$S=U_2I_2=U_2I=U_2K_fI_{dmax}=111\times 1.11\times 25=3.08(\text{kV}\cdot\text{A})$$

2. 单相全控桥式大电感负载电路

单相大电感负载全控桥式整流与单相大电感负载半控桥式整流工作原理相似，其电路如图 2-8 所示。其分析过程也与半控桥相似。

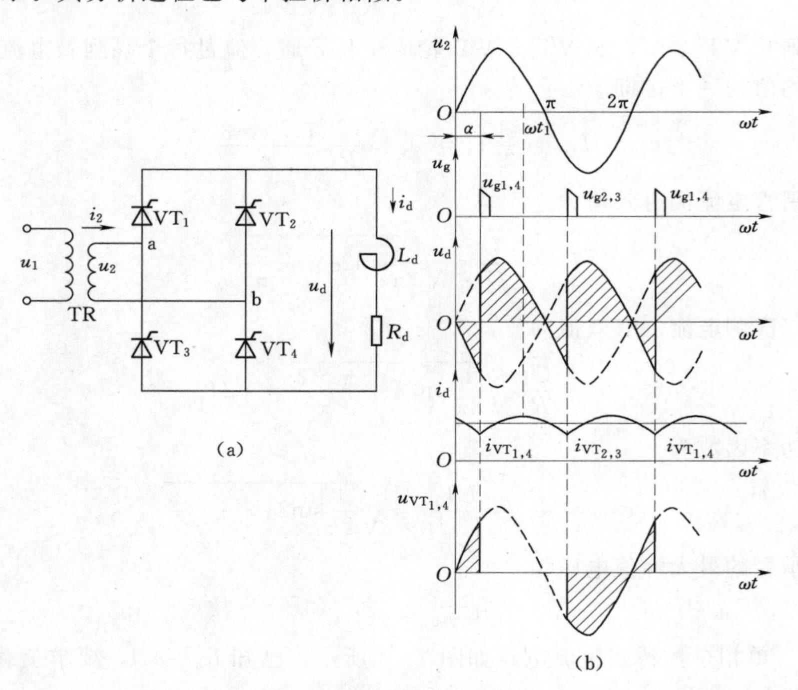

图 2-8　单相全控桥式大电感负载整流电路及其波形

电源电压 u_2 为正半周时，a 端为正，b 端为负，晶闸管 VT_1、VT_4 承受正向电压，加触发脉冲 u_{g1}、u_{g4} 时刻，VT_1、VT_4 触发导通，此时负载电流增加，电感吸收能量，感应

电动势极性上正下负，当负载电流达到最大值后，电感阻止电流下降，要释放能量，感应电动势极性上负下正。u_2过零变负后，a 端为负，b 端为正，由于感应电动势的存在，晶闸管 VT_1、VT_4仍然承受正向电压而继续导通，此时输出电压 u_d的波形出现负面积。在 $\omega t=\pi$ 到 $\omega t=\pi+\alpha$ 期间，虽然 VT_2、VT_3已经承受正向电压，但在 u_{g2}、u_{g3}到来之前是不会导通的。直到 $\omega t=\pi+\alpha$ 时，u_{g2}、u_{g3}来到，VT_2、VT_3导通，VT_1、VT_4因承受反向电压而关断。负载电流从 VT_1、VT_4转移到 VT_2、VT_3，到下一个周期又会重复上述过程。

从图 2-8（b）可知，VT_1、VT_4和 VT_2、VT_3之间的触发脉冲相位相差为 180°，每对晶闸管导通角也为 180°。整流输出电压波形中出现负面积，并且随着触发角 α 的增大，负面积也增大，当 $\alpha=90°$时，正、负面积相等，输出电压的平均值为零，所以触发脉冲移相范围为 90°。当 $\alpha=90°$时，晶闸管承受的最大正向、反向电压均为 $\sqrt{2}U_2$，这是因为电流 i_d的波形连续，始终有一对晶闸管导通，从而将电源电压加在另一对未导通的晶闸管上，使晶闸管在关断时承受了全部电源电压。

单相全控桥式大电感负载整流电路的基本参量计算如下：

输出电压的平均值为

$$U_d = 0.9U_2\cos\alpha \tag{2-29}$$

负载平均电流为

$$I_d = \frac{U_d}{R_d} = 0.9\frac{U_2}{R_d}\cos\alpha \tag{2-30}$$

负载电流的有效值为

$$I = I_d \tag{2-31}$$

流过晶闸管电流的平均值和有效值分别为

$$I_{dT} = \frac{1}{2}I_d \tag{2-32}$$

$$I_T = \frac{1}{\sqrt{2}}I_d \tag{2-33}$$

变压器二次侧电流的有效值为

$$I_2 = I_d \tag{2-34}$$

3. 单相全控桥式大电感负载加续流二极管电路

单相全控桥式大电感负载电路由于 u_d波形中出现了负值，为了提高输出的平均电压，同时扩大移相范围，可在负载两端并联续流二极管，如图 2-9 所示。加续流二极管后负载电压波形和阻性负载时相同，晶闸管的导通角为 $\pi-\alpha$，在一个周期内续流二极管续流两次，续流二极管的导通角为 2α，晶闸管的移相范围为 0°～180°。

基本参数计算如下：

输出平均电压和电流分别为

$$U_d = 0.9U_2\frac{1+\cos\alpha}{2} \tag{2-35}$$

$$I_d = \frac{U_d}{R_d} = 0.9\frac{U_2}{R_d}\frac{1+\cos\alpha}{2} \tag{2-36}$$

流过晶闸管的电流的平均值和有效值分别为

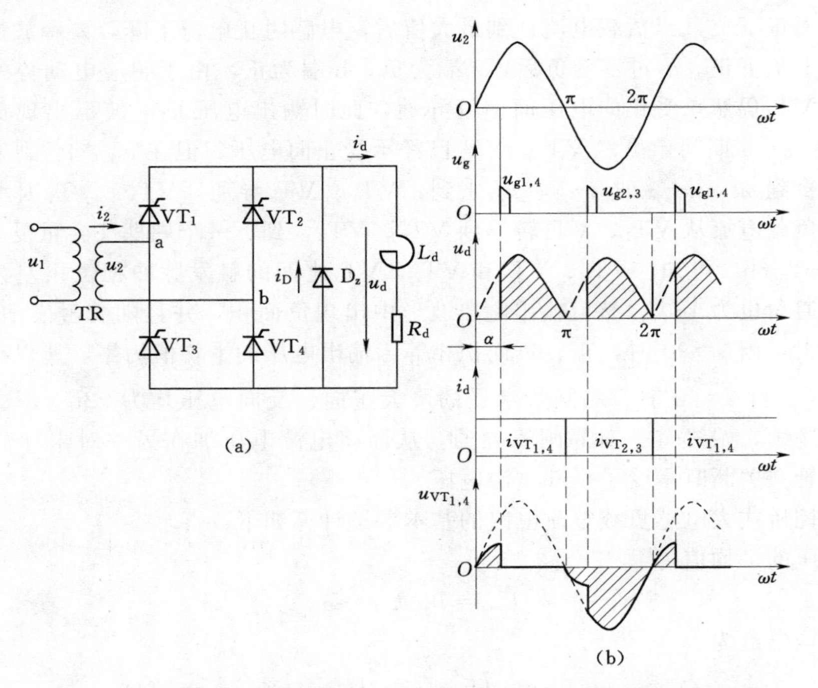

图 2-9　单相全控桥式加续流二极管大电感负载整流电路及其波形

$$I_{dT}=\frac{\theta_T}{2\pi}I_d=\frac{\pi-\alpha}{2\pi}I_d \tag{2-37}$$

$$I_T=\sqrt{\frac{\pi-\alpha}{2\pi}}I_d \tag{2-38}$$

流过续流二极管的电流平均值和有效值为

$$I_{dD}=\frac{\theta_D}{2\pi}I_d=\frac{\alpha}{\pi}I_d \tag{2-39}$$

$$I_D=\sqrt{\frac{\alpha}{\pi}}I_d \tag{2-40}$$

4. 单相全控桥式反电动势负载可控整流电路

在工程实际中，还往往会遇到反电动势负载，如蓄电池、直流电动机的电枢（忽略其中的电感）等，这类负载本身具有电源性质，可当作一个直流电压源，因此对于可控整流电路，它们就属于反电动势负载，电路及波形如图 2-10 所示。

根据晶闸管的导通条件，只有满足 $|u_2|>E$ 时，晶闸管才能触发导通。晶闸管导通后，负载输出电压 $u_d=u_2$，$i_d=\dfrac{u_d-E}{R_d}$。而当 $|u_2|\leqslant E$ 时，负载电流也要相应地降至 0，使晶闸管关断。晶闸管关断后，$u_d=E$，$i_d=0$，其波形如图 2-10（b）所示。

与阻性负载时相比，整流输出的平均电压值增大，因为晶闸管不导通期间，负载电压为反电动势；晶闸管的导通角减小，因为晶闸管提前了电角度 δ 停止导电，δ 的大小为 $\delta=\arcsin\dfrac{E}{\sqrt{2}U_2}$，在 δ 内无论晶闸管有无触发脉冲，因其承受反向电压而不能导通。负载电

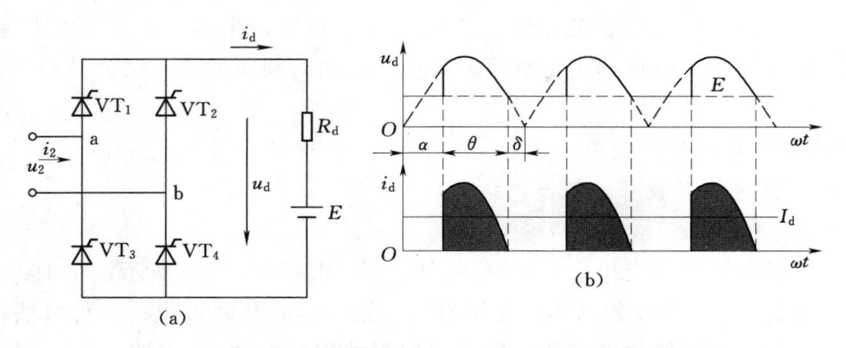

图 2-10 单相全控桥式反电动势负载整流电路及其波形

流程脉冲状，波形不连续。

如果负载是直流电动机，由于电流断续将使电动机运行条件恶化，机械特性变坏，因此，为了改善电流波形，往往在电枢回路中串入平波电抗器，电路与波形如图 2-11 所示，晶闸管触发导通的情况与无电感时相同，但关断情况却不同。因为电路中有了电感，使电源电压 u_2 在小于反电动势 E 时，晶闸管仍然导通。如果电感量足够大，可以使负载电流连续，u_d、i_d 波形与大电感负载时相同，如图 2-11（b）所示。这样不仅抑制了电流的峰值，使 i_d 变得平直，还使晶闸管的导通时间延长，大大减小了电流的有效值。

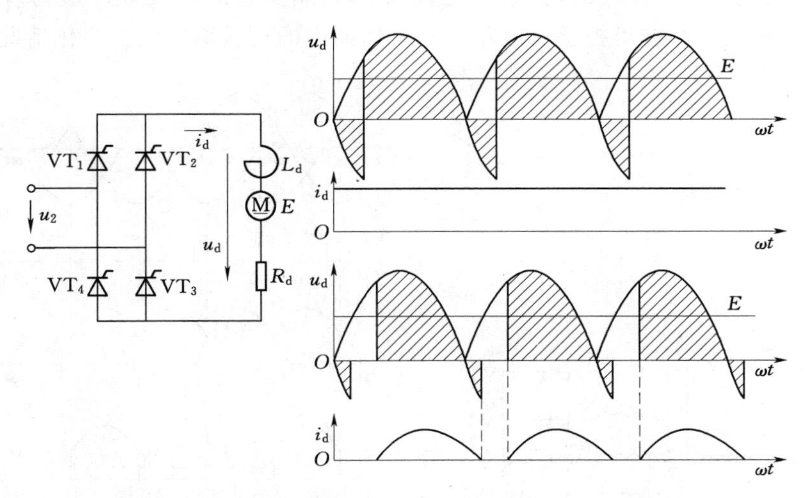

图 2-11 串入平波电抗器反电动势负载电路及波形

2.2 三相可控整流电路

单相整流电路输出电压脉动较大，因此当负载容量较大时将造成电网三相电压的不平衡，所以单相可控整流电路只能应用于小型整流装置中。由于三相可控整流电路具有输出电压脉冲小、脉动频率高，网侧功率因数以及动态响应快的特点，因此三相可控整流电路在中型及以上变流装置中获得了广泛的应用，一般有功功率在 4kW 以上的可控整流装置均应采用三相可控整流电路，如发电机励磁系统中的功率单元。

下面分析 3 种三相可控整流电路（三相半波可控整流电路、三相半控桥和三相全控桥）的电路结构、工作原理和主要参数，重点突出如何利用波形并结合晶闸管移相功能分析三相可控整流电路的工作情况。

2.2.1　三相半波可控整流电路

1. 三相半波阻性负载可控整流电路

（1）电路结构。

输出负载呈阻性时的三相半波可控整流电路如图 2-12（a）所示，图中将 3 个晶闸管的阴极连在一起，3 个阳极分别接到变压器二次侧，形成共阴极组，这种接法称为共阴极接法（若将 3 个晶闸管的阳极连在一起，则称为共阳极接法）。很明显，共阴极组的导通原则是三相中电位最高且加上触发脉冲的那一相导通。

（2）工作原理。

1）当控制角 $0\leqslant\alpha\leqslant30°$时。下面以触发角 $\alpha=0°$为例分析三相半波可控整流电路的工作原理。在分析三相可控整流电路时，特别需要指出的是三相交流波形中通常将第 1 个换相点作为控制角的触发，即 $\alpha=0°$，对应的时刻为图 2-12（b）中 ωt_1，这与单相可控整流电路是完全不同的。同时，由于三相交流电相位相差 120°，因此 3 个触发脉冲也必须相差 120°，而且 3 个触发脉冲顺序必须与电源相序相同。通常情况下，三相交流电均采用正序即 U→V→W，则三相半波可控整流电路中 3 只晶闸管的触发顺序应为 $VT_1\rightarrow VT_2\rightarrow VT_3$。下面分析三相半波可控整流电路在一个周期内的输入输出波形变化情况。

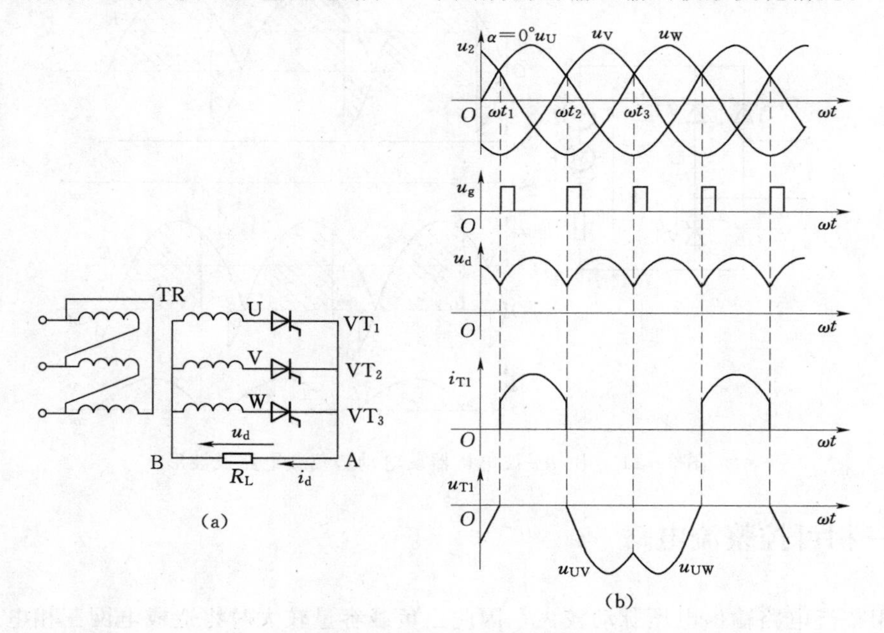

图 2-12　三相半波阻性负载可控整流电路

（a）电路；（b）波形（$\alpha=0°$）

$\omega t_1\sim\omega t_2$：由图中可见，在 $\omega t_1\sim\omega t_2$ 期间，U 相电位（u_u）电位最高，而且由于 $\alpha=0°$ 时即 ωt_1 时刻给 VT_1 管加入触发脉冲 u_{g1}，因此根据共阴极组导通原则，晶闸管 VT_1 处于

触发导通并连续状态；同时，若忽略晶闸管 VT_1 的导通压降，A 点电位为 U 相电位，由于 U 相电位最高，因此 VT_2、VT_3 承受反向电压关断，负载上所得到的输出电压就是 U 相相电压 u_U。

同理，可分析出 $\omega t_2 \sim \omega t_3$ 时段负载上所得到的输出电压就是 V 相相电压 u_V，$\omega t_3 \sim \omega t_4$ 时段负载上所得到的输出电压就是 W 相相电压 u_W，因此一个周期能够得到 3 段完全相同的输出电压波段。

以后每个周期重复上述工作过程，循环往复，形成图 2-11（b）所示输出电压波形。将输出电压波形与三相交流输入相电压波形比较可以发现，三相半波可控整流电路在阻性负载情况下 $\alpha=0°$ 的输出电压波形实质上是三相交流输入相电压波形的波顶曲线。

根据晶闸管的移相原理并通过波形可进一步分析出，如果增加触发角 α 即将触发脉冲后移，输出电压将下降，反映到输出电压波形上就是波形面积将减少，图 2-13 所示为 $\alpha=30°$ 的输出电压波形。

从图 2-13 所示的波形图可以发现，一方面输出电压显著下降，另一方面 $\alpha=30°$ 时输出电压波形刚好连续，因此 $\alpha=30°$ 对三相半波可控整流电路来说是一个临界点。

2）$30°<\alpha\leqslant150°$ 时。下面以触发角 $\alpha=60°$ 为例进行分析，图 2-14 所示为 $\alpha=60°$ 时的输出电压波形。

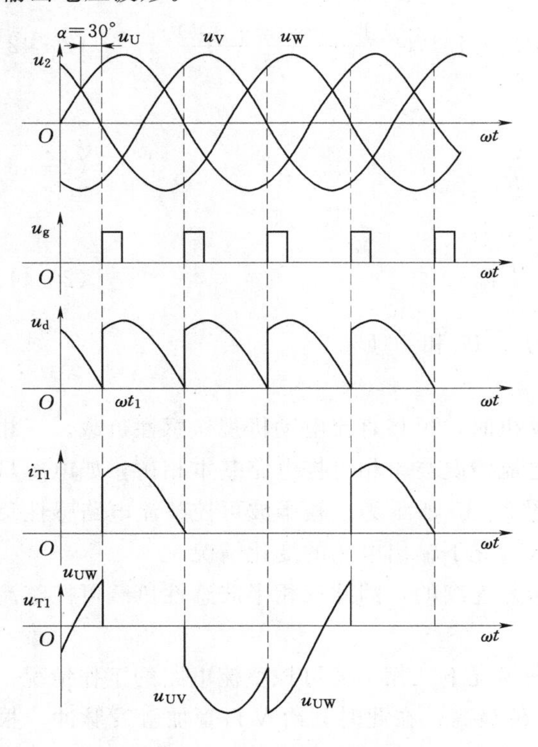

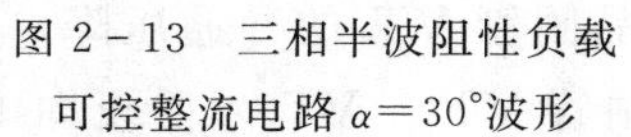
图 2-13　三相半波阻性负载可控整流电路 $\alpha=30°$ 波形

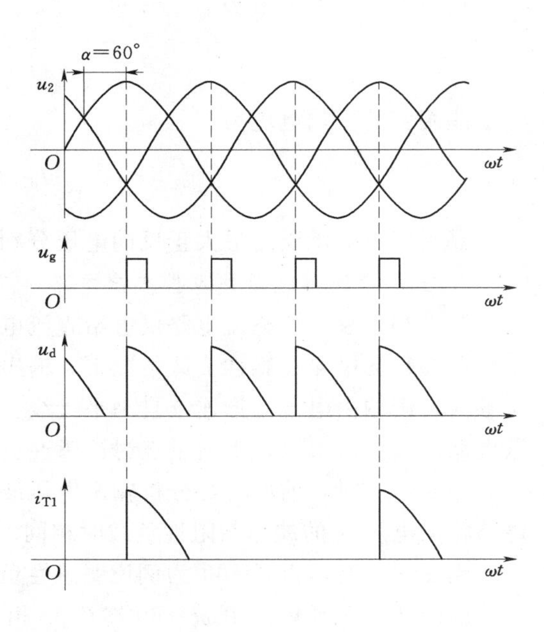

图 2-14　三相半波阻性负载可控整流电路 $\alpha=60°$ 时波形

由图 2-13 可看出，从触发角 $\alpha=30°$ 开始如继续增大触发角，输出电压波形将呈断续状态，$\alpha=60°$ 时输出电压波形由图 2-14 可见，每个周期内输出电压为断续的 3 块小波

形。随着触发角 α 的不断增大，3 块小波形的面积将不断减少直至为零。当 $\omega t=\pi$ 时，此时触发角 $\alpha=150°$，而此时晶闸管 VT_1 的触发脉冲刚好“到达”，而由于 U 相电压过零，因此晶闸管 VT_1 无法导通，所以此时输出电压为零。根据以上分析，三相半波可控整流电路带阻性负载时的移相范围为 0°～150°。

综上所述，对三相半波可控整流电路阻性负载可归纳以下几点：

1）三相半波可控整流电路在每一个周期内，3 个晶闸管轮流导通一次，同时每个时刻只有一个晶闸管导通。

2）当 $\alpha\leqslant 30°$ 时，输出电压、电流波形是连续的，且电压、电流的波形形状相同，每个晶闸管导通角 $\theta_T=120°$；当 $30°<\alpha\leqslant 150°$ 时，输出电压波形呈断续状态，每个晶闸管导通角 $\theta_T=150°-\alpha<120°$。

3）控制角的移相范围是 0°～150°。

（3）参数计算。输出电压平均值为

$0°\leqslant\alpha\leqslant 30°$ 时

$$U_d=\frac{1}{2\pi/3}\int_{\frac{\pi}{6}+\alpha}^{\frac{5\pi}{6}+\alpha}\sqrt{2}U_2\sin\omega t\,d(\omega t)=1.17U_2\cos\alpha \tag{2-41}$$

$30°<\alpha\leqslant 150°$ 时

$$U_d=\frac{1}{2\pi/3}\int_{\frac{\pi}{6}+\alpha}^{\pi}\sqrt{2}U_2\sin\omega t\,d(\omega t)=1.17U_2\frac{1+\cos(\alpha+30°)}{\sqrt{3}} \tag{2-42}$$

输出电流的平均值为

$$I_d=\frac{U_d}{R_d} \tag{2-43}$$

晶闸管的平均电流为

$$I_{dT}=\frac{1}{3}I_d \tag{2-44}$$

晶闸管可能承受的最大正反向电压分别为 $\sqrt{2}U_2$ 和 $\sqrt{6}U_2$。

2. 三相半波感性负载可控整流电路

当三相半波可控整流电路供电给直流电动机时，可将直流电动机视作感性负载。三相半波可控整流电路在感性负载情况下，输出电流情况与单相可控电路基本相仿，如电感量足够大，则输出电流波形连续且为平行线。图 2-15 所示为三相半波可控整流电路感性负载电路图及其波形图，下面重点讨论感性负载情况下输出电压的变化情况。

当 $\alpha\leqslant 30°$ 时，前面已经分析输出电压波形是连续的，因此三相半波感性负载可控整流电路输出电压 u_d 的波形与阻性负载时相同。

当 $\alpha>30°$ 时，以 $\alpha=60°$ 为例说明感性负载情况下三相半波可控整流电路的工作情况。

由图 2-15 可知，在 $\omega t=60°$ 时刻 U 相电位最高，在此时刻给 VT_1 管加触发脉冲，根据共阴极组导通原则，晶闸管 VT_1 触发导通，若忽略晶闸管 VT_1 的导通压降，A 点电位为 U 相电位，由于 U 相电位此时为最高，因此将晶闸管 VT_2、VT_3 承受反向电压关断，负载上所得到的输出电压就是 U 相相电压 u_U。

电源电压过零时，在自感电动势作用下晶闸管 VT_1 仍能继续维持导通，直到晶闸管

VT_2触发导通，VT_1承受反向电压关断，电流由 VT_1换到 VT_2上，因此，输出电压U_d波形出现了负值。可以看出触发角越大，负载电压波形的负面积也越大，当$\alpha=90°$时，u_d波形正负面积相等，输出负载平均电压为 0。

与阻性负载相比，带大电感负载三相半波整流电路的特点如下：

（1）在α移相范围内u_d波形连续，但$\alpha>30°$后波形中出现负值。

（2）3 只晶闸管按相序轮流交替导通，一个周期内各导通 120°。

（3）负载电流的波形近似为一条直线。

（4）控制角α移相范围是 0°～90°。

基本参数计算如下：

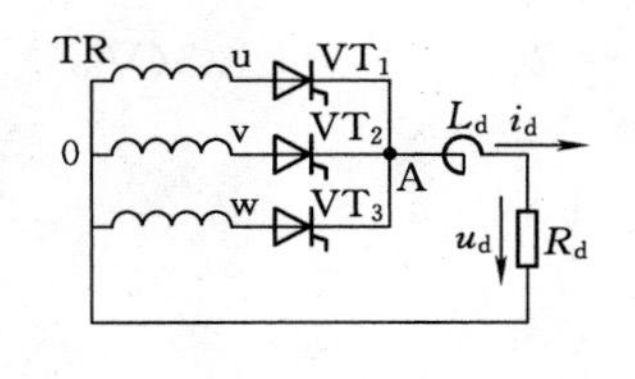

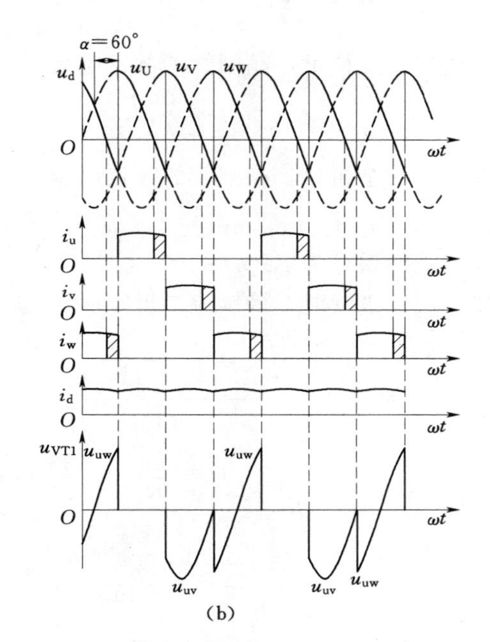

(a) (b)

图 2-15 三相半波感性负载可控整流电路 $\alpha=60°$

输出电压的平均值为

$$U_d = 1.17U_2\cos\alpha \tag{2-45}$$

输出电流的平均值为

$$I_d = \frac{U_d}{R_d} \tag{2-46}$$

晶闸管电流的平均值为

$$I_{dT} = \frac{1}{3}I_d \tag{2-47}$$

晶闸管电流的有效值为

$$I_T = \frac{1}{\sqrt{3}}I_d = 0.577I_d \tag{2-48}$$

晶闸管承受的最大正反向电压为

$$U_{TM} = \sqrt{6}U_2 \tag{2-49}$$

例 2-6 已知三相半波可控整流电路带大电感负载，$\alpha=60°$，$R_d=2\Omega$，整流变压器二次侧绕组电压 $u_2=200V$，求不接续流二极管和接续流二极管两种情况下的 I_d 值，并选择晶闸管元件。

解 （1）不接续流二极管时。

$$U_d = 1.17U_2\cos\alpha = 1.17 \times 200 \times \cos60° = 117(V)$$

$$I_d = \frac{U_d}{R_d} = \frac{117}{2} = 58.5(A)$$

晶闸管电流的有效值为

$$I_T = \frac{1}{\sqrt{3}}I_d = 0.577I_d = 0.577 \times 58.5 = 33.75(A)$$

考虑2倍的安全裕量，晶闸管的额定电流为

$$I_{T(AV)} = 2 \times \frac{I_T}{1.57} = 2 \times \frac{33.75}{1.57} = 43(A)$$

考虑2倍的安全裕量，晶闸管的额定电压为

$$U_{TN} = 2 \times U_{TM} = 2 \times \sqrt{6}U_2 = 2 \times \sqrt{6} \times 200 = 980(V)$$

可选晶闸管的型号为KP50-10。

（2）接续流二极管时。接续流二极管后 $\alpha=60°$时，输出电压波形同阻性负载，计算如下：

$$U_d = 1.17U_2\,\frac{1+\cos(\alpha+30°)}{\sqrt{3}} = 1.17 \times 200 \times \frac{1}{\sqrt{3}} = 135(V)$$

$$I_d = \frac{U_d}{R_d} = \frac{135}{2} = 67.5(A)$$

$$I_T = \sqrt{\frac{\frac{5}{6}\pi - \alpha}{2\pi}}I_d = 33.75(A)$$

$$I_{T(AV)} = 2 \times \frac{I_T}{1.57} = 2 \times \frac{33.75}{1.57} = 43(A)$$

$$U_{TN} = 2 \times U_{TM} = 2 \times \sqrt{6}U_2 = 2 \times \sqrt{6} \times 200 = 980(V)$$

可选型号为KP50-10的晶闸管。

通过计算表明有续流二极管后，流过整流变压器二次侧绕组的电流即流过晶闸管的电流，较不接续流二极管时减小，当输出相同负载电流时，晶闸管和变压器容量相应减小。

三相半波可控整流电路仅采用了3个晶闸管，因此接线简单，而且与单相可控整流电路相比，输出电压得到提升而且脉动小，电路整体输出功率较大。同时，由于三相半波可控整流电路每个晶闸管导通角为120°，使整流变压器二次侧各相绕组利用率始终在33.3%以下，因此整流变压器的利用率太低，影响了整个电路的性能。

2.2.2 三相半控桥式整流电路

1. 电路结构

图2-16是最常用的三相半控桥式整流电路，由3只晶闸管（VT_1、VT_3、VT_5）和3只整流管（VD_4、VD_6、VD_2）构成，其中3只晶闸管（VT_1、VT_3、VT_5）构成共阴极

组，3只整流管（VD_4、VD_6、VD_2）构成共阳极组。共阴极组和共阳极组的导通原则分别是：共阴极组的导通原则是电位最高且加上触发脉冲的那一相导通，共阳极组的导通原则是电位最低的那一相导通。

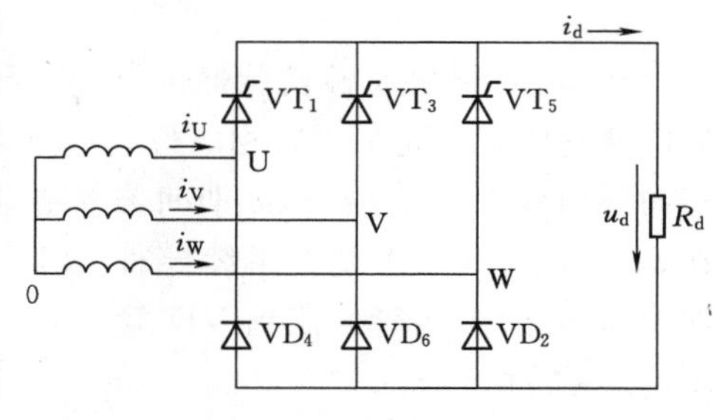

图 2-16 三相半控桥式阻性负载电路

2. 工作原理

下面以阻性负载为例分析三相半控桥式整流电路的工作原理。

(1) 当控制角 $0 \leqslant \alpha < 30°$时。以控制角 $\alpha = 0°$ 为例进行分析，波形图如图 2-17 所示。特别需要指出的是三相交流波形中通常将第1个换相点作为控制角的起点，即 $\alpha = 0°$。在 $\omega t_1 \sim \omega t_1'$期间，U 相电位（$u_{2U}$）电位最高，而且由于 $\alpha = 0°$时刻给 VT_1管加入触发脉冲 u_{G1}，因此共阴极组中晶闸管 VT_1处于正向导通状态；同时，V 相电位（u_{2V}）相电位最低，共阳极组中与该相电源相连的 VD_2管处于正向导通状态。若忽略晶闸管和二极管的导通压降，负载上所得到的就是变压器次级线电压 u_{UV}。

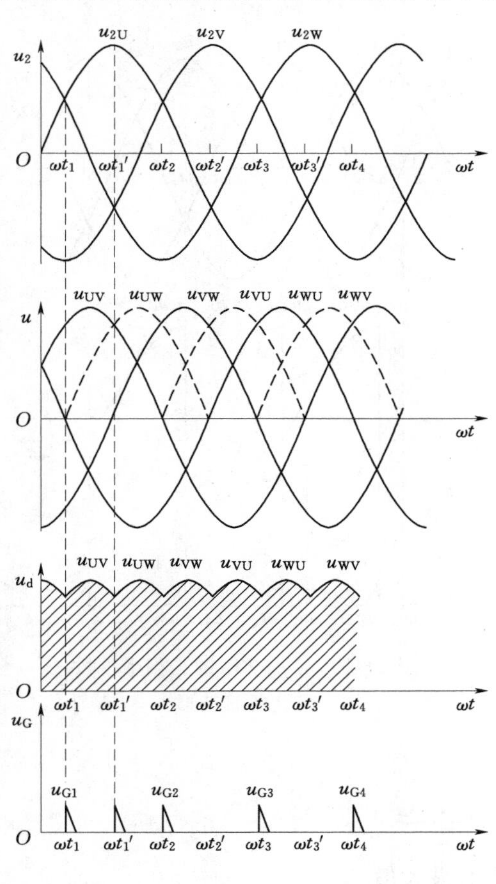

图 2-17 $\alpha = 0°$时的三相半控桥阻性负载波形

VT_1管导通后，V 相电位和 W 相电位均低于 U 相电位，因而 VT_2和 VT_3管承受反向线电压 u_{UV}和 u_{UW}而关断；同样由于 VD_6管导通，VD_4和 VD_2管承受反向电压而截止。

在 $\omega t_1' \sim \omega t_2$期间，共阴极组中晶闸管 VT_1继续导通；此时 W 相电压最低，与 W 相相连的共阳极组中二极管 VD_2导通，即在 $\omega t_1'$时刻 VD_6管换流到 VD_3，VD_2管一经导通，VD_4和 VD_6管因而承受反向电压而截止，这时输出电压为 u_{UW}。

在 ωt_2时刻，触发脉冲 u_{G2}使共阴极组中晶闸管 VT_3触发导通，同时迫使 VT_1和 VT_5两管承受反向电压而关断；此时共阳极组中二极管 VD_2继续导通，输出电压为线电压 u_{VW}，后面的波形分析依次类推。

以后每个周期重复上述工作过程，循环往复，形成图 2-17 所示的输出电压波形。将输出电压波形与三相交流输入相电压波形比较，可以发现三相半控桥在阻性负载情况下 $\alpha = 0°$ 的输出电压波形实质上就是三相交流输入线电压波形的波顶曲线。

(2) $30 \leqslant \alpha \leqslant 60°$时。以控制角 $\alpha = 30°$为例进行分析，图 2-18 表示了 $\alpha = 30°$时的输出电

压波形。

在 ωt_1 时刻加入触发脉冲 u_{G1}，由于 U 相电位（u_{2U}）最高，所以共阴极组中晶闸管 VT_1 触发导通；同时，V 相电位（u_{2V}）最低，共阳极组中与该相电源相连的 VD_6 管处于正向导通状态。在 $\omega t_1 \sim \omega t_1'$ 期间若忽略晶闸管和二极管的正向压降，整流输出电压为 u_{UV}。在 $\omega t_1' \sim \omega t_2$ 期间，VT_1 管继续导通，但此时 W 相电压最低，与此相连的二极管 VD_2 导通，即在 $\omega t_1'$ 时刻 VD_6 管换流到 VD_2 管，VD_1、VD_6 管因而承受反向电压而截止，整流输出电压由 u_{UV} 转换到 u_{UW}。

若 ωt_2 时刻触发脉冲 u_{G2} 到来时，共阴极组中晶闸管 VT_3 触发导通，使 VT_1 承受反向电压而关断。按同样的道理，下面的分析可依次类推。总之，共阴极组中 3 只晶闸管、共阳极组中 3 只二极管分别轮流导通，负载上得到的输出直流电压 u_d 波形就是连续的，每个周期有 6 个波头，但其中 3 个波头是不完整的，缺了一块，控制角 α 越大，3 个不完整的波头面积越小。当 $\alpha=60°$ 时就只剩下 3 个波头了，如图 2-19 所示，此时输出电压波形刚好连续。

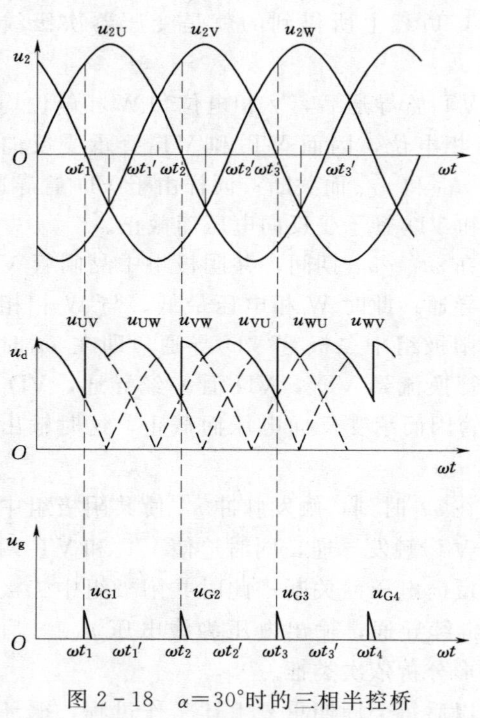

图 2-18　$\alpha=30°$ 时的三相半控桥阻性负载波形

图 2-19　$\alpha=60°$ 时的三相半控桥阻性负载波形

负载电压波形连续时负载平均电压为

$$U_d = 2.34U_2 \frac{1+\cos\alpha}{2} \tag{2-50}$$

每只晶闸管承受的最大正反向电压为线电压的最大值

$$U_{TM} = \sqrt{2}(\sqrt{3}U_2) = \sqrt{6}U_2 \tag{2-51}$$

每只晶闸管流过的平均电流为负载电流的 1/3。

(3) 当 $60° < \alpha \leqslant 180°$ 时。以 $\alpha = 120°$ 为例进行分析，图 2-20 所示为控制角 $\alpha = 120°$ 时的工作波形。

在 ωt_1 时刻，W 相电位最低，与 W 相连的 VD_2 管处于导通状态，VT_1 管在线电压 u_{UW} 作用下获得触发脉冲 u_{G1} 而被触发导通，输出电压为 u_{UW}。

值得注意的是，在 $\omega t_1 \sim \omega t_1''$ 之间尽管 U 相电压会过零，但 VT_1 管承受的是正向线电压 u_{UW}，所以 VT_1 管并不关断，而直到 $\omega t_1''$ 时刻 u_{UW} 过零变负时 VT_1 管才关断。在 $\omega t_1'' \sim \omega t_2$ 期间，VT_3 管尽管承受正向线电压 u_{VU} 作用，但因未加入触发脉冲，所以 VT_3 管并不导通。在此期间输出电压为零，直到 ωt_2 时刻触发脉冲加到 VT_3 管时它才被触发导通，输出电压为线电压 u_{VU}，直到 u_{VU} 过零时 VT_3 管才关断，以后的工作过程分析可依次类推。因此，当 $\alpha = 120°$ 时三相半控桥输出电压波形为一组断续波形。

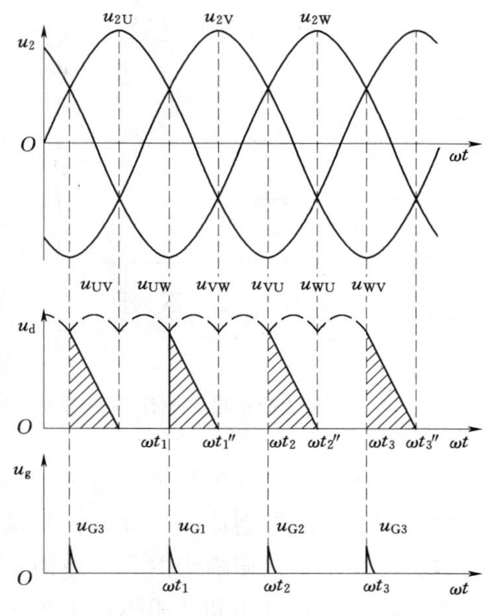

图 2-20 $\alpha = 120°$ 时的三相半控桥阻性负载波形

应注意的是，在三相半控桥中如果触发脉冲在自然换向点前加入，输出电压会发生缺相，这在实际应用中是不允许的，必须避免。

综上所述，对三相半控桥式整流电路可归纳以下几点：

1) 三相半控桥整流电路触发脉冲间隔是 120°。

2) 整流输出电压在 $0 < \alpha \leqslant 60°$ 范围内（对电阻负载），整流输出电压大小为 $U_d = 2.34U_2 \dfrac{1+\cos\alpha}{2}$。

3) 整流输出电压在 $0 \leqslant \alpha \leqslant 60°$ 范围内，整流输出电压波形是连续的。在 $\alpha > 60°$ 后，输出电压波形呈断续状态，同时随触发角的增大，输出电压减小。当 $\alpha = 180°$ 时，输出电压为零，因此，通过改变触发角的大小可调节输出电压的大小，从而达到调节输出电压的目的。

4) 晶闸管可能承受的最大正反向电压均为 $\sqrt{6}\,U_2$，流过每个晶闸管元件的平均电流为负载电流的 1/3。

5) 三相半控桥突出的优点是输出整流电压较高，电路效率较高。主要缺点是不具备现代变流系统通常要求的逆变动能。

2.2.3 三相全控桥式整流电路

1. 带阻性负载时的工作情况

(1) 电路结构。三相全控桥电路如图 2-21 所示，三相全控桥的 6 个整流元件全部采用晶闸管，晶闸管 VT_1、VT_3、VT_5 的阴极相连，构成共阴极组；晶闸管 VT_2、VT_4、VT_6 的阳极相连，构成共阳极组。为了便于表达晶闸管的导通顺序，将晶闸管按图示的顺序编号，即共阴极组中与 U、V、W 三相电源相接的 3 个晶闸管分别为 VT_1、VT_3、VT_5，共阳极组中与 U、V、W 三相电源相接的 3 个晶闸管分别为 VT_4、VT_6、VT_2。从

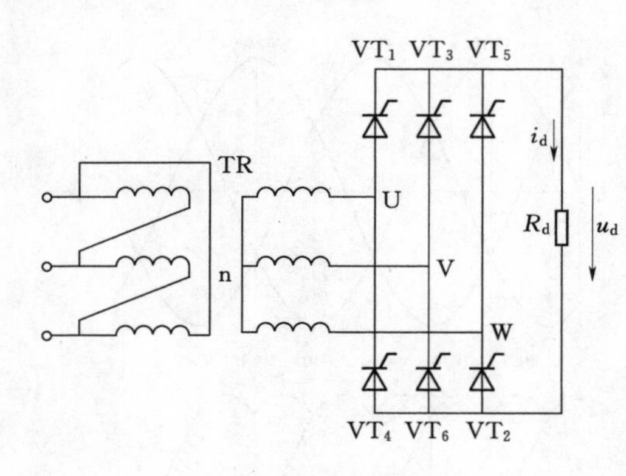

图 2-21　三相全控桥电路（阻性负载）

后面的分析可知，按此编号，晶闸管的导通顺序为 VT_1—VT_2—VT_3—VT_4—VT_5—VT_6。

为保证电路正常工作，对触发脉冲提出了较高的要求，除共阴极组的晶闸管需由触发脉冲控制换流外，共阳极组的晶闸管也必须靠触发脉冲换流，由于上、下两组晶闸管必须各有一只晶闸管同时导通电路才能工作。它们的触发脉冲相位依次相差 60°，又为了保证开始工作时，能有两个晶闸管同时导通，需用宽度大于 60°的触发脉冲，也可用双触发脉冲，如在给 VT_1 脉冲时也补给 VT_6 一个脉冲。

（2）工作原理。在阻性负载情况下，三相全控桥与三相半控桥的工作原理相似，共阴极组和共阳极组的导通原则一样，分别是：共阴极组的导通原则是电位最高且加上触发脉冲的那一相导通；共阳极组的导通原则是电位最低且加上触发脉冲的那一相导通。三相全控桥任意时刻共阳极组和共阴极组中各有一个晶闸管处于导通状态，最后负载两端电压为某一线电压。

1）当触发角 $0 \leqslant \alpha \leqslant 60°$ 时，以触发角 $\alpha=0°$ 和 $\alpha=60°$ 为例进行分析。

当触发角 $\alpha=0°$ 时，各晶闸管的触发脉冲在它们对应自然换相点时刻发出，各晶闸管均在自然换相点处换相。三相全控桥输出电压波形与三相半控桥输出波形完全一样，如图 2-22（a）所示。

当触发角 $\alpha=60°$ 时，输出电压波形见图 2-22（b），各相正、负侧晶闸管的触发脉冲滞后于自然换相点 60°出现。例如，在 2 点之前 VT_5、VT_6 导通，在 2 点时刻 u_{g1} 触发 VT_1，同时给 VT_6 补发触发脉冲，这时 VT_1 导通，VT_5 关断。交流相电压中画阴影部分表

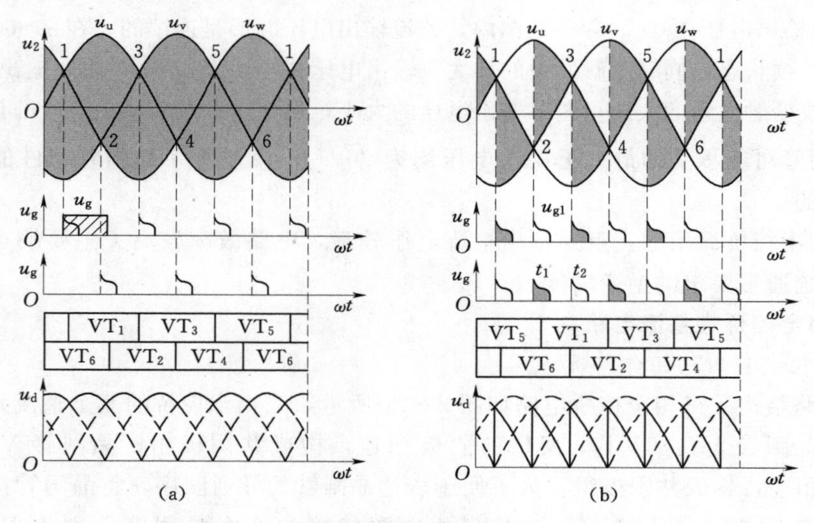

图 2-22　三相全控桥阻性负载输出电压波形

（a）$\alpha=0°$；（b）$\alpha=60°$

示导通面积（图中黑脉冲是双脉冲中的补脉冲）。

$\alpha=60°$正好处在电流连续和断续的分界点上，当$\alpha>60°$后，电流断续。

2）当触发角$60°<\alpha\leqslant120°$时，以触发角$\alpha=90°$为例进行分析。

图2-23所示为触发角$\alpha=90°$时的输出电压波形。在延后自然换相点90°处，给VT_1加触发脉冲，同时VT_6补发一个触发脉冲，晶闸管VT_6和VT_1共同导通，此时负载输出电压为u_{UV}。当线电压u_{UV}由正半周过零时，即$u_U=u_V$，负载电流为零，VT_6和VT_1共同导通了30°后关断。再经过30°后，晶闸管VT_2触发脉冲来到，同时给VT_1补发一个触发脉冲，晶闸管VT_1和VT_2共同导通，输出电压是u_{UW}，同理VT_1和VT_2共同导通30°后关断。再经过30°后，VT_2和VT_3共同导通，后面分析同上。可见，在$60°<\alpha\leqslant120°$区间时，负载电流断续，晶闸管的导通角为$120°-\alpha$。

由以上分析可以看出：

1）三相桥式全控整流电路在任何时候都必须有两个晶闸管同时导通才能构成电流回路，其中共阴极组和共阳极组各1个，且不能为同一相器件。

2）控制角α的移相范围是0°～120°，电流连续与断续的临界点是$\alpha=60°$。

3）器件换流只在本组内进行，每隔120°换流一次，所以共阴极组晶闸管VT_1、VT_3、VT_5触发脉冲相位相差120°，共阳极组晶闸管VT_4、VT_6、VT_2的触发脉冲也相差120°。由于共阴极组和共阳极组换流点相隔60°，所以每隔60°有一个器件换流。接在同一相的两个晶闸管的触发脉冲相位相差180°，所以，触发脉冲顺序按VT_1—VT_2—VT_3—VT_4—VT_5—VT_6的顺序，相位依次相差60°。

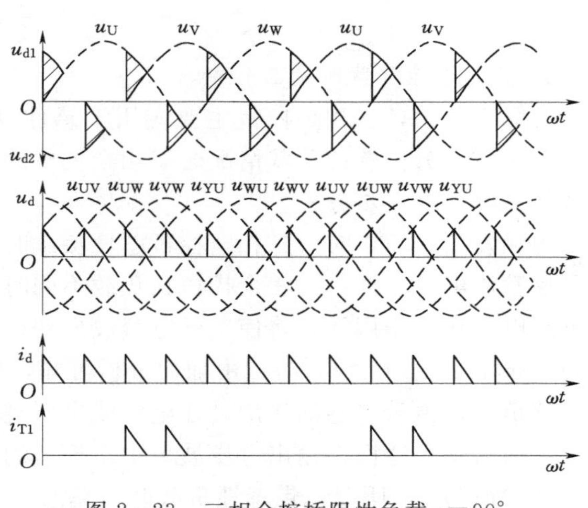

图2-23　三相全控桥阻性负载$\alpha=90°$输出电压波形

4）为了保证任何时刻共阴极组和共阳极组中各有一个晶闸管导通，或者在电流断续后能再次导通，必须对两组中应导通的一对晶闸管同时加触发脉冲。因而可以采用宽脉冲（脉冲宽度大于60°，一般取80°～100°）或双窄脉冲（即一个周期内对一个晶闸管连续触发两次，两次脉冲间隔60°）实现。

5）输出电压的波形是由6个不同的线电压组成，一周期脉动6次。输出电压比三相半波可控整流电路增大一倍，所以如果负载要求三相全控桥式整流电路输出的电压与三相半波相同，则在相同的α角时，晶闸管的电压定额较三相半波电路降低一半。

6）晶闸管承受的电压波形与三相半波时相同，晶闸管承受最大正、反向电压为$\sqrt{6}U_2$。

7）整流变压器利用率与三相半波相比提高了1倍，其电流波形正负面积相等，无直流分量。

（3）参量计算。

输出平均电压如下：

$\alpha \leqslant 60°$时，电流连续，每个晶闸管导通120°，U_d为

$$U_d = 2.34U_2\cos\alpha \tag{2-52}$$

$60° < \alpha \leqslant 120°$时，电流断续，每个晶闸管导通小于120°，$U_d$为

$$U_d = 2.34U_2\left[1+\cos\left(\frac{\pi}{3}+\alpha\right)\right] \tag{2-53}$$

输出电流的平均值为

$$I_d = \frac{U_d}{R_d} \tag{2-54}$$

流过晶闸管的电流平均值为

$$I_{dT} = \frac{1}{3}I_d \tag{2-55}$$

2. 带大感性负载时的工作情况

实际工程中，三相全控桥主要应用于感性负载，如在直频调速中驱动直流电动机传动。下面主要分析感性负载情况时三相全控桥的工作情况，对于反电动势负载，可在感性负载的基础上进一步分析。

当触发角$\alpha \leqslant 60°$时，三相全控桥感性负载时输出电压波形与阻性负载一样。与前面各种可控整流电路一样，三相全控桥在负载不同时区别主要体现在输出电流上，感性负载时在电感电动势的作用下，将使负载电流波形变得平直，如电感足够大，负载电流波形可近似为一条水平线。$\alpha > 60°$时，由前面分析可知，带阻性负载时的输出电压波形断续，对于大电感负载，由于电感的作用，在电源线电压过零后晶闸管仍然导通，直到下一个晶闸管触发导通为止。这样，输出电压波形中出现负的部分；$\alpha = 90°$时，u_d波形的正、负面积相等，平均值为0，所以，带感性负载时电路的移相范围为0°～90°。图2-24、图2-25分别为带大电感负载的三相桥式全控整流电路在$\alpha = 30°$、$\alpha = 90°$时的工作波形。

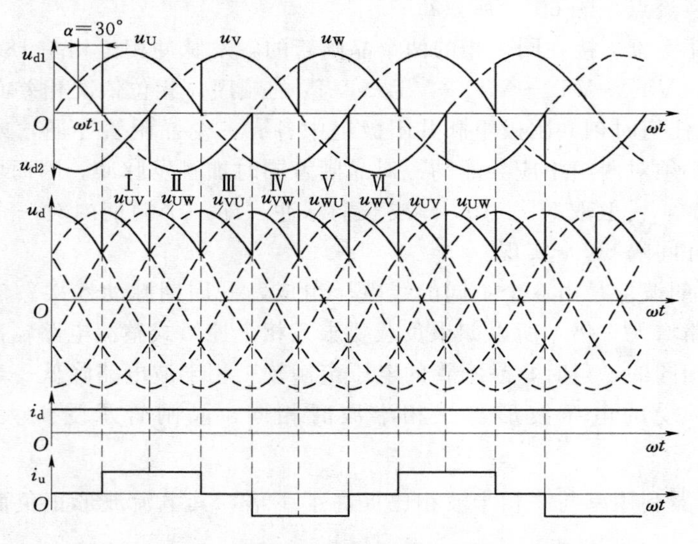

图 2-24　三相全控桥感性负载 $\alpha = 30°$ 输出电压波形

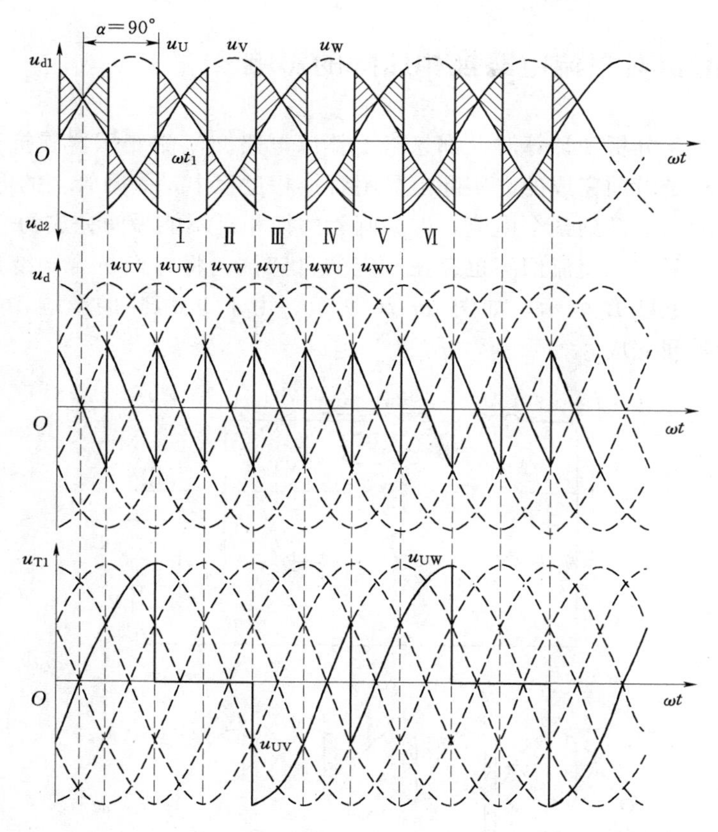

图 2-25 三相全控桥感性负载 $\alpha=90°$输出电压波形

从图中波形可知，在电压可调范围内，晶闸管承受的最大正、反向电压均$\sqrt{6}U_2$。

基本参数计算如下：

输出平均电压为

$$U_d = 2.34U_2\cos\alpha \tag{2-56}$$

输出电流的平均值为

$$I_d = \frac{U_d}{R_d} \tag{2-57}$$

流过晶闸管的电流平均值为

$$I_{dT} = \frac{1}{3}I_d \tag{2-58}$$

流过晶闸管的电流平均值为

$$I_T = \sqrt{\frac{1}{3}}I_d = 0.577I_d \tag{2-59}$$

整流变压器二次侧电流有效值为

$$I_2 = \sqrt{\frac{2}{3}}I_d = 0.816I_d \tag{2-60}$$

2.3　变压器漏抗对整流电路换相压降的影响

在前面整流电路分析和计算时，都忽略了整流电路交流侧变压器漏抗对换相的影响，认为晶闸管的换相是瞬间完成的。实际上晶闸管换相过程中，晶闸管上的电流不能瞬间减小到零，也不能瞬间上升到某个电流，即晶闸管的换相是不能瞬间完成的。实际上整流变压器总存在一定的漏抗，交流回路也存在一定的自感抗，将它们折合到变压器的二次侧，用一个等效的集中电感 L_B表示，如图 2-26 所示。由于电感 L_B的影响，电流不能突变，晶闸管换相不能瞬间完成。

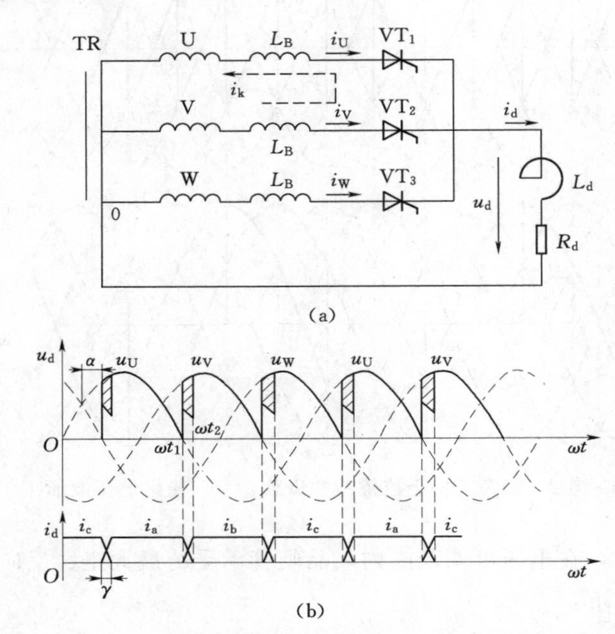

图 2-26　考虑变压器漏抗的可控整流电路及其电压波形

2.3.1　换相期间的输出电压

以三相半波大电感负载整流电路为例，由于漏电感 L_B的存在，换相过程如图 2-26 所示。在 ωt_1时刻触发 VT_2导通，电流从 U 相换流到 V 相，由于 U 相电流不能从 I_d瞬时下降为零，V 相电流也不能瞬时上升到 I_d值，使电流换相需要一段时间，直到 ωt_2时刻才能完成，这个过程称为换相过程，换相过程对应的时间以电角度计算，称为换相重叠角，用 γ 表示。在换相过程中，U 相和 V 相中均有电流，晶闸管 VT_1和 VT_2同时导通，这相当于将 U、V 两相短路，两相间短路电压为 u_V-u_U，从而在两相间产生了一个假想的环流 i_k，如图中虚线所示。实际上晶闸管都是单向导电的，相当于在原有电流上叠加一个 i_k，V 相电流 $i_V=i_k$，随着 i_k逐渐增大，U 相电流 $i_U=I_d-i_k$，随着 i_k的增大而逐渐减小。而当 i_k增大到 I_d时，i_V增大到 I_d，i_U也下降到零，此时 VT_1关断，VT_2管电流达到稳定值，完成了 U、V 相之间的换流。

在换相期间，变压器漏抗 L_B产生的感应电动势为 $L_B\frac{di_k}{dt}$，如果忽略晶闸管的管压降，则换相期间的电压方程为

$$u_V-u_U=2L_B\frac{di_k}{dt}$$

$$L_B\frac{di_k}{dt}=\frac{1}{2}(u_V-u_U)$$

所以整流输出电压的瞬时值为

$$u_d=u_V-L_B\frac{di_k}{dt}=u_V-\frac{1}{2}(u_V-u_U)=\frac{1}{2}(u_U+u_V) \quad (2-61)$$

2.3.2 换相压降和换相重叠角

1. 换相压降

由图 2-26 可以看出，在换相过程中输出电压的波形既不是 u_U也不是 u_V，而是两相电压的平均值。与不考虑漏抗时相比，输出电压波形在每次换相时均少了一块阴影面积，结果使输出电压的平均值减小。在三相半波整流电路中一个周期内少了 3 块阴影面积，这 3 块阴影面积的平均值用 ΔU_γ 表示，即

$$\begin{aligned}\Delta U_\gamma &= \frac{3}{2\pi}\int_\alpha^{\alpha+\gamma}(u_V-u_d)\mathrm{d}(\omega t)=\frac{3}{2\pi}\int_\alpha^{\alpha+\gamma}\left[u_V-(u_b-L_B\frac{di_k}{dt})\right]\mathrm{d}(\omega t)\\ &=\frac{3}{2\pi}\int_\alpha^{\alpha+\gamma}L_B\frac{di_k}{dt}\mathrm{d}(\omega t)=\frac{3}{2\pi}\int_0^{I_d}\omega L_B\mathrm{d}i_k=\frac{3}{2\pi}X_BI_d\end{aligned} \quad (2-62)$$

如果一个周期内换相 m 次，换相压降一般表示为

$$\Delta U_\gamma=\frac{m}{2\pi}X_BI_d \quad (2-63)$$

式中　X_B——折合到变压器二次侧的每相绕组的漏电抗。

2. 换相重叠角

三相半波和三相桥式整流电路换相重叠角 γ 的计算可以通过式（2-64）计算，即

$$\cos\alpha-\cos(\alpha+\gamma)=\frac{2X_BI_d}{\sqrt{6}U_2} \quad (2-64)$$

由式（2-64）可知，当控制角 α 一定时，X_B 、I_d增大则 γ 增大，换相时间增长；在 X_B 、I_d一定时，α 越大则 γ 越小。

综上所述，由于变压器存在漏抗，使换流期间输出电压波形出现缺口，产生畸变，形成干扰源，用示波器仔细观察电压波形时，在换流点上出现“毛刺”形成干扰源，这个缺口还加剧正向阻断器件端电压的突跳，危害晶闸管。但漏抗存在对限制短路电流，抑制电流、电压的变化率有益处，但单靠变压器漏抗有时还不够，可以在交流侧串入进线电抗。

2.4 有源逆变电路

在生产实际中除了将交流电转变为大小可调的直流电外，还经常需要利用晶闸管电路

把直流电转变为交流电，这种对应于整流的逆向过程称为逆变。例如，应用晶闸管的电力机车，当下坡行驶时，使直流电动机作为发电动机制动运行，机车的位能转变成电能，反送到交流电网中去；又如运转着的直流电动机，要使它迅速制动，也可让电动机做发电机运行，把电动机的动能转变为电能，反送到电网中去。

把直流电逆变成交流电的电路称为逆变电路。在许多场合，同一晶闸管电路既可用于整流又能用于逆变，这两种工作状态可依照不同的工作条件相互转化，故此类电路称为变流电路或变流器。

按照逆变电路交流侧是否接有电源，可将逆变电路分成有源逆变电路和无源逆变电路，如交流侧接有电源则为有源逆变电路，如交流侧没有接电源则为无源逆变电路。本节主要介绍有源逆变电路的工作原理，而无源逆变电路将在第 6 章介绍。

利用有源逆变电路为主可以构成各种逆变装置，如在光伏发电系统中广泛应用的光伏逆变器。光伏逆变器除了具有将直流电转换为交流电的功能外，还具有自动运行和停机、防孤岛效应、最大功率跟踪控制（MPPT）等功能。在光伏发电系统中，逆变器效率（逆变系数）的高低是决定太阳能电池容量和蓄电池容量大小的重要因素。

2.4.1　有源逆变电路的工作原理

1. 直流发电机—电动机系统电能的流转

图 2-27 中 G 是直流发电机，M 是电动机，R_Σ是等效电阻，现在来分析直流发电机—电动机系统中电能的转换关系。

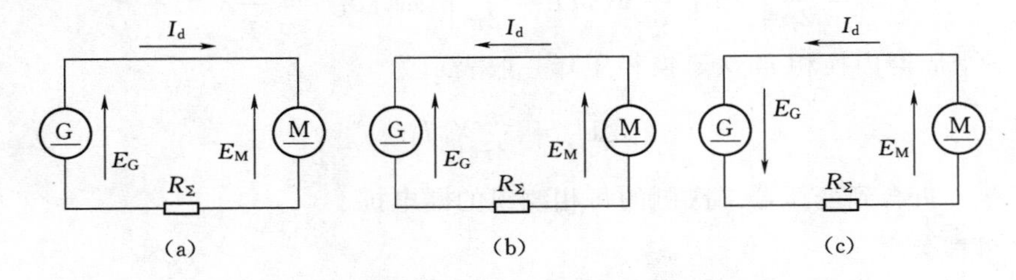

图 2-27　直流发电机—电动机之间电能的流转

图 2-27（a）中，M 作电动机运转，电动势 $E_G > E_M$，电流 I_d从 G 流向 M，M 吸收电功率。

图 2-27（b）中，M 作发电机运转，此时，$E_M > E_G$，电流反向，从 M 流向 G，故 M 输出电功率，G 则吸收电功率，M 轴上输入的机械能转变为电能反送给 G，系统工作在回馈制动状态。

图 2-27（c）中，两电动势顺向串联，向电阻 R_Σ供电，G 和 M 均输出功率，由于 R_Σ一般都小，实际上形成短路。

由以上分析可知：

1）两个电源同极相接时，电流总是从电动势高处流向电动势低处，电路中电流的大小为两电动势之差与回路电阻的比值。如果回路电阻很小，很小的电动势差也可产生足够大的电流，使两个电源系统之间交换很大的功率。

2）电流从正端流出的电源输出功率，电流从正端流入的电源接受功率。

3）两个直流电源反极性相接时，如果回路电阻很小，回路中的电流将很大，这实际上相当于两个电源短路。在工作中应严防这种事故的发生。

2. 有源逆变的条件

如图 2-28 所示，以单相全波整流电路代替图 2-27 中的发电机，可以分析出整流电路工作在逆变状态时的条件。

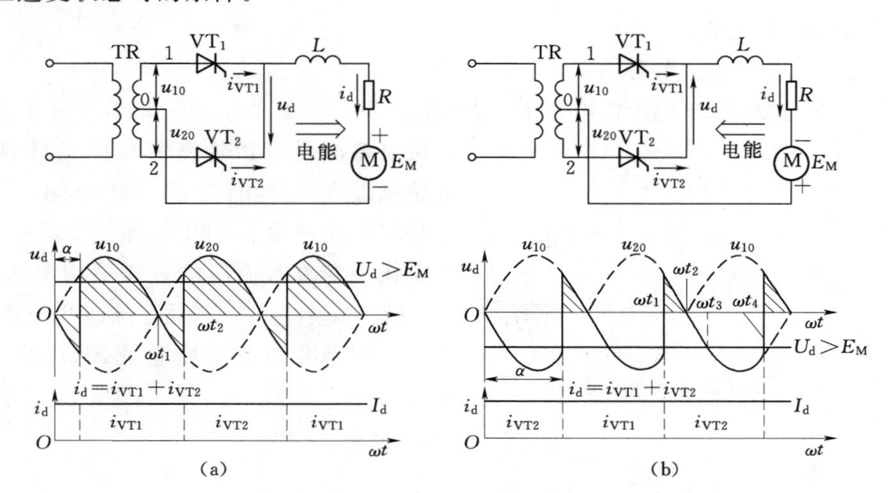

图 2-28 单相全波电路的整流和逆变

图 2-28 所示电路的工作原理如下：

（1）电动机 M 作电动机运行。如图 2-28（a）所示，电动机 M 作电动机运行，全波电路应工作在整流状态，控制角 α 的范围在 $0\sim\pi/2$ 间，直流侧输出 U_d 为正值，并且 $U_d>E_M$，交流电网输出电功率，电动机则输入电功率。此时产生流向电动机的电流为

$$I_d=\frac{U_d-E_M}{R} \tag{2-65}$$

式中 R——回路的总电阻。

（2）电动机作发电回馈制动运行。如图 2-28（b）所示，由于晶闸管器件的单向导电性，电路内 I_d 的方向依然不变，而 M 轴上输入的机械能转变为电能反送给 G，只能改变 E_M 的极性，为了避免两电动势顺向串联，U_d 的极性也必须反过来，故控制角 α 的范围在 $\pi/2\sim\pi$ 内，且 $|E_M|>|U_d|$。此时电路中的电流为

$$I_d=\frac{E_M-U_d}{R} \tag{2-66}$$

图 2-28 中，$U_d=0.9U_2\cos\alpha$。从上述分析可知，晶闸管电路工作在整流状态时，交流电网输出功率，控制角 $\alpha<90°$，u_d 波形正面积大于负面积，输出电压的平均值 $U_d>0$。晶闸管电路工作在逆变状态时，交流电网吸收能量，控制角 $\alpha>90°$，u_d 波形正面积小于负面积，输出电压的平均值 $U_d<0$。当控制角 $\alpha=0°$时，波形的正面积和负面积相等，输出的平均电压为零，晶闸管电路处于整流和逆变的临界状态。

综上所述，要实现有源逆变必须满足以下两个条件：

1）变流装置的直流侧必须有一个极性与晶闸管导通方向一致的直流电势源，且其数

值要大于变流器直流侧的平均电压 U_d。

2）变流器晶闸管控制角必须工作在 $\alpha>90°$ 区间，使输出电压 $U_d<0$。

应该注意的是，半控桥或有续流二极管的电路，因其整流电压 U_d 不能出现负值，也不允许直流侧出现负极性的电动势，故不能实现有源逆变，欲实现有源逆变，只能采用全控电路。

2.4.2 三相有源逆变电路

1. 三相半波有源逆变电路

图 2-29 所示为三相半波带电动机负载电路，图 2-30 所示为三相半波逆变波形。电动机电势满足有源逆变实现的条件且电抗器电感值足够大，能保证回路中的电流连续。当晶闸管控制角 $\alpha>90°$，即在 90°～180°范围内变化。变流器输出的直流平均电压 $U_d<0$，且 $|E_M|>|U_d|$，满足有源逆变的条件。

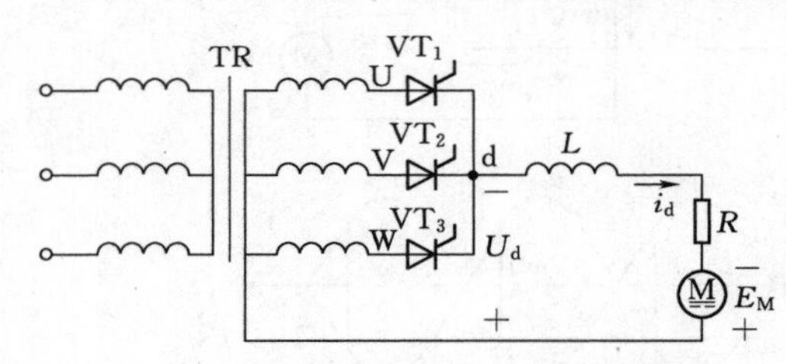

图 2-29 三相半波有源逆变电路

三相半波逆变电路直流侧输出的直流电压为

$$U_d = 1.17U_2\cos\alpha \tag{2-67}$$

式中 U_2——相电压的有效值。

当变流器工作在逆变状态时，逆变角 $\alpha>90°$，平均直流电压的计算值为负值，此时计算 $\cos\alpha$ 有些不方便，为了分析和计算方便，引入逆变角 β，令 $\alpha=180°-\beta$，则 $\cos\alpha=\cos(180°-\beta)=-\cos\beta$，式（2-67）可以写成

$$U_d = -1.17U_2\cos\beta \tag{2-68}$$

引入逆变角 β 后，由于和控制角 α 之间有 $\alpha+\beta=180°$ 的关系，而控制角 α 是以自然换相点作为起算点向右计量的，所以逆变角 β 的触发脉冲位置可以从 $\alpha=180°$ 时刻向左移 β 来计算。例如，$\alpha=150°$ 时，对应的 $\beta=30°$。逆变工作时控制角 α 的移相范围是 90°～180°，逆变角 β 的移相范围是 90°～0°，当 $\alpha=\beta=0°$ 时，是整流和逆变的中间状态，整流输出的电压平均值为 0。

图 2-30 所示为 $\beta=30°$ 时的负载电压和电流的波形图。图 2-31 所示为三相半波电路整流状态、中间状态、逆变状态时的负载电压波形和晶闸管 VT_1 上的电压波形。

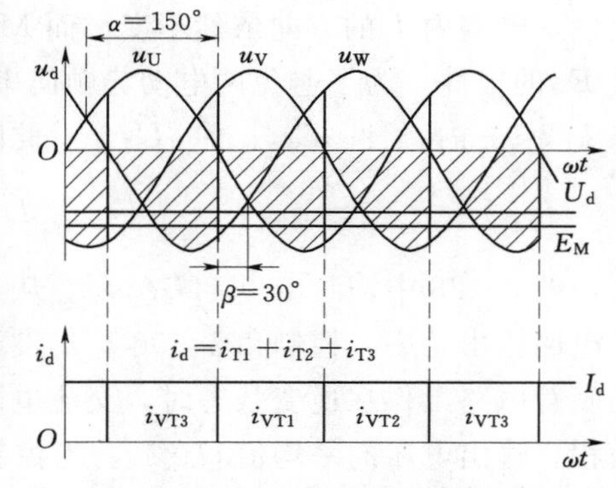

图 2-30 三相半波有源逆变波形

2. 三相桥式逆变电路

图 2-32 所示为三相桥式逆变电路。该电路与三相桥式整流电路相似，电动机电动势的极性及大小具备有源逆变的条件，直流侧串有足够大的电抗器以维持电流连续。当触发角 $90°<\alpha\leqslant180°$ 时，即 $0°\leqslant\beta<90°$，三相全控桥工作在逆变状态，输出平均电压为

$$U_d = -2.34U_2\cos\beta \tag{2-69}$$

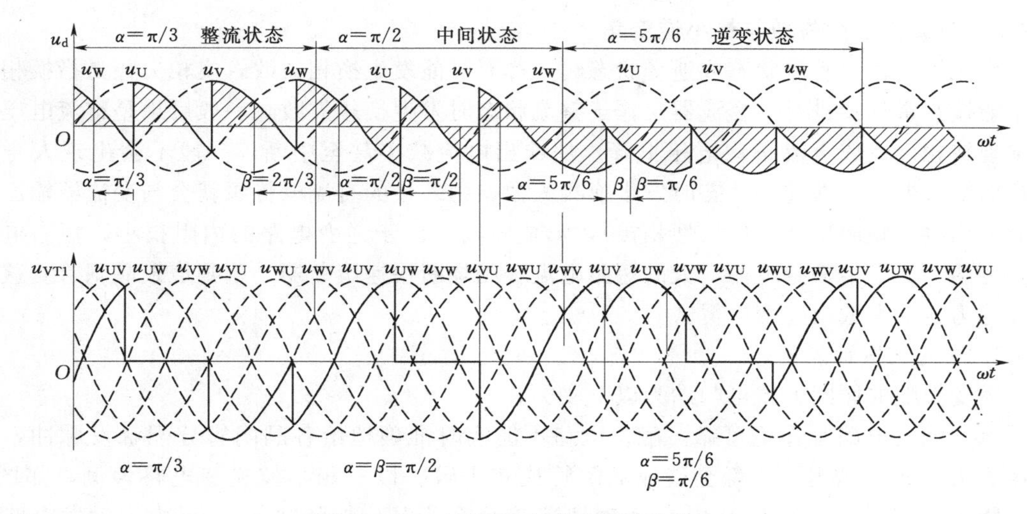

图 2-31 三相半波变流电路波形比较

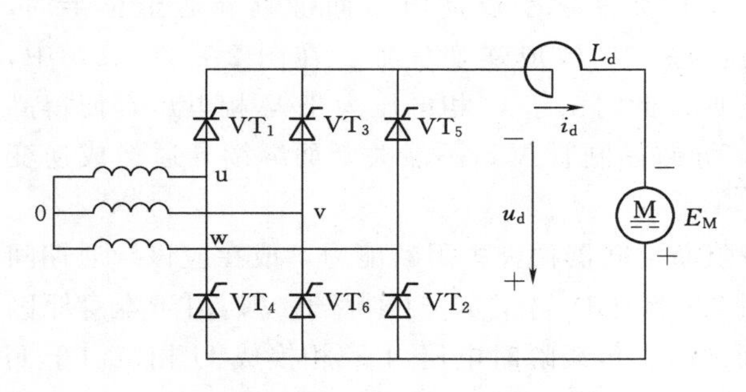

图 2-32 三相桥式逆变电路

三相全控桥逆变电路工作与整流时一样，为保证同一时刻上下两组不同相的两个管子同时导通，逆变电路对触发装置的要求是加宽脉冲（脉冲宽度大于60°）或采用双窄脉冲。双窄脉冲要求每隔60°依次触发两个管子，每个管子导通120°，管子按照VT_1—VT_2的顺序依次导通。换流时，共阴极组晶闸管VT_1、VT_3、VT_5在触发时刻由阳极电压低的管子依次换到阳极电压高的管子；共阳极组晶闸管VT_2、VT_4、VT_6在触发时刻由阴极电压高的管子依次换到阴极电压低的管子。

图 2-33 所示为三相桥式逆变电路在不同逆变角下的电压波形。

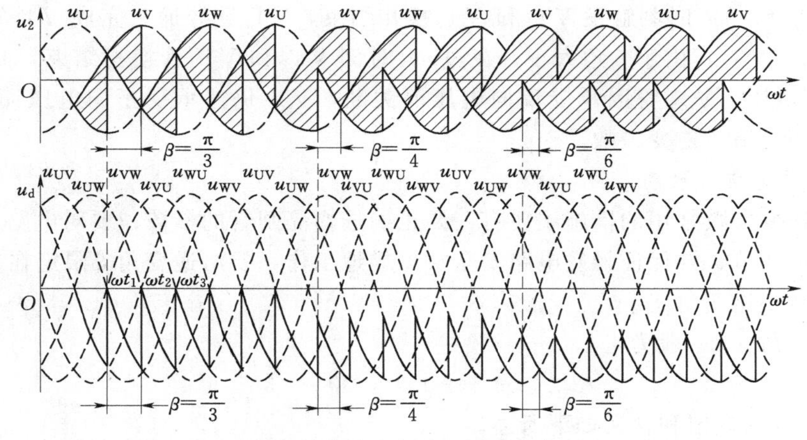

图 2-33 三相桥式逆变电路不同逆变角下电压波形

2.4.3 有源逆变的失败与最小逆变角

变流器工作在整流状态或逆变状态时，都有可能发生换相失败。换相失败是指换相过程不能按正常规律进行。变流器工作于整流状态时发生换相失败，一般后果是整流电压波形出现缺相，造成直流平均电压下降，使输出电流减小甚至中断，一般不会出现人身事故。而变流器工作在逆变状态时发生换相失败，则外接的直流电势源就会与变流器输出的直流平均电压顺向串联（反极性相接），形成短路。由于逆变电路的内阻很小，短路电流最大可达一二十倍额定电流，大的短路电流轻则烧断快速熔断器，重则烧毁晶闸管。这种情况称为逆变失败或逆变颠覆。

1. 逆变失败的原因

逆变失败的原因大致可归纳为以下4类。

（1）触发电路工作不可靠。触发电路不能实时准确地给各晶闸管分配触发脉冲，如脉冲丢失、脉冲延迟等，都会造成晶闸管换相失败。以三相半波逆变电路为例，如图2-34所示。在图2-34（b）中，ωt_1时刻应该给管子VT_2加脉冲u_{g2}，但由于触发电路的问题使u_{g2}丢失，则VT_2管子不能导通，VT_1无法承受反向电压而继续导通至正半周，外接直流电势源E与电源瞬时电压顺向串联，导致成逆变失败。在图2-34（c）中，ωt_2时刻应该给管子VT_2加脉冲u_{g2}出现延迟，此时由于U相电压大于V相电压，使得晶闸管VT_2阳极承受反向电压而不能导通，导致晶闸管VT_1不能关断而继续导通造成逆变失败。

（2）晶闸管发生故障。晶闸管在应该阻断期间器件失去阻断能力，或在应该导通期间器件不能导通，都会造成逆变失败。在图2-34（d）中，ωt_3时刻管子VT_1由于本身原因误导通，使得晶闸管VT_2承受反向电压而关断，负载瞬时电压由V相换成U相，由于U相电压位于电源正半周，从而造成逆变失败。

（3）交流电源发生故障。在逆变工作状态时，交流电源发生缺相或突然消失，造成直流电源通过晶闸管使电路短路。

（4）逆变角β太小。逆变角β太小也可能造成逆变失败。由前面讲过的知识中可知，由于整流变压器存在漏抗，故存在换相重叠角γ。当$\beta>\gamma$时，如图2-34（e）所示。在正常工作情况下，ωt_2时刻触发VT_1和VT_2换相结束，VT_2管导通，完成VT_1管到VT_2管的换相。当$\beta<\gamma$时，由于β角太小，在过ωt_4时刻VT_2和VT_3管换相结束，此时V相电压高于W相电压，VT_3管因承受反向电压而关断，VT_2仍然承受正向电压而继续导通，不能正常换相而造成逆变失败。

2. 最小逆变角的限制

为防止逆变失败常用的措施主要有：要正确选择晶闸管的参数；要对电路设置过电流和过电压保护环节；要保证触发电路安全、可靠地工作，要给逆变角β限定在一个安全范围内即规定最小逆变角β_{min}。

最小逆变角β_{min}一般为

$$\beta_{min} \geqslant \delta + \gamma + \theta \approx 30^\circ \sim 35^\circ \quad (2-70)$$

式中，δ、γ、θ的规定和含义如下所述。

晶闸管关断时间t_q所对应的电角度δ折合的电角度一般在$4^\circ \sim 5^\circ$，所对应的晶闸管的

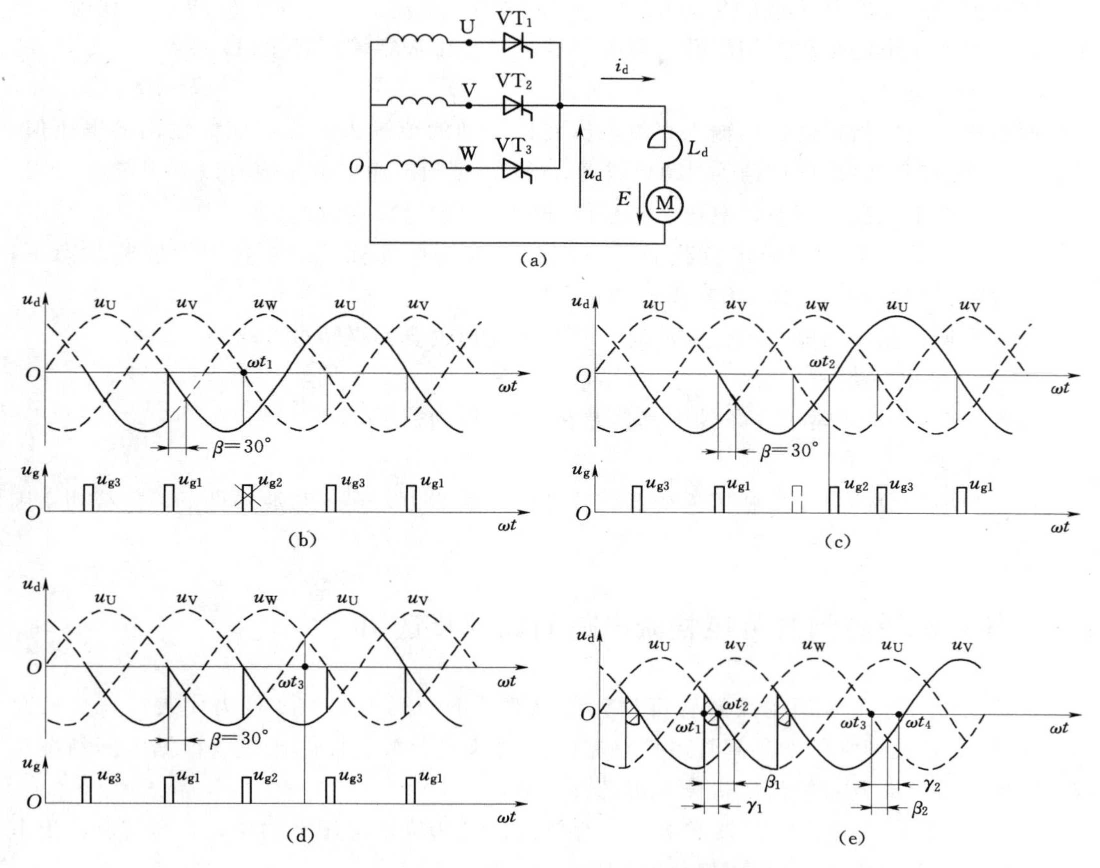

图 2-34　三相半波电路有源逆变失败波形

关断时间一般为 200～300μs。

换相重叠角 γ 与整流变压器漏抗、整流电路的形式、工作电流的大小等因素有关，一般选取 15°～25°电角度。

安全裕量角 θ。考虑到触发脉冲间隔不均匀、电网波动、畸变及温度等的影响，还必须留一个安全裕量角，一般选取 θ 为 10°。

2.4.4　逆变电路的技术参数

1. 逆变效率

逆变效率是衡量逆变器性能的一个重要技术参数。逆变效率指在规定条件下输出功率与输入功率之比，其数值用来表征其自身损耗功率的大小，通常在 80%以上。不过其数值的大小随着负载的大小而改变，逆变器的逆变效率是在额定输出容量下的满负荷效率。如对光伏逆变器在逆变效率方面具有以下要求：千瓦级以下逆变器的额定负载效率不小于 85%，低负荷效率不小于 75%；10kW 逆变器的额定负荷效率不小于 90%，低负荷效率不小于 80%。

2. 额定输出容量

额定输出容量是指当输出功率因数为 1 时，逆变器额定输出电压和额定输出电流的乘

积。它表征了逆变器对负载的供电能力。额定输出容量越大，则逆变器的带负载能力越强，若逆变器所带的负载为纯阻性负载时，其容量小于额定输出容量值。

3. 额定输出电压

额定输出电压指在规定的输入直流电压允许波动的范围内逆变器应能输出的电压值，一般逆变器的额定输出电压值为220V或者380V，对额定输出电压值有以下规定：

（1）在稳定状态运行时，电压波动范围偏差不得超过额定值的±5%。

（2）在负载突变时（额定负载的0、50%、100%）或有其他干扰因素影响状态下，电压偏差不得超过额定值的±8%或±10%。

（3）当逆变器输出电压为正弦波时，其最大波形失真不得超过5%。

4. 额定输出频率

通常为50Hz，正常工作条件下其偏差在±1%以内。

5. 负载功率因数

负载功率因数的大小反映了逆变器带感性负载的能力，在正弦波条件下，负载功率因数为0.7～0.9。

2.5　各种常用晶闸管可控整流电路的比较及选用

前面已经介绍了常用的晶闸管可控整流电路，下面列出其中3种为代表进行比较总结，表2-1是几种常用的晶闸管可控整流电路的基本参数及性能比较（根据实际情况负载选择电阻性负载和带续流二极管的电感性负载）。

表2-1中U_2为电源变压器次级电压有效值，U_d为输出电压平均值，I_d为整流输出电流平均值，并且是在晶闸管全导通的情况下。

表2-1　　**常用晶闸管整流电路比较**

<table>
<tr><th colspan="3">名　称</th><th>单相半波</th><th>单相半控桥</th><th>三相半控桥</th></tr>
<tr><td colspan="3">输出电压平均值</td><td>$0\sim0.45U_2$</td><td>$0\sim0.9U_2$</td><td>$0\sim2.3U_2$</td></tr>
<tr><td rowspan="8">晶闸管</td><td colspan="2">移相范围</td><td>π</td><td>π</td><td>π</td></tr>
<tr><td colspan="2">导通角θ</td><td>最大π</td><td>最大π</td><td>最大$2\pi/3$</td></tr>
<tr><td colspan="2">最大正向电压</td><td>$\sqrt{2}U_2$</td><td>$\sqrt{2}U_2$</td><td>$\sqrt{6}U_2$</td></tr>
<tr><td colspan="2">最大反向电压</td><td>$\sqrt{2}U_2$</td><td>$\sqrt{2}U_2$</td><td>$\sqrt{6}U_2$</td></tr>
<tr><td rowspan="2">电阻性负载全导通</td><td>电流平均值</td><td>I_d</td><td>$I_d/2$</td><td>$I_d/3$</td></tr>
<tr><td>电流有效值</td><td>$1.57I_d$</td><td>$I_d/2\ 0.785I_d$</td><td>$0.587I_d$</td></tr>
<tr><td rowspan="2">感性负载</td><td>电流平均值</td><td>$I_d/2$</td><td>$I_d/2$</td><td>$I_d/3$</td></tr>
<tr><td>电流有效值</td><td>$0.707I_d$</td><td>$0.707I_d$</td><td>$0.587I_d$</td></tr>
</table>

从表2-1中可以看出，单相半波电路最简单，但各项指标都较差，只适用于小功率和对输出电压波形要求不高的场合。单相桥式电路各项性能较好，只是电压脉动率仍较

大，故最适合于小功率电路。

三相半波可控整流电路各项指标一般，因此在实际应用中不多。三相桥式可控整流电路，各项性能指标都很好，在要求一定输出电压的情况下，元件承受的峰值电压最低，因此最适合于大功率、高电压电路。

综上所述，一般情况下选用晶闸管主电路必须从设备的经济性、可靠性等方面同时考虑，其原则如下：

(1) 小功率电路一般可选择性能稳定的单相半控桥。

(2) 大功率电路优先考虑三相半控桥，要求逆变功能的应选用三相全控桥。

以上提到的仅是选用的一些基本原则，具体选用时，还应根据负载性质、容量的大小、电源情况等进行具体分析比较确定。

2.6 可控整流电路的应用

晶闸管装置自20世纪50年代问世以来，其功率容量发展很快，目前晶闸管额定电流可达千安级，额定电压可达几千伏。同时，晶闸管作为一种电子器件，过载能力很差，因此在使用中必须采取过电压和过电流保护措施。正确完备的保护是晶闸管装置能否正常可靠运行的关键。

晶闸管的过流和过压能力很差，短时间的过流或过压都可能造成元件的损坏，因此在晶闸管装置中必须采取适当的保护措施。

1. 过电流保护

当流过晶闸管的电流有效值超过它的额定通态平均电流时，称为过电流。产生过电流的原因主要是负载过大、输出回路发生短路等。过电流保护的意义是当发生过电流时，能迅速将过电流切断，以防晶闸管损坏。过电流保护措施主要有过电流继电器保护、快速熔断器保护等，其中采用快速熔断器较为普遍。常用的快速熔断器有RLS系列，快速熔断器在电路中的接入方法有3种，如图2-35所示。第一种是接在直流侧，它和直流输出电路串联，能对输出回路短路或过载起到保护作用。第二种是与晶闸管串联，因为串联电路中电流处处相等，所以可对晶闸管起直接保护作用。第三种是接在交流侧，这种接法对晶闸管或整流二极管短路和直流输出回路短路均起到保护作用。

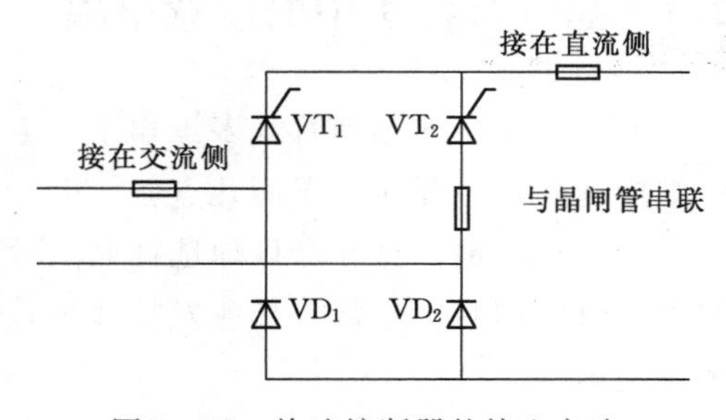

图2-35 快速熔断器的接入方法

2. 过电压保护

当加在晶闸管上的电压超过其额定电压时称为过电压。产生过电压的因素很多。例如，在电源变压器的一次侧断开、接通，直流侧感性负载的切断、快速熔断器的熔断和突然跳闸等情况下，有时雷电从电网侵入也可能引起过电压。

(1) 阻容吸收保护。电路中产生过电压的实质是电路中积累的电磁能量释放不掉，过压保护是吸收或消散这些能量。一旦电路中发生过电压，由于电容两端的电压不能突变，

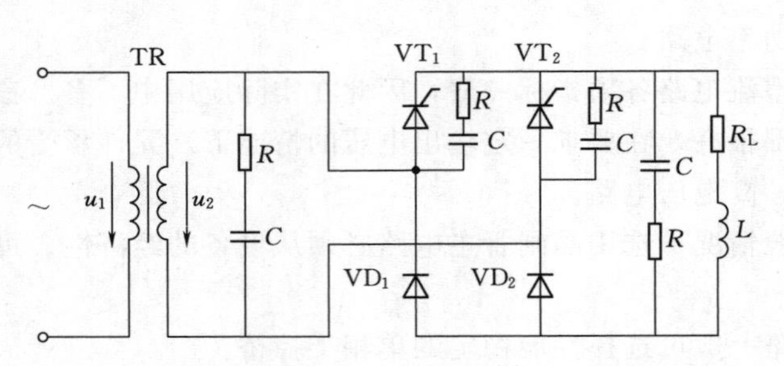

图 2-36　阻容吸收电路的几种接法

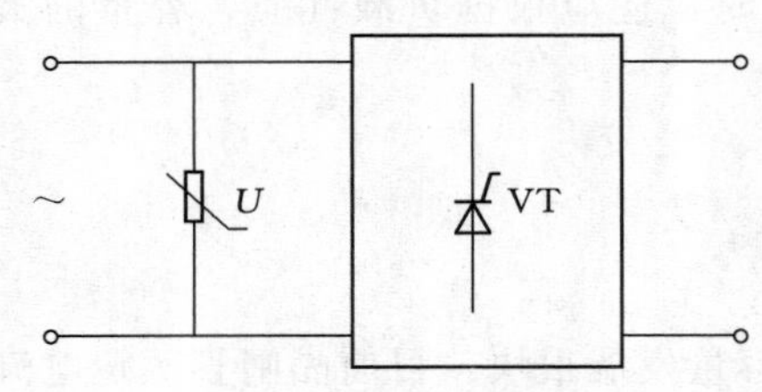

图 2-37　用压敏电阻吸收浪涌电压

这就有效地抑制了过电压。阻容吸收保护是晶闸管过电压保护的基本方法，在电路中有 3 种基本连接形式：并联在整流装置的交流电源侧；在直流侧与负载并联；与晶闸管直接并联。具体如图 2-36 所示。

（2）用并联压敏电阻吸收过电压。目前常用的非线性电阻是金属氧化物压敏电阻，压敏电阻正常漏电流极小，损耗可忽略，遇到过电压被击穿，可短时通过数千安的雷击放电电流，因此抑制过电压能力很强，电路如图 2-37 所示。

2.7　晶闸管使用中的注意事项

电工设备中的晶闸管大多工作于大电流状态，使用中除了要采用必要的过流、过压等保护措施外，还要注意下面几点：

（1）正确地计算和合理地选择晶闸管的主要参数，并留有足够的安全裕量。在多只晶闸管同时使用时，尽量选择触发特性一致的晶闸管，如稍有偏差，可在门极电路中串电阻来调整。

（2）严格遵守规定的工作条件，空气冷却时环境温度应在 30～40℃之间，水冷却时应在 40～50℃之间，空气相对湿度不大于 85%，晶闸管周围环境不应有腐蚀金属和破坏绝缘及导电的粉尘。

（3）在符合规定的冷却条件时，一般 3A 以下晶闸管依靠金属管壳和引线散热。5A 以上要安装相应的散热器，并使散热器与管壳之间接触良好。一般散热方式的选择原则为：20A 以下靠空气自然冷却，30～100A 要求以 5m/s 以上的风速进行风冷，200A 以上可以用风冷，也可以用水冷或油类冷却，800A 以上必须采取液体冷却方式。

（4）晶闸管的门极过载能力差，门极要有适当的保护措施，触发脉冲电压或电流要大于手册或产品合格证上提供的额定值，但绝不能超过允许的极限值。

（5）严禁用兆欧表（摇表）来检查晶闸管的绝缘情况。

（6）在安装或更换晶闸管时，应十分重视晶闸管与散热器的接触面状态和拧紧程度，可在接触面涂一层薄的有机硅油或硅脂。

本 章 小 结

晶闸管可控整流电路能够将交流电（AC）变换成可控的直流电（DC），是电力电子技术中最基本的一种变流技术，这种技术在各种工业场合获得了广泛的应用。本章的重点是各种晶闸管电路的电路结构及工作原理分析，现将本章主要内容及学习要求简要概括如下：

（1）采用晶闸管可以构成输出电压可调的可控整流电路，通过改变晶闸管控制角的大小来调节直流输出电压，即晶闸管通过移相来调节电压，这是晶闸管调压的实质，因此与电位器调压有本质的区别，对于这点必须充分理解。

（2）晶闸管主电路包括单相可控整流电路和三相可控整流电路两类，其中单相可控整流电路主要有单相半波可控整流电路、单相半控桥和单相全控桥 3 种形式，三相可控整流电路也有三相半波可控整流电路、三相半控桥和三相全控桥 3 种电路形式，对于各种形式的可控整流电路除了掌握它们的电路结构外，重点要放在工作原理分析中，特别要对各种可控整流电路在不同性质负载情况下的输入输出电压与电流波形分析清楚。

（3）实际变流工程中还要考虑整流变压器漏电抗的影响，整流变压器漏电抗对电网运行有利有弊，当不利的方面严重影响电网电压质量时还必须在技术上采取一定的措施。

（4）逆变是利用半导体器件将直流电（DC）变换成交流电（AC），是整流变换的逆过程。利用有源逆变电路为主构成的各种逆变装置，目前在新能源领域得到了越来越广泛的应用。对于各种有源逆变电路重点要掌握它们的工作原理、性能特点及适用范围。

（5）掌握常用晶闸管可控整流电路的基本参数计算及性能特点，能够根据工程实际情况选择合适的晶闸管可控整流电路类型。

（6）晶闸管过载能力很差，因此在使用中必须采取过电压和过电流保护措施。正确、完备的保护和合理的应用是晶闸管可控整流电路能否正常可靠运行的关键。

习 题 与 思 考 题

2-1　有一单相半波可控整流电路，负载电阻 R_L 为 20Ω，交流电压为 220V，控制角 $\alpha=90°$，求输出电压平均值 U_L 及负载平均电流 I_L。

2-2　某一电阻性负载，要求输出电压为 $U_L=75$V，输出电流 $I_L=20$A，采用单相半控桥式整流电路，直接从电网 220V 供电，试计算晶闸管的导通角，并选择合适的管型。

2-3　单相半波可控整流电路对电感负载供电，$L=20$mH，$U_2=100$V，求当 $\alpha=0°$ 时和 60°时的负载电流 I_d，并画出 U_d 与 I_d 的波形。

2-4　单相桥式全控整流电路，$U_2=100$V，负载中 $R=20\Omega$，L 值极大，当 $\alpha=30°$ 时，要求：

（1）作出 U_d、I_d 和 I_2 的波形。

（2）求整流输出平均电压 U_d、电流 I_d、变压器二次电流有效值 I_2。

（3）考虑安全裕量，确定晶闸管的额定电压和额定电流。

2-5　单相桥式半控整流电路，电阻性负载，画出整流二极管在一周期内承受的电压

波形。

2-6 单相桥式全控整流电路，$U_2=100V$，负载 $R=20\Omega$，L 值极大，反电势 $E=60V$，当 $\alpha=30°$时，要求：

(1) 作出 U_d、I_d和 I_2的波形。

(2) 求整流输出平均电压 U_d、电流 I_d及变压器二次侧电流有效值 I_2。

(3) 考虑安全裕量，确定晶闸管的额定电压和额定电流。

2-7 单相半控桥电阻负载整流电路，输入交流电压为 220V，如果希望输出平均电压在 100～198V 范围内连续可调，晶闸管的导通角范围应是多少？

2-8 在三相半波整流电路中，如果 A 相的触发脉冲消失，试绘出在电阻性负载和电感性负载下整流电压 U_d的波形。

2-9 三相半波整流电路的共阴极接法与共阳极接法，A、B 两相的自然换相点是同一点吗？如果不是，它们在相位上差多少度？

2-10 有两组三相半波可控整流电路，一组是共阴极接法，另一组是共阳极接法，如果它们的触发角都是 α，那么共阴极组的触发脉冲与共阳极组的触发脉冲对同一相来说，如都是 A 相，在相位上差多少度？

2-11 三相半波可控整流电路，$U_2=100V$，带电阻电感负载，$R=50\Omega$，L 值极大，当 $\alpha=60°$时，要求：

(1) 画出 U_d、I_d和 I_{VT1}的波形。

(2) 计算 U_d、I_d、I_{dT}和 I_T。

2-12 在三相桥式全控整流电路中，电阻负载，如果有一个晶闸管不能导通，此时的整流电压 U_d波形如何？如果有一个晶闸管被击穿而短路，其他晶闸管受什么影响？

2-13 三相桥式全控整流电路，$U_2=100V$，带电阻电感负载 $R=50\Omega$，L 值极大，当 $\alpha=60°$时，要求：

(1) 画出 U_d、I_d和 I_{T1}的波形。

(2) 计算 U_d、I_d、I_{dT}和 I_T。

2-14 什么是逆变失败？如何防止逆变失败？

2-15 单相桥式全控整流电路、三相桥式全控整流电路中，当负载分别为电阻负载或电感负载时，要求的晶闸管移相范围分别是多少？

2-16 为什么要用快速熔断器保护晶闸管？

2-17 电感性负载对晶闸管整流有何影响？简述续流二极管的作用。

2-18 三相半控桥中，要求输出最大为 220V 的直流电压，试求电源变压器次级的相电压和线电压，每只晶闸管承受的最大反向电压是多少？

2-19 试比较各种可控整流电路的主要特点和用途。

2-20 晶闸管电路发生过电流和过电压的主要原因有哪些？过电流保护的意义是什么？

第3章 晶闸管触发电路

本章要点

- 对触发电路的要求
- 单结管触发电路
- 同步电压为锯齿波的触发电路
- 集成触发电路及数字触发电路
- 触发电路与主电路电压的同步

本章难点

- 同步信号为锯齿波的触发电路的分析
- 触发电路与主电路电压的同步分析

3.1 对触发电路的要求

由晶闸管的导通条件知道，当晶闸管承受正向阳极电压时，必须在门极和阴极之间加适当的正向电压，晶闸管才能正向导通。这种控制晶闸管导通的电路称为触发电路。对于触发电路通常有以下要求。

1. 触发电路输出的脉冲必须具有足够的功率

为了使器件可靠地被触发导通，触发脉冲的数值必须大于门极触发电压 U_{GT} 和门极触发电流 I_{GT} ，即具有足够的触发功率。但其数值又必须小于门极正向峰值电压 U_{GM} 和门极正向峰值电流 I_{GM} ，以防止晶闸管门极的损坏。

2. 触发脉冲必须与晶闸管的主电压保持同步

为了保证控制的规律性，各晶闸管的触发电压与其主电压之间具有较严格的相位关系，即保持同步。

3. 触发脉冲能满足主电路移相范围的要求

为了实现变流电路输出的电压连续可调，触发脉冲应能在一定的范围进行移相。例如，单相全控桥电阻负载要求触发脉冲移相范围为 180°；而三相全控桥电感性负载（不接续流管时）要求触发脉冲的移相范围是 90°。

4. 触发脉冲要具有一定的宽度、前沿要陡

多数晶闸管电路还要求触发脉冲的前沿要陡，以实现精确的触发导通控制。当负载为电感性时，晶闸管的触发脉冲必须具有一定的宽度，以保证晶闸管的电流上升到擎住电流以上，使器件可靠导通。常见的触发脉冲电压波形如图 3-1 所示。

触发电路通常以组成的主要器件名称分类，可分为单结晶体管触发电路、晶体管触发电路、集成电路触发器、计算机控制数字触发电路等。

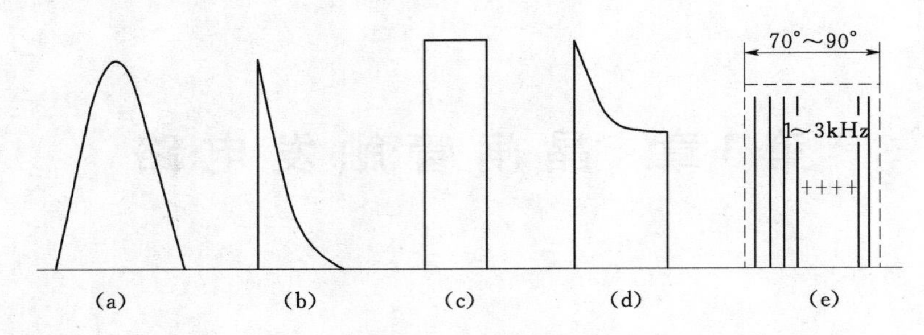

图3-1 常见的触发脉冲电压波形

(a) 正弦波；(b) 尖脉冲；(c) 方脉冲；(d) 强触发脉冲；(e) 脉冲列

3.2 单结晶体管触发电路

单结晶体管触发电路结构简单，输出脉冲前沿陡，抗干扰能力强，运行可靠，调试方便，广泛应用于对中小容量晶闸管的触发控制。

3.2.1 单结晶体管

单结晶体管的结构及其图形符号如图3-2所示。在一块高电阻率的N型硅片两端，用欧姆接触方式引出第一基极 b_1 和第二基极 b_2，b_1 与 b_2 之间的电阻为N型硅片的体电阻，为3～12kΩ，在硅片靠近 b_2 极掺入P型杂质，形成PN结，由P区引出发射极e。由以上结构可知，该器件只有一个PN结，但有两个基极，所以其名称为“单结晶体管”，或称为“双基极管”。

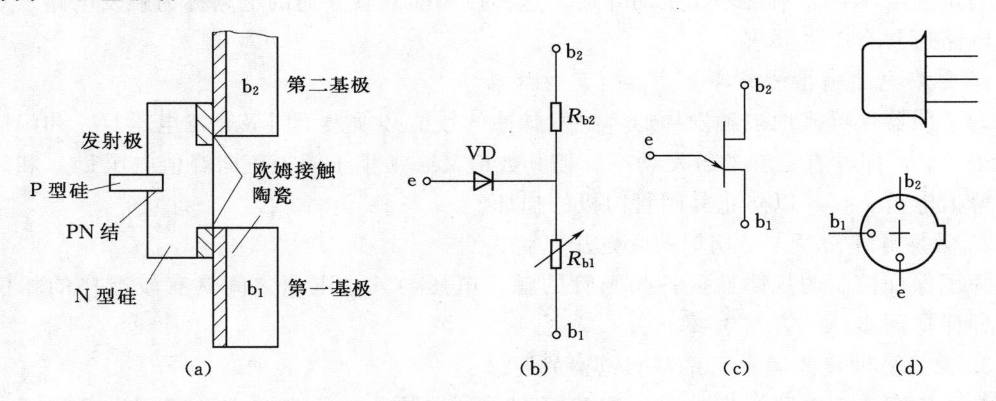

图3-2 单结晶体管

(a) 结构示意；(b) 等效电路；(c) 图形符号；(d) 外形及管脚

常用的国产单结晶体管型号有BT33和BT35两种，其中B表示半导体，T表示特种管，第一个数字3表示有3个电极，第二个数字3（或5）表示耗散功率为300mW（或500mW）。单结晶体管的主要参数见表3-1。

用万用表来判别单结晶体管的好坏比较容易，可选择 $R\times1$k 电阻挡进行测量，若某个电极与另外两个电极的正向电阻小于反向电阻，则该电极为发射极e，接着测量另外两个电极的正反向电阻值应该相等。

表 3-1　　单结晶体管的主要参数

参数名称		分压比 η	基极电阻 $r_{bb}/k\Omega$	峰点电流 $I_p/\mu A$	谷点电流 I_V/mA	谷点电压 U_V/V	饱和电压 U_{es}/V	最大反压 U_{b2e}/V	发射极反漏电流 $I_{eo}/\mu A$	耗散功率 P_{max}/mW
测试条件		$U_{bb}=20V$	$U_{bb}=3V$ $I_e=0$	$U_{bb}=0$	$U_{bb}=0$	$U_{bb}=0$	$U_{bb}=0$, I_e 为最大		U_{b2e} 为最大	
BT33	A	0.45～0.9	2～4.5	<4	>1.5	<3.5	<4	$\geqslant 30$	<2	300
	B							$\geqslant 60$		
	C	0.3～0.9	>4.5～12			<4	<4.5	$\geqslant 30$		
	D							$\geqslant 60$		
BT35	A	0.45～0.9	2～4.5			<3.5	<4	$\geqslant 30$		500
	B					>3.5		$\geqslant 60$		
	C	0.3～0.9	>4.5～12			<4	<4.5	$\geqslant 30$		
	D							$\geqslant 60$		

单结晶体管的伏安特性：当两基极 b_1 与 b_2 间加某一固定直流电压 U_{bb} 时，发射极电流 I_e 与发射极正向电压 U_e 之间的关系曲线称为单结晶体管的伏安特性，即 $I_e=f(U_e)$，实验电路及特性如图 3-3 所示。

当开关 S 断开时，I_{bb} 为零，加发射极电压 U_e 时，得到图 3-3（b）①所示伏安特性曲线，该曲线与二极管伏安特性曲线相似。

1. 截止区——aP 段

当开关 S 闭合，电压 U_{bb} 通过单结晶体管等效电路中的 r_{b1} 和 r_{b2} 分压，得 A 点电位 U_A 可表示为

$$U_A=\frac{r_{b1}U_{bb}}{r_{b2}+r_{b1}}=\eta U_{bb} \tag{3-1}$$

式中　η——分压比，是单结晶体管的主要参数，一般为 η 为 0.3～0.9。

当 U_e 从零逐渐增加，当 $U_e<U_A$ 时，单结晶体管的 PN 结反向偏置，只有很小的反向漏电流。当 U_e 增加到与 U_A 相等时，$I_e=0$，即如图 3-3 所示特性曲线与横坐标交点 b 处。进一步增加 U_e，PN 结开始正偏，出现正向漏电流，直到当发射结电位 U_e 增加到高出 ηU_{bb} 一个 PN 结正向压降 U_D 时，即 $U_e=U_P=\eta U_{bb}+U_D$ 时，等效二极管 VD 才导通，此时单结晶体管由截止状态进入到导通状态，并将该转折点称为峰点 P。P 点所对应的电压称为峰点电压 U_P，所对应的电流称为峰点电流 I_P。

2. 负阻区——PV 段

当 $U_e>U_P$ 时，等效二极管 VD 导通，I_e 增大，这时大量的空穴载流子从发射极注入 A 点到 r_{b1} 的硅片，使 r_{b1} 迅速减小，导致 U_A 下降，因而 U_e 也下降。U_A 的下降使 PN 结承受更大的正偏，引起更多的空穴载流子注入到硅片中，使 r_{b1} 进一步减小，形成更大的发射极电流 I_e，这是一个强烈的增强式正反馈过程。当 I_e 增大到一定程度，硅片中载流子的浓度趋于饱和，r_{b1} 已减小至最小值，A 点的分压 U_A 最小，因而 U_e 也最小，得曲线上的 V 点。V 点称为谷点，谷点所对应的电压和电流称为谷点电压 U_V 和谷点电流 I_V。这一区

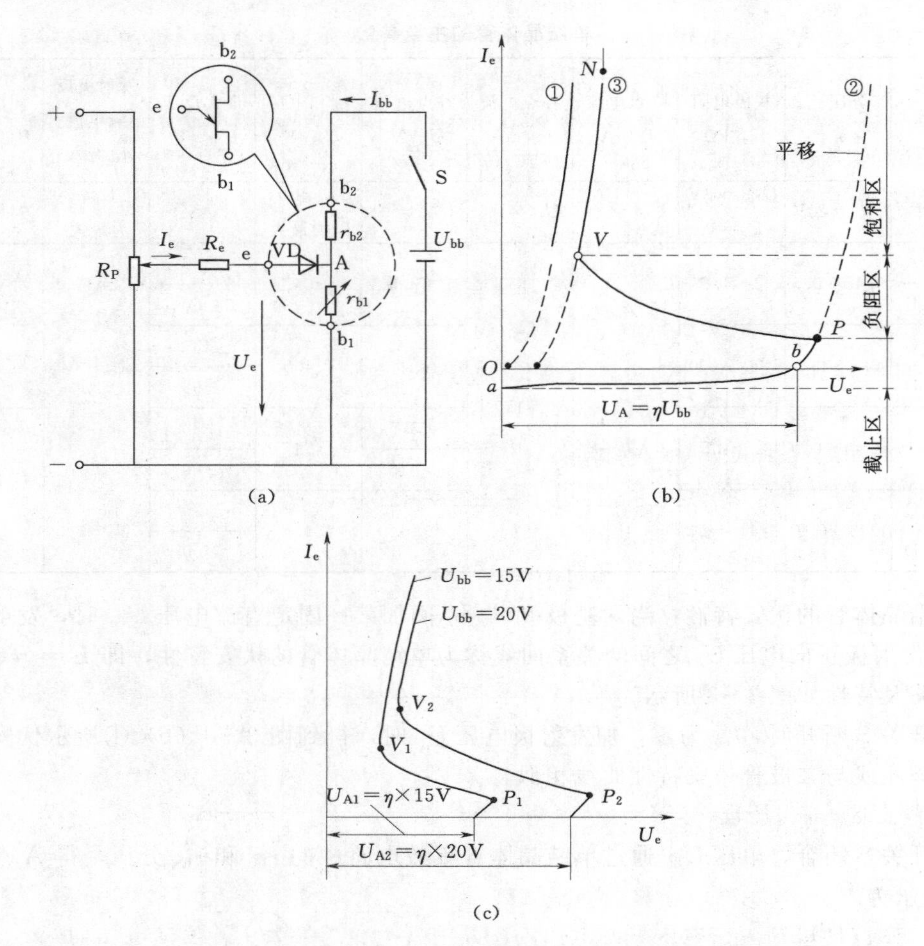

图 3-3 单结晶体管伏安特性

(a) 单结晶体管实验电路；(b) 单结晶体管伏安特性；(c) 特性曲线簇

间称为特性曲线的负阻区。

3. 饱和区——VN 段

当硅片中载流子饱和后，欲使 I_e 继续增大，必须增大电压 U_e，单结晶体管处于饱和导通状态。改变电压 U_{bb}，器件等效电路中的 U_A 和特性曲线中 U_P 也随之改变，从而可获取一簇单结晶体管伏安特性曲线，如图 3-3（c）所示。

3.2.2 单结晶体管自激振荡电路

利用单结晶体管的负阻特性和 RC 电路的充放电特性，可以组成单结晶体管自激振荡电路，如图 3-4 所示。

设电源未接通时，电容 C 上的电压为零。电源接通后，E 通过电阻 R_e 对电容 C 充电，充电时间常数为 R_eC；当电容电压达到单结晶体管的峰点电压 U_P 时，单结晶体管进入负阻区，并很快饱和导通，电容 C 通过 eb_1 结向电阻 R_1 放电，在 R_1 上产生脉冲电压 u_{R1}。在放电过程中，u_C 按指数曲线下降到谷点电压 U_V，单结晶体管由导通迅速转变为截止 R_1

上的脉冲电压 u_{R1} 终止。此后 C 又开始下一次充电，重复上述过程。由于放电时间常数 $(R_1+r_{b1})C$ 远远小于充电时间常数 R_eC，故在电容两端得到的是锯齿波电压，在电阻 R_1 上得到的是尖脉冲电压。

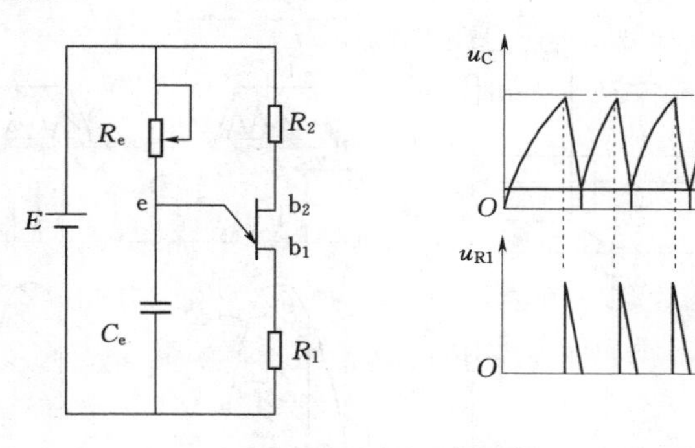

图 3-4 单结晶体管自激振荡电路

应注意的是，R_e 的值太大或太小时，电路均不能产生振荡。R_e 太大时，充电电流在 R_e 上的压降太大，电容 C 上的充电电压始终达不到峰点电压 U_P，单结晶体管不能进入负阻区，一直处于截止状态，电路无法振荡；当 R_e 太小时，单结晶体管导通后的 I_e 将一直大于 I_V，单结晶体管关断不了。因此满足电路振荡的 R_e 的取值范围为

$$\frac{E-U_P}{I_P} \geqslant R_e \geqslant \frac{E-I_V}{I_V} \tag{3-2}$$

为了防止 R_e 取值过小电路不能振荡，一般取一固定电阻 r 与另一可调电阻 R_e 串联，以调整到满足振荡条件的合适频率。若忽略电容 C 放电时间，电路的自激振荡频率近似为

$$f=\frac{1}{T}=\frac{1}{R_eC\ln\dfrac{1}{1-\eta}} \tag{3-3}$$

电路中 R_1 上的脉冲电压宽度取决于电容放电时间常数。R_2 是温度补偿电阻，作用是保持振荡频率的稳定。例如，当温度升高时，由于管子 PN 结具有负的温度系数，U_D 减小，而 r_{bb} 具有正的温度系数，r_{bb} 增大，R_2 上的压降略减小，则使加在管子 b_1、b_2 上的电压略升高，使得 U_A 略增大，从而使峰点电压 $U_P=U_A+U_D$ 基本不变。

3.2.3 具有同步环节的单结晶体管触发电路

如采用上述单结晶体管自激振荡电路输出的脉冲电压去触发可控整流电路中的晶闸管，得到的电压 U_D 的波形将是不规则的，无法进行正常的控制，这是因为触发电路缺少与主路晶闸管保持电压同步的环节。

图 3-5 是加了同步环节的单结晶体管触发电路，主电路为单相半波整流电路。要求图中 VT 在每个周期内以同样的触发延迟角 α 被触发导通，即触发脉冲必须在电源电压每次过零后滞后 α 角出现。为了使触发脉冲与电源电压的相位配合需要同步，采用一个同步变压器，它的一次侧接主电路电源，二次侧经二极管半波整流、稳压削波后得梯形波，作为触发电路电源，也作为同步信号。当主电路电压过零时，触发电路的同步电压也过零，单结晶体管的 U_{bb} 电压也降为零，使电容 C 放电到零，保证了下一个周期电容 C 从零开始

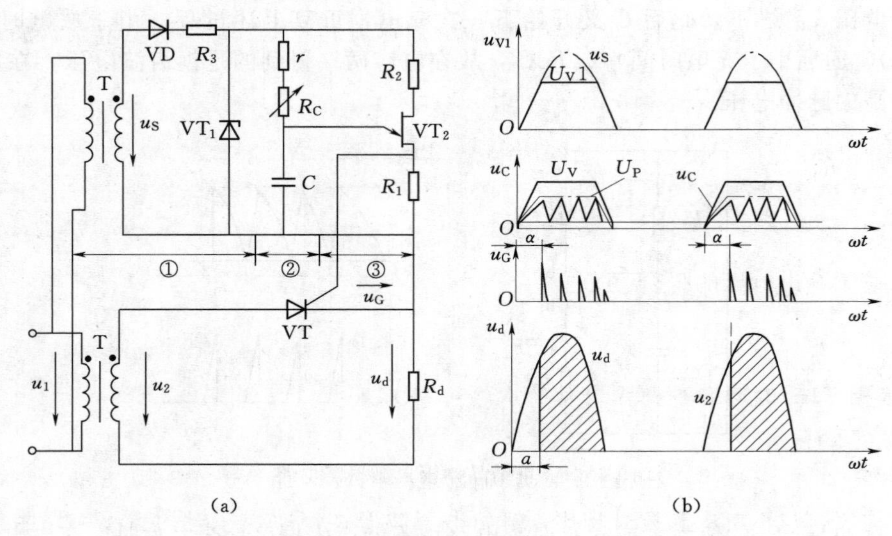

图 3-5 晶体管同步触发电路

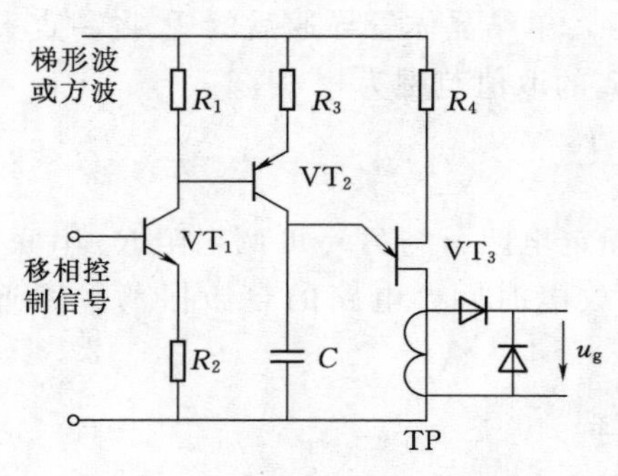

图 3-6 单结晶体管触发电路的其他基本形式

充电，起到了同步作用。从图 3-5（b）中可以看出，每周期中电容 C 的充放电不止一次，晶闸管由第一个脉冲触发导通，后面的脉冲不起作用。改变 R_e 的大小，可改变电容充电速度，也就改变了第一个脉冲出现的角度，达到调节 α 角的目的。

在实际应用中，常用晶体管 VT 代替可调电阻器 R_e，以便实现自动移相，同时脉冲的输出一般通过脉冲变压器 TP，以实现触发电路与主电路的电气隔离，如图 3-6 所示。

单结晶体管触发电路虽较简单，但由于它的参数差异较大，用于多相电路的触发时不易一致。此外，其输出功率较小，脉冲较窄，虽加有温度补偿，但对于大范围的温度变化时仍会出现误差，控制线性度不好。因此，单结晶体管触发电路只用于控制精度要求不高的单相晶闸管变流系统。

3.3 同步电压为锯齿波的晶闸管触发电路

晶闸管的电流容量越大，要求的触发功率就越大。对于大中电流容量的晶闸管，为了保证其触发脉冲具有足够的功率，往往采用由晶体管组成的触发电路。晶体管触发电路按同步电压的形式不同，分为正弦波和锯齿波两种。同步电压为锯齿波的触发电路，不受电网波动和波形畸变的影响，移相范围宽，应用广泛。本节讨论这一触发电路的组成及其工作原理。图 3-7 所示为锯齿波同步触发电路。

该电路由以下 5 个基本环节组成：①同步环节；②锯齿波形成及脉冲移相环节；③脉

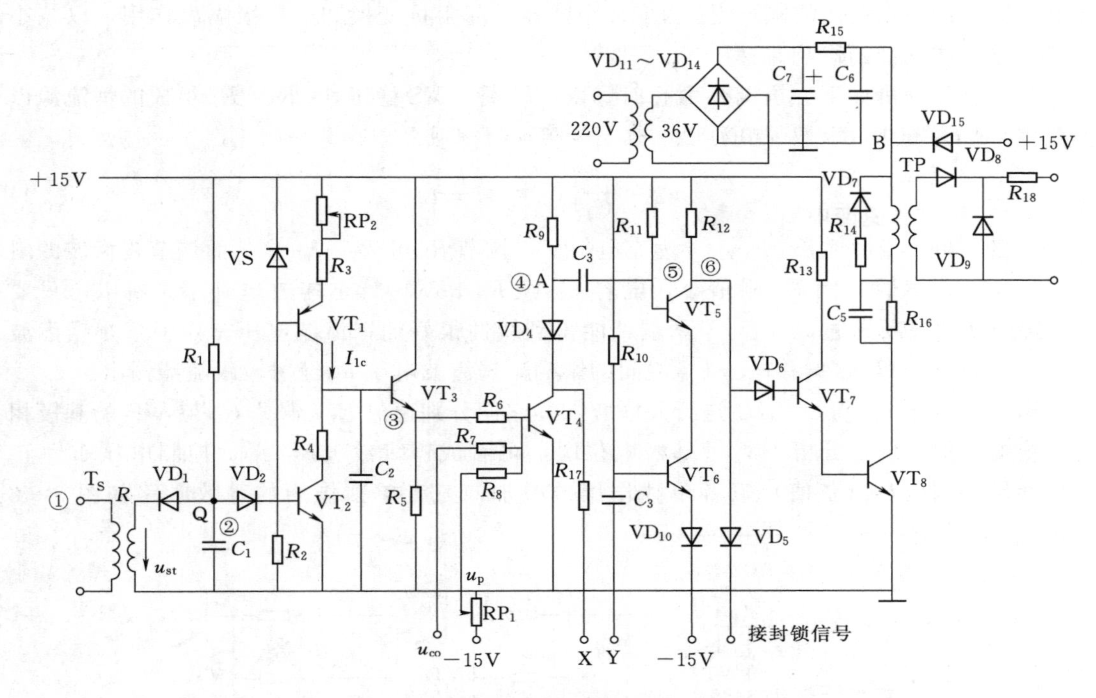

图 3-7　同步电压为锯齿波的触发电路

冲形成、放大和输出环节；④双脉冲形成环节；⑤强触发环节。

3.3.1　同步环节

如图 3-7 所示，同步环节由同步变压器 T_SR、晶体管 VT_2、二极管 VD_1 ～ VD_2 、R_1 及 C_1 等组成。在锯齿波触发电路中，同步就是要求锯齿波的频率与主回路电源的频率相同。锯齿波是由起开关作用的 VT_2 控制的，VT_2 由导通变截止期间产生锯齿波，VT_2 截止持续时间就是锯齿波的宽度，VT_2 开关作用的晶闸管的频率就是锯齿波的频率。要使触发脉冲与主回路电源同步，必须使 VT_2 开关的频率与主回路电源频率达到同步。同步变压器和整流变压器接在同一电源侧上，用同步变压器二次侧电压来控制 VT_2 的通断，这就保证了触发脉冲与主回路电源的同步。

同步变压器二次电压间接加在 VT_2 的基极上，当二次电压为负半周的下降段时，VD_1 导通，电容 C_1 被迅速充电，因下端为参考点，所以②点为负电位，VT_2 截止。在二次电压负半周的上升段，由于电容 C_1 已充至负半周的最大值，所以 VD_1 截止，+15V 通过 R_1 给电容 C_1 反向充电，当②点电位上升至于 1.4V 时，VT_2 导通，②点电位被钳位在 1.4V 。可见，VT_2 截止的时间长短，与 C_1 反充电的时间常数 R_1C_1 有关。直到同步变压器二次电压的下一个负半周到来时，VD_1 重新导通，C_1 迅速放电后又被充电，VT_2 又变为截止，如此周而复始。在一个正弦波周期内，VT_2 具有截止与导通两个状态，对应锯齿波恰好是一个周期，与主回路电源频率完全一致，达到同步的目的。

3.3.2　锯齿波形成及脉冲移相环节

电路中由晶体管 VT_1 组成恒流源向电容 C_2 充电，晶体管 VT_2 作为同步开关控制恒流

源 C_2 的充放电过程。晶体管 VT_3 为射极跟随器，起阻抗变换和前后级隔离作用，以减小后级对锯齿波线性的影响。

工作过程分析如下：当 VT_2 截止时，由 VT_1 管、VS 稳压管、R_3 、R_4 组成的恒流源以恒流 I_{e1} 对 C_2 充电，C_2 两端电压为

$$u_2 = \frac{1}{C_2}\int I_{e1}\,dt = \frac{I_{e1}}{C_2}t \tag{3-4}$$

u_2 随时间 t 线性增长。I_{e1}/C_2 为充电斜率，调节 R_3 可改变 I_{e1} ，从而调节锯齿波的斜率。当 VT_2 导通时，因 R_5 阻值小，电容 C_2 经 R_5 、VT_2 管迅速放电到零。所以，只要 VT_2 管周期性关断导通，电容 C_2 两端就能得到线性很好的锯齿波电压。为了减小锯齿波电压与控制电压 U_c 、偏移电压 U_b 之间的影响，锯齿波电压 u_2 经射极跟随器输出。

锯齿波电压 u_{e3} 与 U_c 、U_b 进行并联叠加，它们分别通过 R_7 、R_8 、R_9 与 VT_4 的基极相接。根据叠加原理，分析 VT_4 管基极电位时，可看成锯齿波电压 u_{e3} ，控制电压 U_c（正值）和偏移电压 U_b（负值）三者单独作用的叠加，三者单独作用的等效电路如图 3-8 所示。

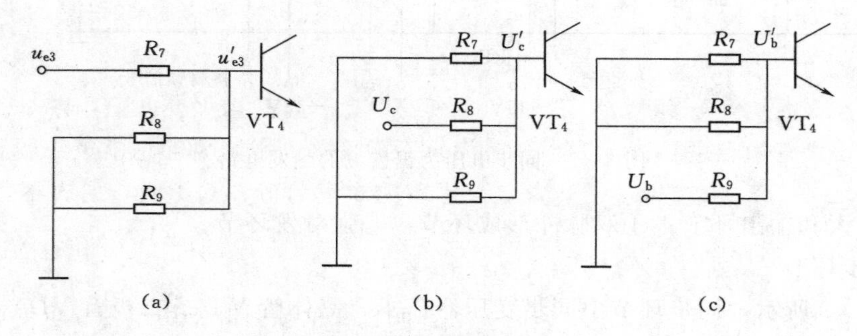

图 3-8　单独作用的等效电路

当 VT_4 管基极 b_4 断开时，只考虑锯齿波电压 u_{e3} 作用时等效电路如图 3-8（a）所示，b_4 点的电压为

$$u_{e3}' = \frac{R_8//R_9}{R_7+(R_8//R_9)}u_{e3} \tag{3-5}$$

可见，u_{e3}' 仍为锯齿波，但斜率比 u_{e3} 低。

只考虑控制电压 U_c 单独作用时的等效电路如图 3-8（b）所示，其数值为

$$U_c' = \frac{R_7//R_9}{R_8+(R_7//R_9)}U_c \tag{3-6}$$

可见，U_c' 仍为与 $-U_c$ 平行的一直线，但数值比 U_c 小。

只考虑偏移电压 U_b 单独作用时的等效电路如图 3-8（b）所示，其数值为

$$U_b' = \frac{R_7//R_8}{R_9+(R_7//R_8)}U_b \tag{3-7}$$

可见，U_b' 仍为与 U_b 平行的一直线，但数值比 U_b 小。

所以 VT_4 管的基极电压可表示为

$$u_{b4} = u_{es}'+(U_c'-U_b') \tag{3-8}$$

式中，$(U_c' - U_b')$ 为负值，u_{es}' 是随时间变化的正向锯齿波电压。当三者合成电压 u_{b4} 为负时，VT_4 管截止；合成电压 u_{b4} 由负过零变正时，VT_4 由截止转为饱和导通，u_{b4} 被钳位到 0.7V。

锯齿波触发电路各点电压波形如图 3-9 所示。电路工作时，往往将负偏移电压 U_b 调整到某值固定，改变控制电压 U_c，就可以改变 u_{b4} 的波形与时间横坐标的交点，也就改变了 VT_4 转为导通的时刻，即改变了触发脉冲产生的时刻，达到移相的目的。设置负偏移电压 U_b 的目的是为了使 U_c 为正，实现从小到大单极性调节。通常设置 $U_c=0$ 时为 α 角的最大值，作为触发脉冲的初始位置，随着 U_c 的调大 α 角减小。

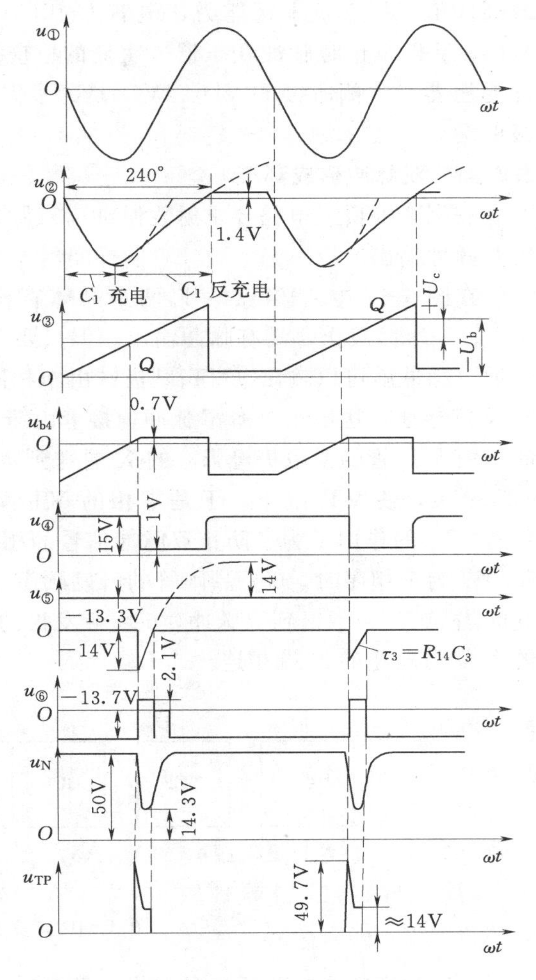

图 3-9　锯齿波触发电路各点电压波形

3.3.3　脉冲形成、放大和输出环节

如图 3-7 所示，脉冲形成环节由晶体管 VT_4、VT_5、VT_6 组成；放大和输出环节由 VT_7、VT_8 组成；同步移相电压加在晶体管 VT_4 的基极，触发脉冲由脉冲变压器二次侧输出。

当 VT_4 的基极电位 $u_{b4}<0.7V$ 时，VT_4 截止时，VT_5、VT_6 分别经 R_{14}、R_{13} 提供足够的基极电流使之饱和导通，因此⑥点电位为 −13.7V（二极管正向压降按 0.7V、三极管饱和压降按 0.3V 计算），VT_7、VT_8 处于截止状态，脉冲变压器无电流流过，二次侧无触发脉冲输出。此时电容 C_3 充电，充电回路：由电源 +15V 端经 $R_{11} \to C_3 \to VT_5$ 发射结 $\to VT_6 \to VD_4 \to$ 电源 −15V 端，C_3 二充电电压为 28.3V，极性为左正右负。

当 $u_{b4} \approx 0.7V$ 时，VT_4 导通，④点电位由 +15V 迅速降低至 1V 左右，由于电容 C_3 两端电压不能突变，使 VT_5 的基极电位⑤点跟着突降到 −27.3V，导致 VT_5 截止，它的集电极电压升至 2.1V，于是 VT_7、VT_8 导通，脉冲变压器输出脉冲。与此同时，电容 C_3 由 15V 经 R_{14}、VD_3、VT_4 放电后又反向充电，使⑤点电位逐渐升高，当⑤点电位升到 −13.3V 时，VT_5 发射结正偏又转为导通，使⑥点电位从 2.1V 又降为 −13.7V，于是迫使 VT_7、VT_8 截止，输出脉冲结束。由上分析可知，输出脉冲产生的时刻是 VT_4 开始导通的瞬时，也是 VT_5 转为截止的瞬时。VT_5 截止的持续时间即为输出脉冲的宽度，所以脉冲宽度由 C_3 反向充电的时间常数（$\tau \approx C_3R_{14}$）来决定，输出窄脉冲时，脉宽通常为 1ms（即 18°）。R_{16}、R_{17} 分别为 VT_7、VT_8 的限流电阻，VD_5 是为了提高 VT_7、VT_8 的导通阈值，增强抗干扰能力，电容 C_5 用于改善输出脉冲的前沿陡度，VT_6 是为了防止 VT_7、VT_8 截止时脉冲变压器一次侧的感应电动势与电源电压叠加造成 VT_8 的击穿，脉冲变压器二次侧所接的 VD_7、VD_8 是为了保证输出脉冲只能正向加在晶闸管的门极和阴极两端。

3.3.4 双脉冲形成环节

三相全控桥式电路要求触发脉冲为双脉冲，相邻两个脉冲间隔为 60°，该电路可以实现双脉冲输出。

在图 3-7 中，VT_5、VT_6 两个晶体管构成“或门”电路，当 VT_5、VT_6 都导通时，VT_7、VT_8 都截止，没有脉冲输出。但只要 VT_5、VT_6 中有一个截止，就会使 VT_7、VT_8 导通，脉冲就可以输出。VT_5 基极端由本相同步移相环节送来的负脉冲信号使其截止，导致 VT_8 导通，送出第一个窄脉冲，接着由滞后 60°的后相触发电路在产生其本相脉冲的同时，由 VT_4 管的集电极经 R_{12} 的 X 端送到本相的 Y 端，经电容 C_4 微分产生负脉冲送到 VT_6 基极，使 VT_6 截止，于是本相的 VT_6 又导通一次，输出滞后 60°的第二个窄脉冲。VD_2、R_{12} 的作用是为了防止双脉冲信号的相互干扰。对于三相全控桥电路，电源三相 U、V、W 为正相序时，6 只晶闸管的触发顺序为 $VT_1 \rightarrow VT_2 \rightarrow VT_3 \rightarrow VT_4 \rightarrow VT_5 \rightarrow VT_6$ 彼此间隔 60°，为了得到双脉冲，6 块触发板的 X、Y 可按图 3-10 所示方式连接，即后相的 X 端与前相的 Y 端相连。

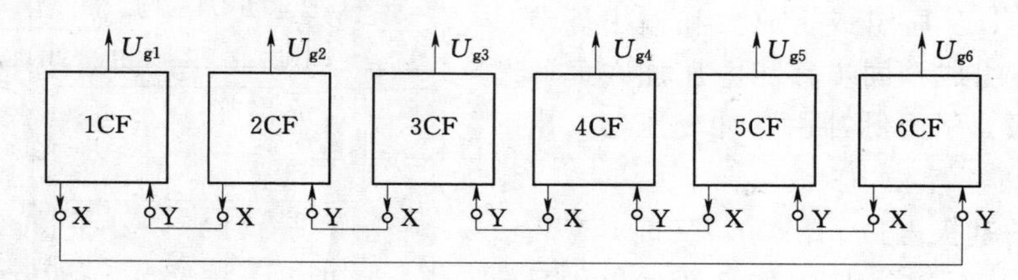

图 3-10 双脉冲连续示意图

应当注意的是，使用这种触发电路的晶闸管装置，三相电源的相序是确定的。在安装使用时，应该先测定电源的相序，进行正确的连接。如果电源的相序接反了，装置将不能正常工作。

3.3.5 强触发及脉冲触发环节

在晶闸管串、并联使用或全控桥式电路中，为了保证被触发的晶闸管同时导通。可采用输出幅值高、前沿陡的强脉冲触发电路。

图 3-7 的右上角那部分电路即为强触发环节。变压器二次侧 30V 电压经桥式整流、电容电阻 π 形滤波，得近似 50V 的直流电压。当 VT_8 导通时，C_6 经过脉冲变压器、R_{17}（C_5）、VT_8 迅速放电。由于放电回路电阻较小，电容 C_6 两端电压衰减很快，N 点电位迅速下降。当 N 点电位稍低于 15V 时，二极管 VD_{10} 由截止变为导通。这时虽然 50V 电源电压较高，但它向 VT_8 提供较大电流时，在 R_{15} 上的电阻压降较大，使 R_{15} 的左端不可能超过 15V，因此 N 点电位被钳制在 15V。当 VT_8 由导通变为截止时，50V 电源又通过 R_{15} 向 C_6 充电，使 N 点电位再次升到点 50V，为下一次强触发做了准备。

电路中的脉冲封锁信号为零电位或负电位，是通过 VT_9 加到 VT_5 集电极的。当封锁

信号接入时，晶体管 VT_7、VT_8就不能导通，触发脉冲无法输出。进行脉冲封锁，一般用于事故情况或者是无环流的可逆系统。二极管 VD_5的作用是防止封锁信号接地时，经 VT_5、VT_6和 VD_4到－15V 之间产生大电流通路。

由上述分析可见，同步电压为锯齿波的触发电路抗干扰能力强，不受电网电压波动与波形畸变的直接影响，移相范围宽。缺点是整流装置的输出电压 U_d 与控制电压 U_c 之间不成线性关系，且电路较复杂。

3.4 集成触发电路及数字触发电路

集成触发电路具有体积小、功耗小、温漂小、性能稳定、工作可靠等多种优点，近年来发展迅速，应用越来越多。本节简要介绍 KC 系列中的 KC04、KC41C 组成的三相集成触发电路。微机控制的数字触发电路具有调节灵活、使用方便及易于实现自动化的特点，在工业控制设备中广泛应用，本节也作一些介绍。晶闸管触发电路的集成化逐渐普及，已逐步取代分立式电路。

3.4.1 KC04、KC41C 组成的三相集成触发电路

如图 3－11 所示，由 3 块 KJ004 与一块 KJ041 外加少量分立元器件，可以组成三相全控桥集成触发电路，它比分立元器件电路要简单得多。

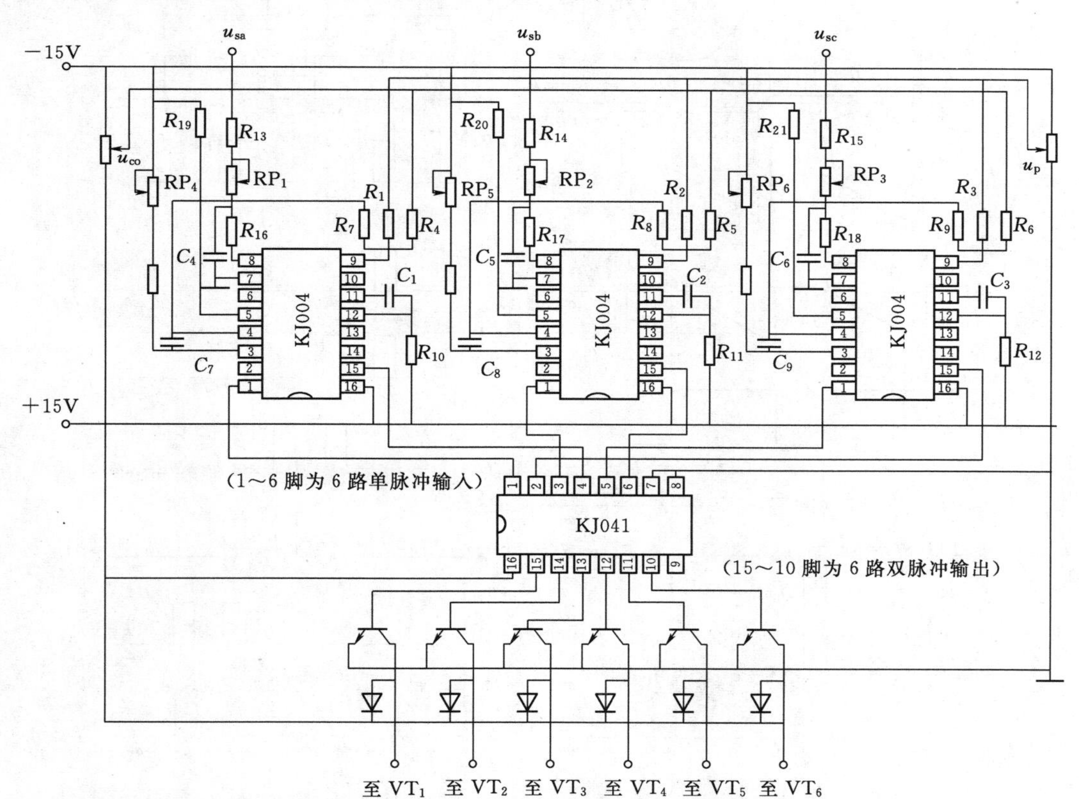

图 3－11 三相全控桥双窄脉冲集成触发电路

1. KJ004 移相触发器

KJ004 与分立元器件的锯齿波触发电路相似，也是由同步、锯齿波形成、移相控制、脉冲形成及放大输入等环节组成。该器件适用于单相、三相全控桥式装置中作晶闸管双路脉冲移相触发。它输出的两路相位差 180°的移相脉冲可方便地构成全控桥式触发电路。这种电路带负载能力强，移相范围宽。

该电路在一个交流电周期内，在 1 脚和 15 脚输出相位差 180°的两个窄脉冲，可以作为三相全控桥主电路同一相所接的上下晶闸管的触发脉冲，16 脚接＋15V 电源，8 脚接同步电压，但由同步变压器送出的电压须经微调电位器 1.5kΩ、电阻 5.1kΩ 和电容 1μF 组成的滤波移相，以达到消除同步电压高频谐波的侵入、提高抗干扰能力的目的。所配阻容参数，使同步电压约后移 30°，可以通过微调电位器调整，使得输出脉冲间隔均匀。4 脚形成的锯齿波，通过调节 6.8kΩ 电位器使 3 片集成块产生的锯齿波斜率一致。9 脚为锯齿波、直流偏移电压 $-U_b$ 波和控制移相电压 U_c 综合比较输入。13 脚为负脉冲调制和脉冲封锁的控制。KJ041 各点电压波形如图 3-12 所示。

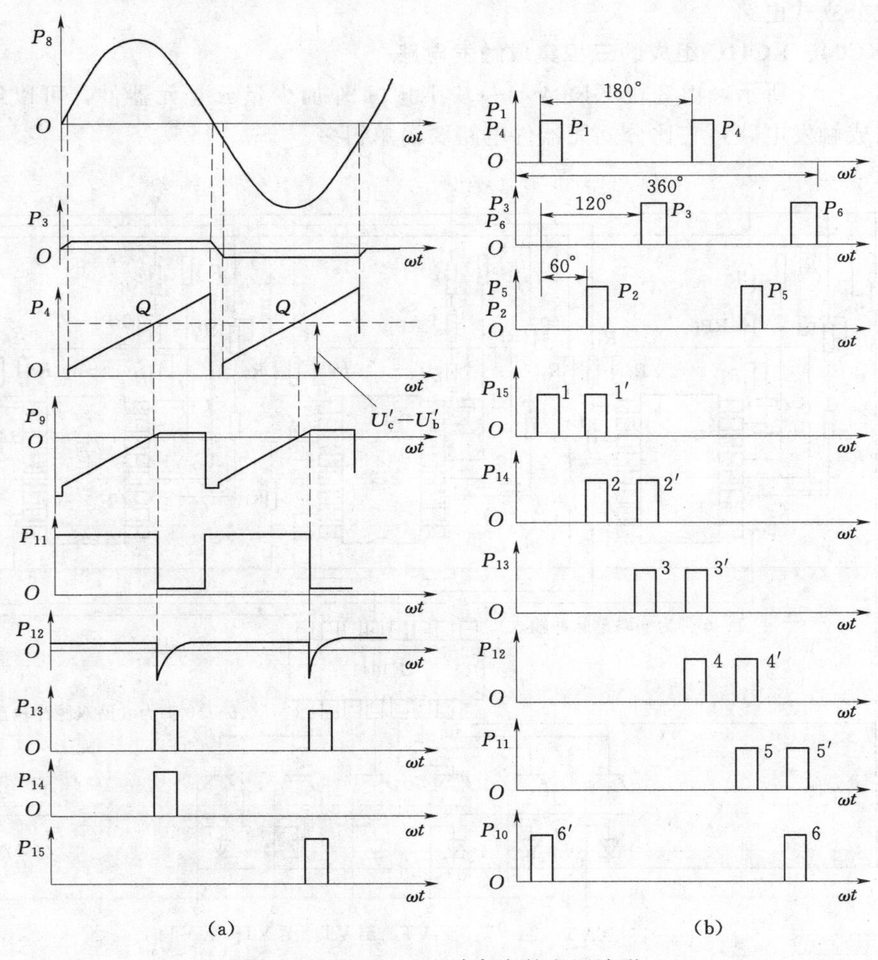

图 3-12　KJ041 电路各点的电压波形

2. KJ041 六路双脉冲形成器

图 3-13 所示为 KJ041 内部电路及外部接线。使用时 3 块 KJ041 可组成三相全控桥双脉冲触发电路，如图 3-11 所示。把 3 块 KJ041 触发器的 6 个输出端分别接到 KJ041 的 1～6 端，KJ041 内部二极管具有的“或”功能形成双窄脉冲，再由集成电路内部 6 只三极管放大，从 10～15 端外接的 VT_1～VT_6（3DK6）晶体管作功率放大可得到 800mA 触发脉冲电流，可触发大功率的晶闸管。KJ041 不仅具有双脉冲形成功能，还可作为电子开关提供封锁控制的功能，集成块内部 VT_7 管为电子开关，当引脚 7 端接地时，VT_7 管截止，各路可输出触发脉冲。反之，7 端置高电位，VT_7 管导通，各路无输出脉冲。图 3-11 所示的三相全控桥双窄脉冲集成触发电路中，KJ041 各管脚的脉冲波形如图 3-13（b）所示。

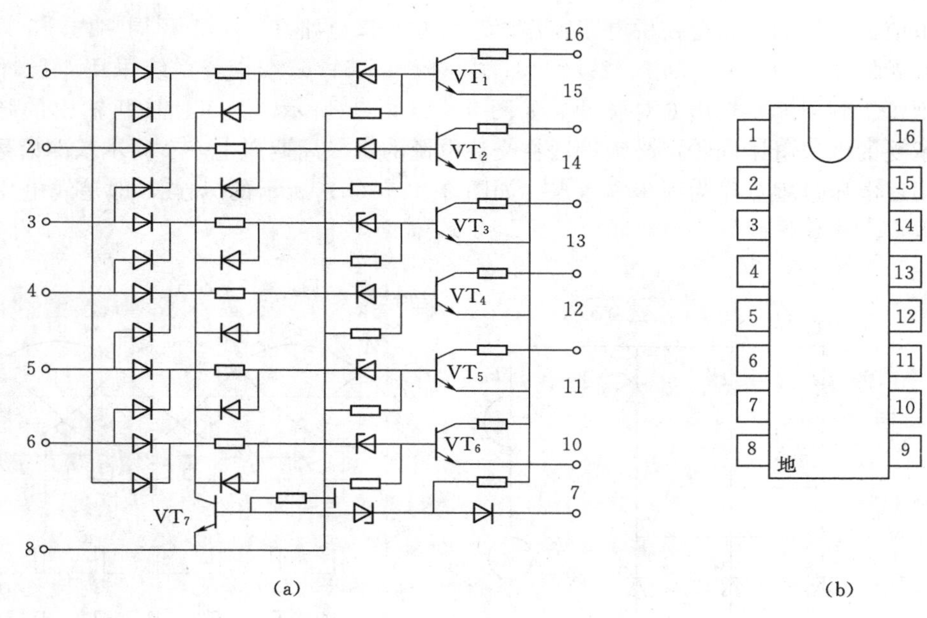

图 3-13 KC 六路双窄脉冲形成器

(a) 内部原理；(b) 外形及引脚

3.4.2 数字触发电路

数字触发电路的形式很多，而微机组成的数字触发电路最为简单、控制灵活、准确可靠。图 3-14 所示为微机控制数字触发系统组成框图。图中触发延迟角 α 设定值以数

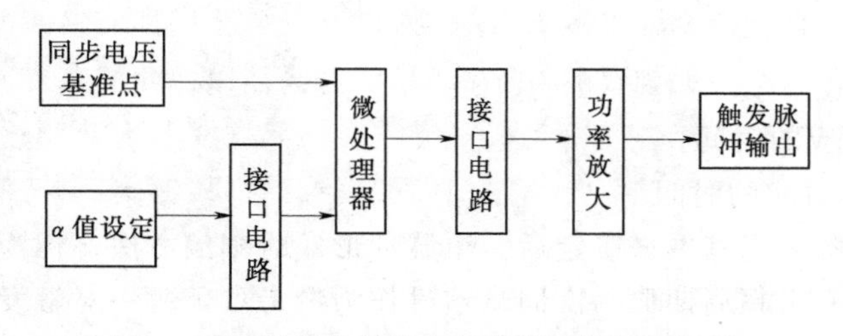

图 3-14 微机控制数字触发器系统组成框图

字形式通过接口送给微机，微机以基准点作为计时起点开始计数，当计数值与触发延迟角对应的数值一致时，微机就发出触发信号，该信号经输出脉冲放大，由隔离电路送至晶闸管。

下面以8031单片机组成的三相全控桥电路的触发系统为例作一分析。

1. 系统工作原理

MCS-51系列8031单片机内部有两个16位可编程定时器、讲数器 T_0、T_1，若将其设置为定时器方式1，即16位，对机器周期进行计数。首先将初值装入TL（低8位）及TH（高8位），启动定时器即开始从初值加1计数，当计数值溢出时，向CPU发出中断申请，CPU响应后执行相应的中断程序。在中断程序中让单片机发出触发信号，因此改变计数器的初值，就可改变定时长短。

由前面讲过的三相全控桥电路工作原理可知，该电路在一个工频周期内，6只晶闸管的组合触发顺序为：6、1；1、2；2、3；3、4；4、5；5、6。若系统采用双脉冲触发方式，则每工频周期要发出6对脉冲，如图3-15（b）所示。为了使微机输出的脉冲与晶闸管承受的电源电压同步，必须设法在交流电源的每一周期产生一个同步基准信号，本系统采用线电压过零点作为同步参考点，如图3-15（b）所示的A点，即是线电压u_{UV}的过零点。

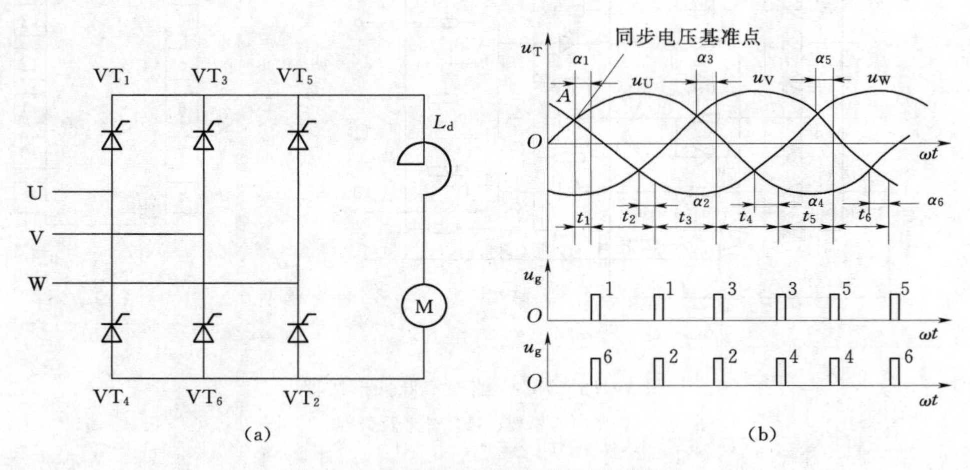

图3-15　三相全控桥电路及脉冲触发

电路工作时，设α为触发延迟角，即第一对脉冲距离同步参考点的电角度，后面每隔60°发一次脉冲，共发6对。各脉冲位置与时间关系如图3-15（b）所示，设

$$t_1 = t_{\alpha 1}$$

$$t_n = t_{\alpha 1} + (n-1)t_{60} \quad n = 1,2,3,4,5,6,\cdots$$

式中　t_1——$t_{\alpha 1}$对应的时间；

t_{60}——60°所对应的时间。

这种用前一个脉冲为基准来确定后一个脉冲形成时刻的方法，称为相对触发方式。

本系统采用每一工频周期取一次同步信号作为参考点，每一对触发脉冲调整一次触发延迟角的方法，按输出脉冲工作顺序编写的程序流程如图3-16所示。系统共用3个中断

源，INT_0 为外部同步信号中断，定时器 T_0、T_1 为计时中断。其中 T_0 仅完成对第一对脉冲的计时，其他各对脉冲计时由 T_1 完成。

2. 微机触发系统的硬件设置

系统硬件配置框图如图 3-17 所示。8031 CPU 芯片共有 4 个并行的 I/O 口，用 P_0 口作为数据总线和外部存储器的低 8 位地址总线，数据和地址为分时控制，由 ALE 进行地址锁存。P_2 口作为外部存储器的高 8 位地址总线口。P_1 口为输入口，用于读取控制 α 的设定值。P_3 为双功能口，用 $P_{3.2}$ 引脚第二功能作为外部中断 INT_0 输入端。由于 8031 内部没有程序存储器，因此外接一片 EPROM 2716。74LS373 为地址锁存器，输出脉冲通过并行接口芯片 8155 输出，再经功率放大后与晶闸管门极相连。

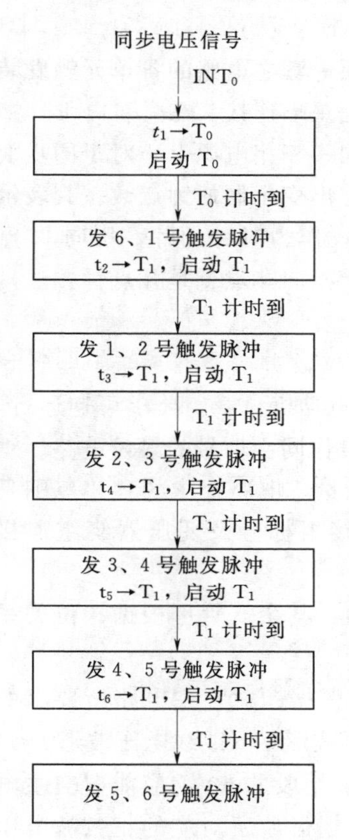

图 3-16 输出脉冲程序流程

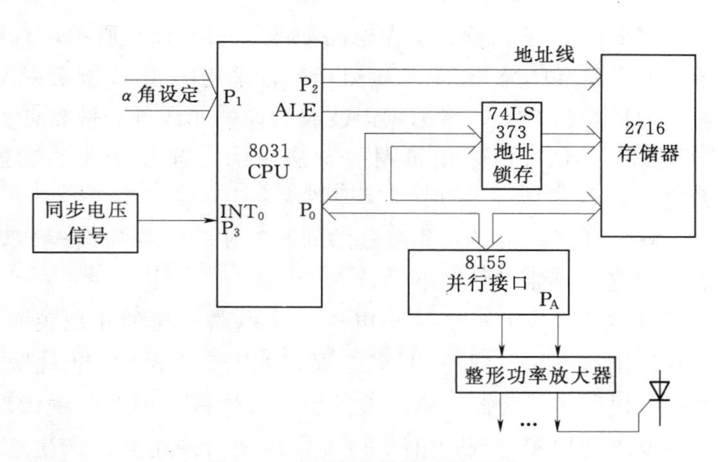

图 3-17 系统硬件配置框图

3.5 触发电路与主电路电压的同步

1. 同步的意义

同步是指把一个与主电路晶闸管所受电源电压保持合适相位关系的电压提供给触发电路，使得触发脉冲的相位出现在被触发晶闸管承受正向电压的区间，确保主电路各晶闸管在每一个周期中按相同的顺序和触发延迟角被触发导通。将提供给触发电路合适相位的电压称为同步信号电压，正确选择同步信号电压与晶闸管主电压的相位关系称为同步或定相。同步或定相问题是三相变流电路的重要组成部分。

在安装、调试晶闸管装置时，应特别注意同步问题。有时分别检查晶闸管主电路和触发电路都正常，但连接起来工作不正常，输出电压的波形不规则。这种故障往往是由不同步造成的。

2. 实现同步的方法

触发电路要与主电路电压取得同步，首先二者应由同一电网供电，保证电源频率一致；其次要根据主电路的形式选择合适的触发电路；最后依据整流变压器的连接组标号、主电路线路形式、负载性质确定触发电路的同步电压，并通过同步变压器的正确连接加以实现。

由于同步变压器二次电压要分别接到各单元触发电路，而一套主电路的各单元触发装置一般有公共“接地”端点，所以，同步变压器的二次只能是星形连接。

由于整流变压器、同步变压器二者的一次绕组总是接在同一三相电源上，对于同步变压器连接组标号的确定，可采用简化的电压矢量图解方法确定出变压器的钟点数（其表示法是以三相变压器一次侧任一线电压为参考矢量，箭头向上，作为时钟长针，指向12点位置，然后画出对应二次侧线电压矢量，作为短针方向，短针指向几点就是几点钟接法）。其基本方法可通过以下举例来说明。

3. 定相举例

例3-1 三相桥式全控电路如图3-18（a）所示，直流电动机负载，要求可逆运行，整流变压器TR为D，y_1连接组标号，采用图3-9所示锯齿波作同步信号的触发电路。锯齿波的齿宽为240°，考虑锯齿波起始段的非线性，故留60°余量。电路要求的移相范围是30°～150°。试按简化相量图的方法来确定同步变压器的连接组标号及变压器绕组连接方法。

解 选择以某一只晶闸管的同步定相为例（如以VT_1管），其余5管可根据相位关系依次确定。具体步骤如下：

（1）确定VT_1管的同步电压与主电路电压的相位关系。根据题意，主电路所要求的移相范围是在$\alpha=30°\sim150°$之间，如图3-18（b）中相电压波形u_U（或线电压波形u_{UV}）的粗线段所示。为此，锯齿波的斜边线性段（即扣除锯齿波起始段的60°）应能覆盖主电路所要求的移相范围。由图3-9所示波形图可知，产生这一锯齿波所对应的正弦波电压u_{SU}就是触发电路的同步电压，它取自同步变压器某一相的二次电压，并选定为VT_1的同步电压。为此，VT_1管的同步电压u_{UV}与主电路电压u_U的相位关系随之确定，从图3-18（b）中也明显地看出u_{UV}较u_U滞后180°；VT_3管的同步电压u_{SV}较u_{SU}滞后120°；VT_4管的同步电压$-u_{SU}$较u_{SU}滞后180°，其余各管的同步电压可对应相位而类推之。

（2）确定同步变压器的联结组标号。根据整流变压器，TR已知的D，y_1连接组标号及由上一步确定的相位关系，画出u_{U1V1}与u_U相位关系矢量图、同步电压u_{SU}与主电路电压u_U的两组矢量关系图，确定同步电压二次侧线电压$\dot{U}_{SUV}$与主电路线电压$\dot{U}_{U1V1}$之间的相位关系。如图3-18（c）所示，TS应为D，y_7和y_1接线组别，前者与共阴极晶闸管相对应，后者与共阳极晶闸管相对应。

（3）确定同步电压与各触发电路的连线。根据同步变压器的连接组标号，正确连接同步变压器绕组，然后将同步变压器的二次电压u_{SU}、u_{SV}、u_{SW}及$-u_{SU}$、$-u_{SV}$、$-u_{SW}$分别接到晶闸管VT_1、VT_3、VT_5的触发电路的同步电压输入端；$u_{S(-U)}$、$u_{S(-V)}$、$u_{S(-W)}$分别接到VT_4、VT_5、VT_6管的触发电路的同步电压输入端，便完成了同步定相的有关步骤，

接线如图 3-18（a）所示。

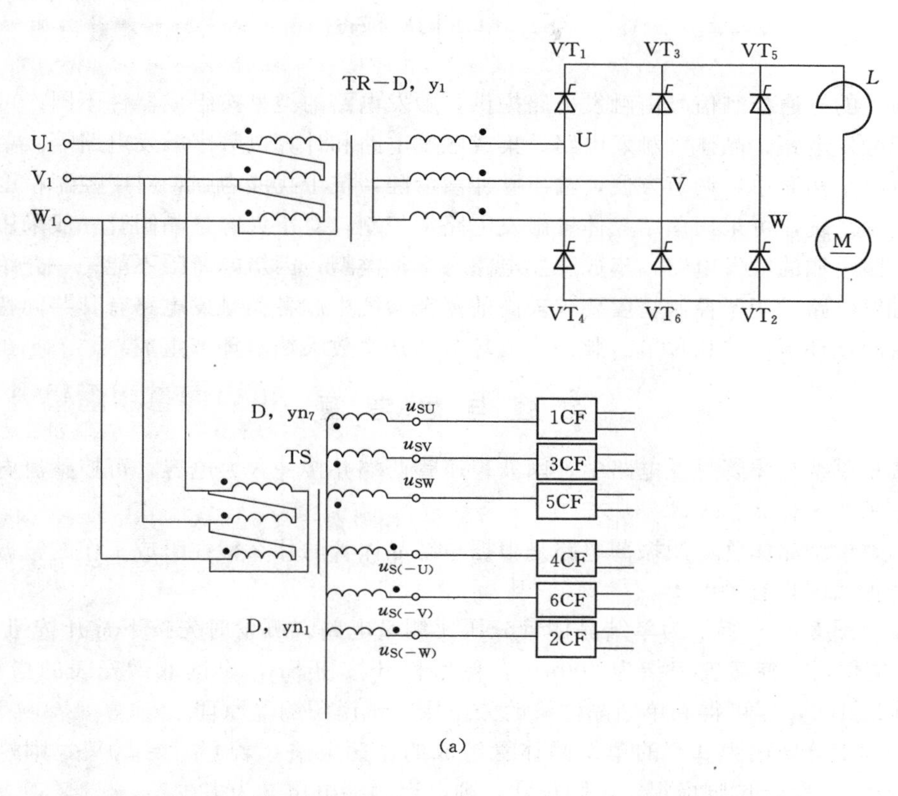

(a)

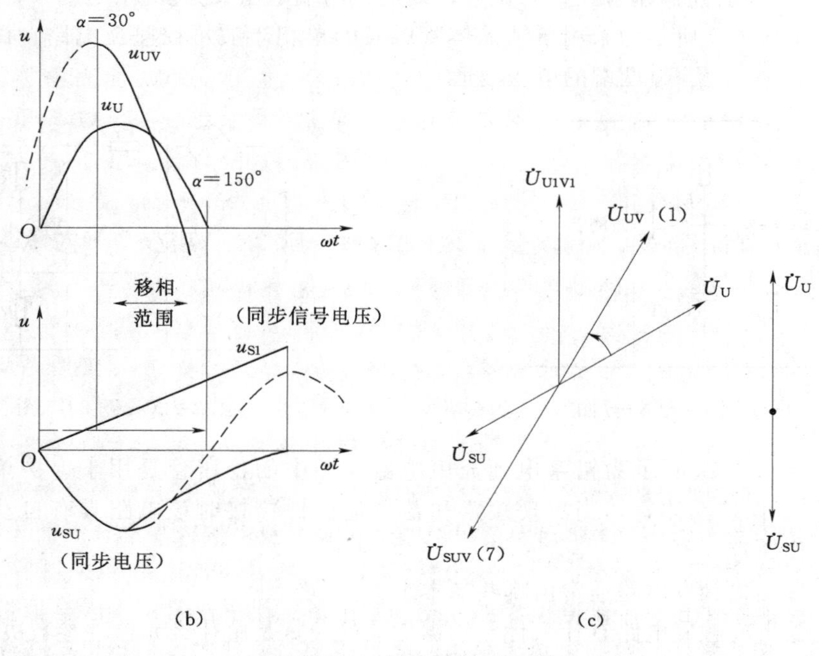

(b)　　(c)

图 3-18　同步定相例图

本　章　小　结

晶闸管的导通控制信号由触发电路提供，触发电路的类型按组成器件不同，可分为单结晶体管触发电路、晶体管触发电路、集成触发电路和计算机数字触发电路等。单结晶体管触发电路结构简单，调节方便，输出脉冲前沿陡，抗干扰能力强，对于控制精度要求不高的小功率系统，可采用单结晶体管触发电路来控制；对于大容量晶闸管一般采用晶体管或集成电路组成的触发电路，集成触发电路有多种类型，因篇幅所限不能一一介绍。计算机数字触发电路常用于控制精度要求较高的复杂系统中。各类触发电路有其共同特点，它们一般由同步环节、移相环节、脉冲形成环节和功率放大输出环节组成。

习 题 与 思 考 题

3-1　单结晶体管触发电路中，削波稳压管两端并接一只大电容，可控整流电路还能正常工作吗？为什么？

3-2　单结晶体管自激振荡电路是根据单结晶体管的什么特性组成工作的？振荡频率的高低与什么因素有关？

3-3　图3-19所示为单结晶体管分压比测量电路。测量时先按下常开按钮SB，调节50kΩ电位器，使微安表指为100μA，然后松开按钮SB，再读取微安表的指针数值，该数值除以100，即可得到单结晶体管的分压比。试说明测量原理。

3-4　用分压比为0.6的单结晶体管组成的振荡电路，若$U_{bb}=20V$，则峰值电压U_p为多少？若管子b_2脚虚焊，b_1脚正常，则电容两端电压又为多少？

3-5　图3-20所示为采用单结晶体管触发的单相半波可控整流电路，试画出：$\alpha=90°$时，图中①～③及R_d两端的电压波形。

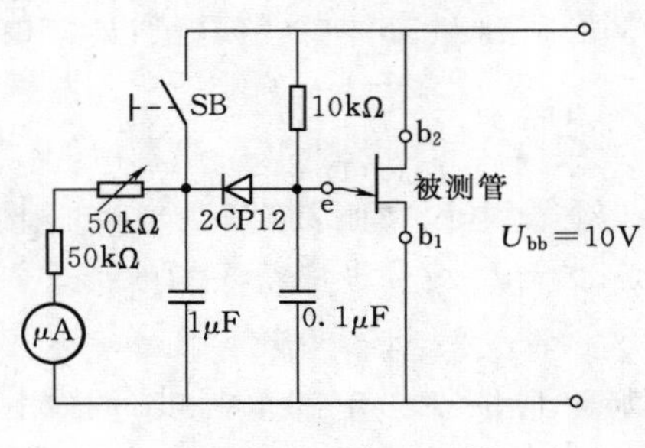

图3-19　题3-3图

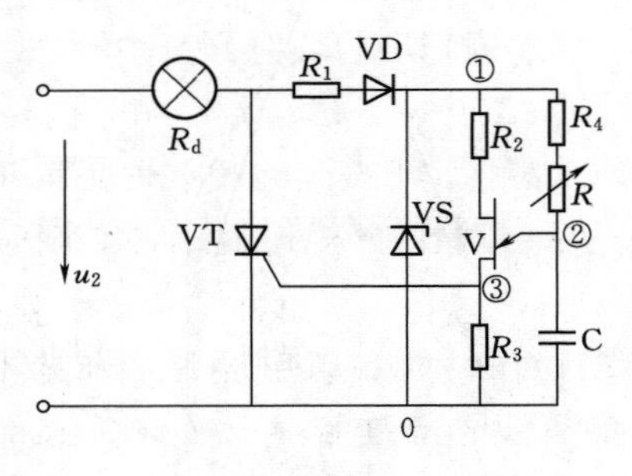

图3-20　题3-5图

3-6　图3-21所示为铅蓄电池充电电路，图中的稳压管是用于保护单结晶体管；R_1、C_1是用于保护晶体管，当出现短路和蓄电池极性错接时该电路具有自动保护功能，试分析其工作原理。

3-7　移相式触发电路通常由哪些基本组成环节？

3-8　锯齿波触发电路有什么优点？锯齿波的底宽是由什么元器件参数决定的？输出脉宽是如何调整的？双窄脉冲与单宽脉冲相比有什么优点？

3-9 什么叫同步？说明实现触发电路与主电路同步的步骤。

3-10 三相半波可控整流电路，电阻性负载，要求移相范围 0°～150°，主变压器为 D，y_{11} 连接组标号，采用 NPN 管组成的锯齿波触发电路，考虑锯齿波起始段的非线性留出 60°的裕量不用，试用图解确定同步变压器的连接组标号，并完成电路连接。

3-11 对三相全控桥可控整流电路，电动机负载可逆工作，要求移相范围 30°～150°，主变压器为 D，y_{11} 连接组标号，采用 NPN 管组成的锯齿波触发电路，考虑锯齿波起始段的非线性留出 30°的裕量不用，试用图解法确定同步变压器的连接组标号，并完成电路连接。

3-12 图 3-22 所示为测定三相电源相序的电路。当被测试端点 1、2 和 3 所接的三相电源相序分别为 U、V 和 W 时，则发光二极管较暗，反之发光二极管较亮，为什么？试画出波形图并加以说明。

3-13 采用集成触发电路有什么优越性？

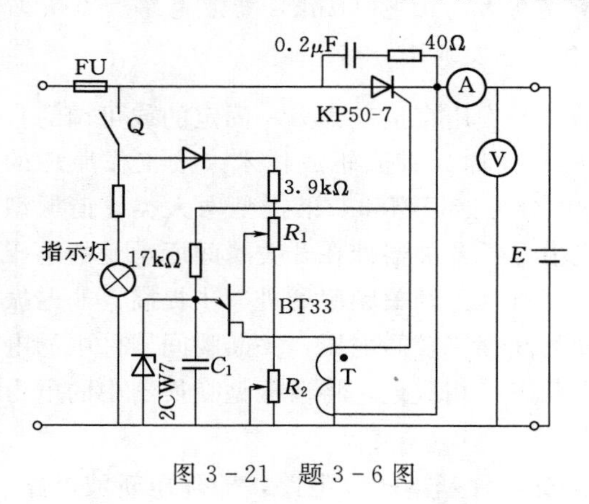

图 3-21 题 3-6 图

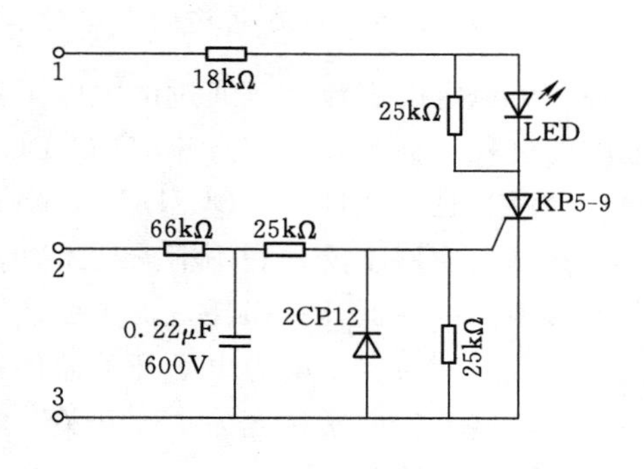

图 3-22 题 3-12 图

第4章 直流变换电路

本章要点

- 斩波电路的工作原理和控制方式
- 常用的基本斩波电路
- 复合斩波电路

本章难点

- 降压斩波电路、升压斩波电路、升降压斩波电路、丘克（Cuk）斩波电路、Zeta 斩波电路、Sepic 斩波电路的电路结构、工作原理及波形分析

将一个恒定的直流电压通过电力电子器件的开关作用直接变为另一固定的或可调的直流电压的过程，称为直流—直流（DC/DC）变换，也称为直流斩波技术。按工作原理的不同，直流—直流变换器（DC/DC Converter）可分为谐振型和非谐振型两大类。谐振型直流—直流变换器主要是利用谐振技术，控制电力电子开关器件在开关瞬间所承受的电压或电流为零，以降低开关损耗，提高变换效率，还有利于开关频率的进一步提高。非谐振型直流—直流变换器中电力电子开关器件在开通瞬间存在较高电压，关断瞬间器件中的电流不为零，这就是通常称之为“硬开关”的工作状态，相应地，将谐振型变换器中的电力电子开关称为“软开关”。

直流斩波电路（DC Chopper）的种类较多。有 6 种基本斩波电路，即降压斩波电路、升压斩波电路、升压降压斩波电路、Cuk 斩波电路、Sepic 斩波电路和 Zeta 斩波电路，其中前面两种是最基本的电路，应用最为广泛。随着电力电子器件和斩波技术的发展，使得电能的控制与变换更加灵活和易于实现，因而也大大推动了电力电子技术的发展。本章将通过对几种典型斩波电路的分析，介绍斩波电路的工作原理和控制方式。

4.1 斩波电路的工作原理和控制方式

4.1.1 直流斩波电路的工作原理

最基本的直流斩波电路原理及工作波形如图 4-1 所示。

图中的 U_S 为直流电源电压，S 为理想开关，R 为纯电阻性负载，控制开关 S 以某一频率通、断。当开关接通时，直流电压就加在负载电阻上，持续接通时间为 t_{on}；当开关切断时，负载上的电压为零，持续开断时间为 t_{off}，开关通断一个周期的时间为 $T = t_{on} + t_{off}$，则其输出电压 u_0 波形如图 4-1（b）所示，斩波电路输出直流平均电压为

$$U_0 = \frac{1}{T}\int_0^{t_{on}} U_S \mathrm{d}t = \frac{t_{on}}{T}U_S = \alpha U_S \tag{4-1}$$

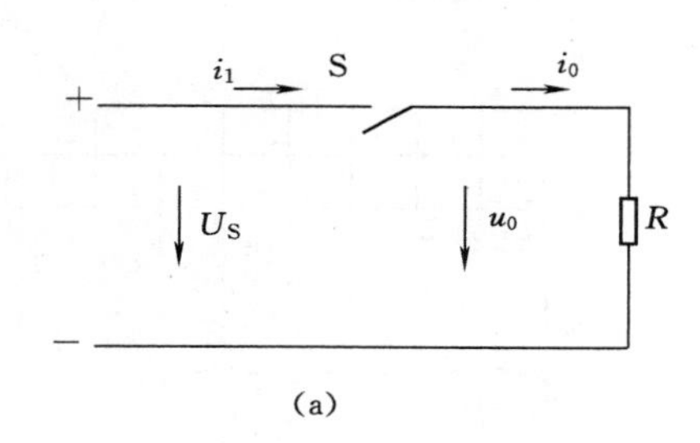

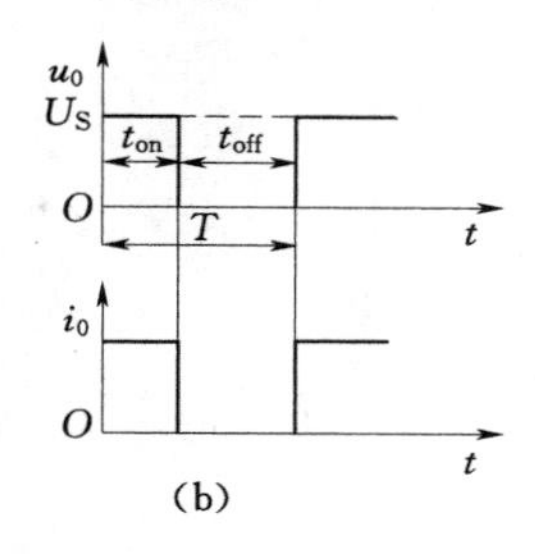

图 4-1 斩波电路原理及波形

式中，$\alpha=\frac{t_{on}}{T}$，称为导通占空比，简称为占空比或导通比。改变导通比 α，即可改变输出到负载 R 上的直流平均电压为 U_0。理论上 $0\leqslant\alpha\leqslant1$，所以由式（4-1）可知，$U_0$ 可实现从零到直流电源电压 U_S 之间的连续变化，但当 $\alpha=1$ 时，斩波电路已处于直通状态。

斩波电路输出功率为

$$P_0=\frac{1}{T}\int_0^T U_0 i_0 \mathrm{d}t=U_0 I_0 \tag{4-2}$$

式中 i_0、I_0——负载电流的瞬时值和平均值。

斩波电路输入功率为

$$P_S=\frac{1}{T}\int_0^T U_S i_1 \mathrm{d}t=U_S I_1 \tag{4-3}$$

式中 i_1、I_1——直流电流的瞬时值和平均值。

若在斩波电路工作的全过程忽略其他损耗，则有 $P_0=P_S$，即

$$U_0 I_0=U_S I_1 \tag{4-4}$$

$$\frac{U_S}{U_0}=\frac{I_0}{I_1} \tag{4-5}$$

式（4-4）清楚地表明了斩波电路的功率变换功能。由式（4-5）可知，输入直流电源电压 U_S 与输出电压 U_0 之比，与相应的电流成反比，这与普通变压器的初、次级电压、电流特性相似。

当负载 R 不变时，通过调节导通比 α 也可以改变负载 R 消耗功率的大小，这就是斩波电路的直流功率调节。提高斩波电路的开关频率，可以减小低频谐波的分量，这就使得要求良好滤波的负载可以降低滤波电容的容量。

当斩波器带阻感性负载时，应采用图 4-2 所示电路，图中 VD 为续流二极管。

当理想开关 S 接通时，U_S向负载提供能量并给 L 储能；当 S 开断时，由电感中的电能通过续流二极管 VD 继续向负载提供能量，负载中的电流 i_0 方向维持不变，其电流电压波形如图 4-2（b）所示。由式（4-1）可知，由于 $t_{on}<T$，因而 $U_0<U_S$，亦即负载上得到的直流平均电压小于直流电源电压。所以图 4-1（a）、图 4-2（a）所示电路均为降压斩波电路。

4.1.2 斩波电路的控制方式

斩波电路的控制方式通常有 3 种。

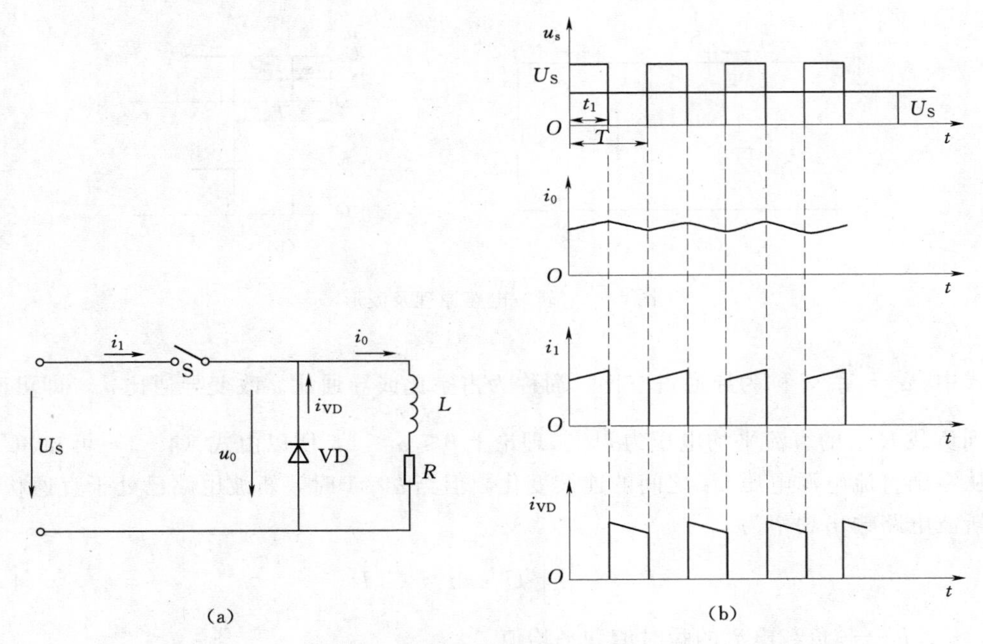

图 4－2 *RL* 负载斩波电路及波形

1. 时间比例控制方式

（1）定频调宽控制也称脉冲宽度调制（PWM）。此控制方式中，定频也就是指电力电子器件的通断频率（即开关周期 T）一定；调宽是指通过改变斩波电路的开关元件导通时间 t_{on} 来改变导通比 α，从而改变输出电压的平均值。波形如图 4－3（a）所示。

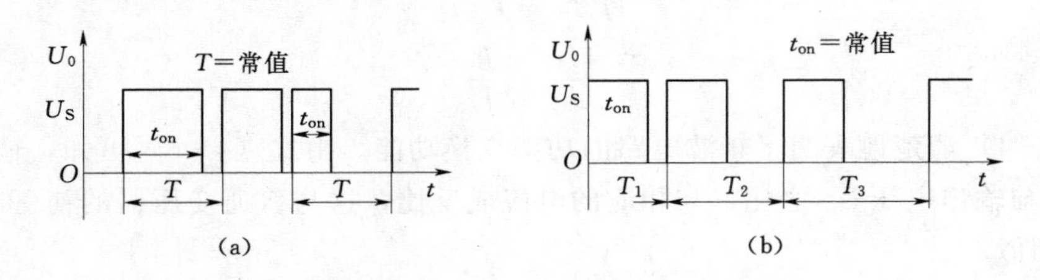

图 4－3 时间比控制方式波形

(a) 定频调宽控制（PWM）；(b) 定宽调频控制（PFM）

（2）定宽调频控制也称为脉冲频率控制（PFM）。此控制方式中定宽也就是指斩波电路的开关元件导通时间 t_{on} 固定不变，调频是指通过改变开关元件的通断周期 T 来改变导通比 α，从而改变输出电压的平均值，波形如图 4－3（b）所示。

（3）调宽调频混合控制。此种方式是 PWM 方式和 PFM 方式的综合，是指在控制过程中，既改变电力电子元件的开关周期 T，又改变开关元件的导通时间 t_{on} 的控制方式。

2. 瞬时值和平均值控制方式

（1）瞬时值控制。此种控制方式是将输出电流（或电压）反馈的瞬时值，与预先设定电流（或电压）的上限值 i_{max} 和下限值 i_{min} 相比较，如果电流（或电压）的瞬时值小于电

流（或电压）的下限值，就控制斩波电路的开关元件导通；如果电流（或电压）的瞬时值大于电流（或电压）的上限值就关断斩波电路的开关元件，波形如图 4-4 所示。

此种控制方式具有瞬时响应快的特点，适宜采用开关频率高的全控型器件来作为斩波电路的主功率开关元件，并且电流脉动 Δi_0 要求越小，斩波电路的开关元件的开关频率要求就越高。

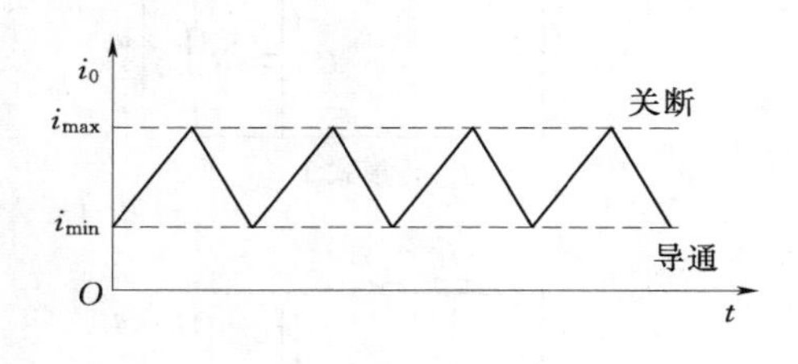

图 4-4　瞬时法控制方式波形

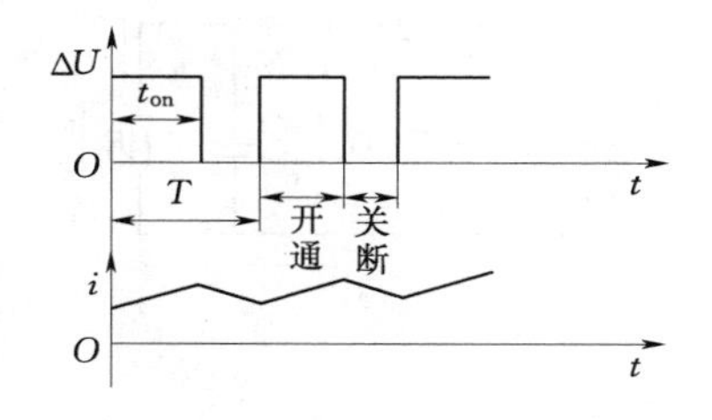

图 4-5　平均控制方式波形

(2) 平均值控制。此种控制方式是将负载电流（或电压）反馈的平均值与预先设定电流（或电压）值相比较，用其偏差值去控制斩波电路开关元件的开通和关断，波形如图 4-5 所示，此种控制方式工作频率比较稳定，但瞬时响应速度稍慢。

3. 时间比与瞬时值混合控制方式

此种控制方式是前面两种控制方式的结合，适用于要求电流（或电压）按时间比方式输出，同时又要求控制输出电流（或电压）瞬时值的场合，波形如图 4-6 所示。图中输出电流波形的前后沿不是理想波形，而是斩波电路输出电流上升和下降的实际响应波形。

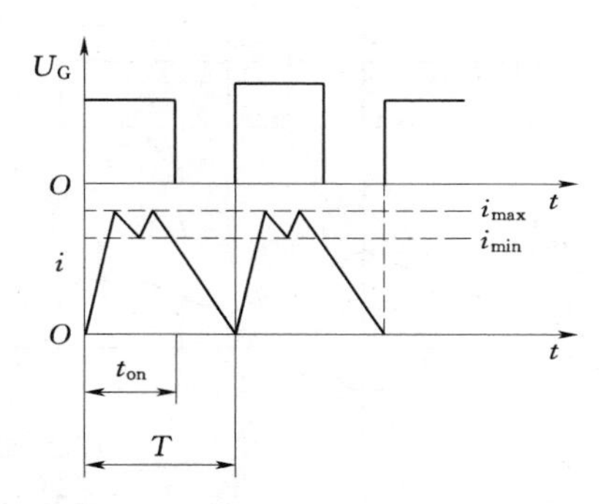

图 4-6　时间比与瞬时时值混合控制方式波形

这种控制方式中，导通比 $\alpha=\frac{t_{on}}{T}$ 保持恒定，但开通时间 t_{on} 和周期 T 的数值则可以根据控制调节过程的需要而改变。

4.2　基本斩波电路

本节介绍 6 种基本斩波电路，对其中最基本的降压斩波电路和升压斩波电路重点进行介绍。

4.2.1　降压斩波电路

降压斩波电路（Buck Chopper）及工作波形如图 4-7 所示。开关器件 VT 为 IGBT，也可以根据具体应用情况选用 MOSFET、GTR 等全控型器件。若采用晶闸管，则还需设置使晶闸管关断的辅助电路。图中 L 为能量传递电感，R 为等效负载，C 为滤波电容，VD 为续流二极管。当 VT 关断时，VD 为电感储能提供泄放回路，U_S 为输入直流电源电

压，U_0 为输出电压。电路的工作情况可分为 VT 导通、VD 截止和 VT 关断、VD 导通及 VT 和 VD 均关断 3 种工作状态，等效电路如图 4-7（b）所示，开关器件 VT 导通时为模式 1，VT 关断时为模式 2，VT 和 VD 均关断时为模式 3。

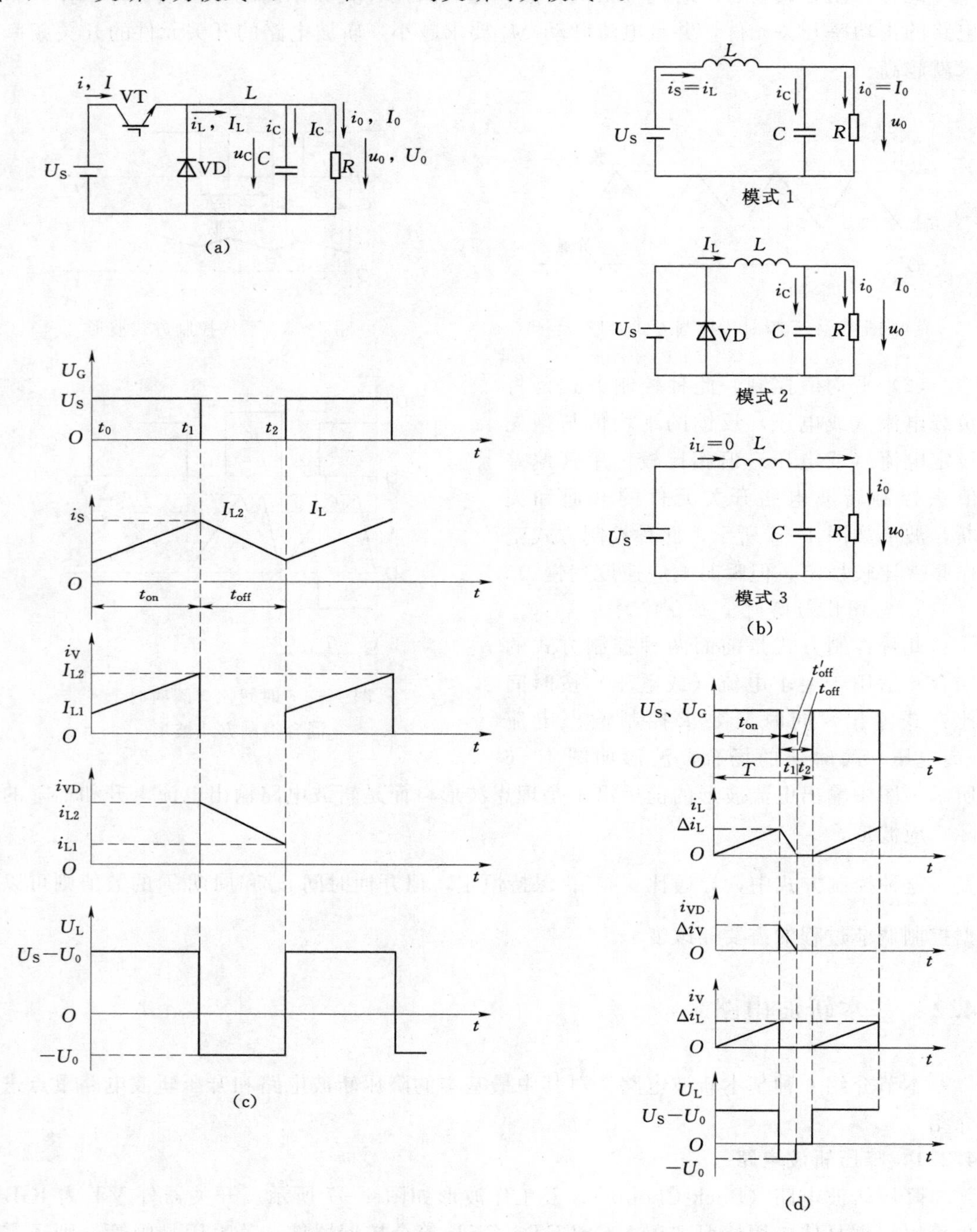

图 4-7 降压斩波电路及工作波形

（a）电路；（b）等效电路；（c）电流连续时主要波形；（d）电流断续时主要波形

先讨论电流连续时的工作情况，电流连续工作时降压斩波电路主要工作波形如图 4 - 7 (c) 所示。

设在 $t=t_0$ 时刻，驱动 VT 导通，在 t_{on} 时间内，电路工作于模式 1。VD 承受反压截止，直流电源 U_S 向负载供电，负载电压 $U_0=U_S$，负载电流 i_L 按指数规律上升，由 I_{L1} 上升到 I_{L2}，电感储能增加，直流电源中的电流 i_S 从 I_{S1} 上升到 I_{S2}，电容电流为电感电流与负载电流之差，即从 $I_{L1}-I_0$ 上升到 $I_{L2}-I_0$，此时电感上的电压 U_L 为

$$U_S-U_0=L\frac{di_L}{dt}=L\frac{L_{L2}-I_{L1}}{t_{on}}=L\frac{\Delta I}{t_{on}} \tag{4-6}$$

在 $t=t_1$ 时刻，驱动 VT 关断，在 t_{off} 时间内，电路工作于模式 2。VD 承受正向电压而导通，电感 L 释放储能，负载电流经 VD 续流，并呈指数规律下降，其电流 i_L 从 I_{L2} 下降到 I_L。直流电源电流 i_S 为零，电容 C 上的电流为电感电流与负载电流之差。如果 L 和 C 参数选择适当，负载 R 上的电流 i_0 基本维持不变，即 $i_0=I_0$。从 t_2 时刻开始再驱动 VT 周期性地导通、关断，重复上述过程。

工作于模式 2 时，电感电压 u_L 与负载电压 U_0 相等，则有

$$U_0=-L\frac{di_L}{dt}=L\frac{I_{L2}-I_{L1}}{T-t_{on}}=L\frac{\Delta I}{T-t_{on}} \tag{4-7}$$

如果能保证在斩波电路的开关过程中，电感上的动态电流 ΔI 相等，则由式 (4 - 6) 和式 (4 - 7)，可得

$$\frac{U_S-U_0}{L}t_{on}=\frac{U_0}{L}(T-t_{on})$$

即

$$U_0=\frac{t_{on}}{T}U_{on}=\alpha U_S \tag{4-8}$$

式 (4 - 8) 与式 (4 - 1) 相同，式中占空比 $\alpha<1$，表明图 4 - 7 所示电路具有降压斩波功能。

这种斩波电路在实际工作过程中，电容电流的平均值为零，电容上的电压 u_C 与负载电压 u_0 相等，当 C 值不大时 u_0 一定有脉动，其脉动的程度取决于电感 L 和电容 C 参数的选择。

假如负载中 L 值较小，则有可能出现负载电流断续的情况，此时电路有 3 种工作模式，在 0～ t_{on} 期间，工作于模式 1，VT 导通，VD 关断；$t_{on}\sim t'_{off}$期间工作于模式 2，VT 关断，VD 导通；在一个周期 T 的剩余时间 $T-t_{on}-t'_{off}$内工作于模式 3，VT 和 VD 均关断，在此期间 i_L 保持为零，负载由滤波电容 C 供电。(t'_{off}为续流二极管 VD 导通时间)，波形如图 4 - 7 (d) 所示。

由式 (4 - 6)、式 (4 - 7) 可得到

$$\frac{U_S-U_0}{L}\alpha T=\frac{U_0}{L}\alpha_1 T$$

由此得到电流断续时的变压比为

$$M=\frac{U_0}{U_S}=\frac{\alpha T}{\alpha T+\alpha_1 T}=\frac{\alpha}{\alpha+\alpha_1}>\alpha \tag{4-9}$$

因为 $\alpha+\alpha_1=\frac{t_{on}}{T}+\frac{t'_{off}}{T}=\frac{t_{on}+t'_{off}}{T}<1$，故 $M>\alpha$，即电流断续时 $t'_{off}<t_{off}$ 且变压比 M 大于导通占空比 α。

此时负载电流平均值为

$$I_0=\frac{U_0}{R} \tag{4-10}$$

4.2.2 升压斩波电路

升压斩波电路（Boost Chopper）输出直流电压平均值可以比电源输入的直流电压高，电路的原理及工作波形如图 4-8 所示。

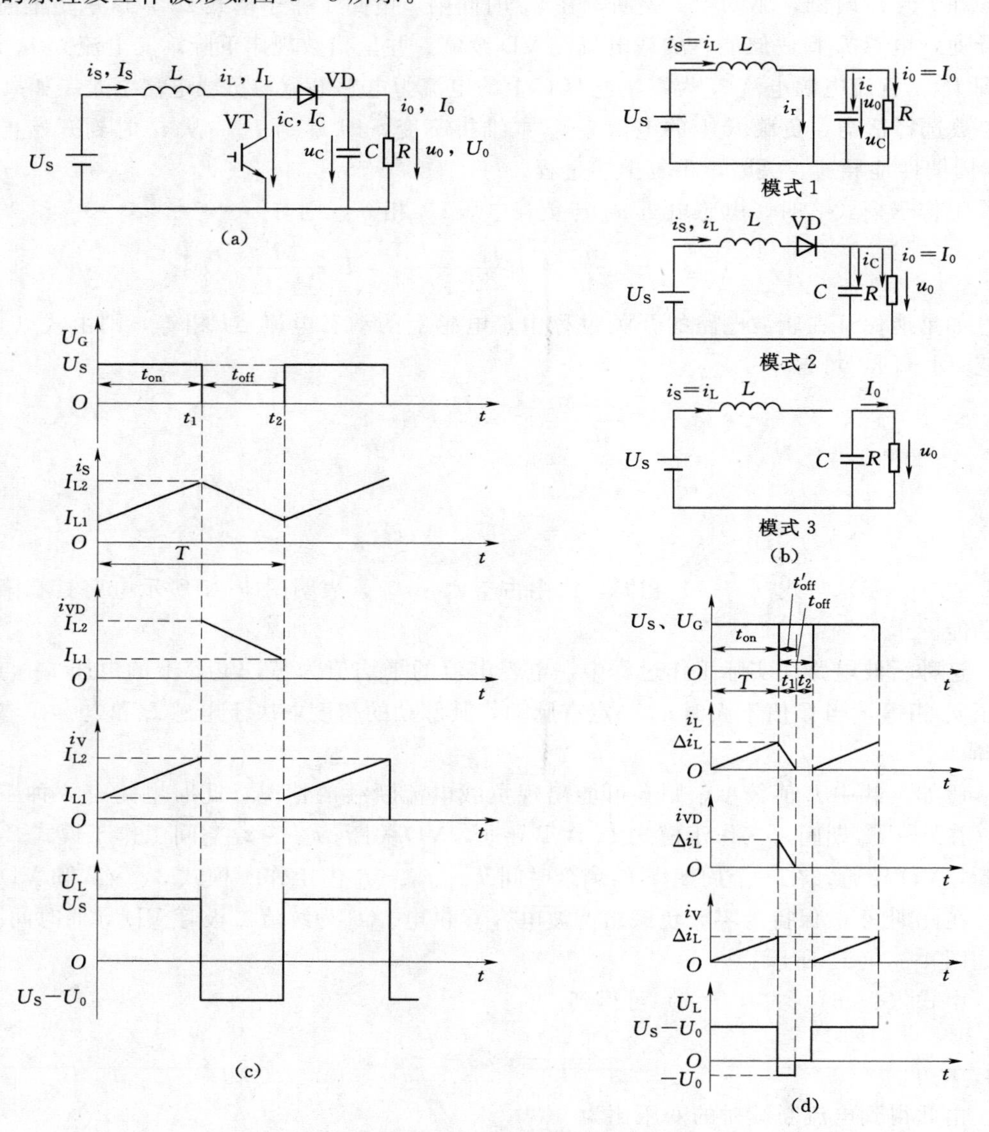

图 4-8 升压斩波电路及主要波形

(a) 电路；(b) 等效电路；(c) 电流连续时主要波形；(d) 电流断续时主要波形

升压斩波电路中开关器件可根据具体应用需要选择，采用IGBT时的升压斩波电路如图4-8（a）所示。L为电感，C为电容，二极管VD可防止电容C通过电源放电。电路的工作过程可分为3种工作模式，等效电路如图4-8（b）所示。当电流连续时工作于模式1和模式2；当电流断续时，工作于模式1、模式2、模式3。

先讨论电流连续时的工作情况。电流连续时升压斩波电路主要工作波形如图4-8（c）所示。

设在$t=t_0$时刻驱动VT导通，在t_{on}时间内，电路工作于模式1，开关器件VT导通时间为t_{on}，电路等效为两个回路，在直流源侧，电感L中的电流按指数规律上升，由I_{L1}上升到I_{L2}，此时开关器件VT的电压为0V，则电 感电压U_L为电源电压U_S，即

$$U_S = L\frac{di_L}{dt} = L\frac{I_{L2}-I_{L1}}{t_{on}} = L\frac{\Delta I}{t_{on}} \tag{4-11}$$

因此时二极管VD截止，其电流为0A，直流电源的能量将全部储存在电感L中，负载上的电流由电容C放电来维持恒定。如负载电流较大，则电容电压u_C也就是负载电压，u_0也会有所改变。

在t_1时刻驱动VT关断，电路工作方式为模式2。此时电源和电感的储能将同时释放，向电容和负载供电。

电感中的电流i_L将由I_{L2}下降到I_{L1}，其波形见图4-8（c）。由于电感感应电动势的作用，二极管VD导通并有电流流过，其电流即为电感电流i_L，但此时电容电流i_C将改变方向，由原放电状态变为充电，电感L上的电压u_L为

$$U_0 - U_S = -L\frac{di_L}{dt} = L\frac{I_{L2}-I_{L1}}{T-t_{on}} = L\frac{\Delta I}{T-t_{on}} \tag{4-12}$$

式（4-12）中T为开关周期。若不考虑电路中的损耗，电感中充放电能量守恒，则据式（4-11）和式（4-12）可得

$$\Delta I = \frac{U_S t_{on}}{L} = -\frac{(U_0-U_S)(T-t_{on})}{L}$$

整理后可得

$$U_0 = \frac{U_S T}{T-t_{on}} = \frac{U_S}{1-\alpha} \tag{4-13}$$

式中，占空比$\alpha<1$，可见电路输出平均电压U_0大于输入直流电源电压U_S，该斩波电路具有升压功能。

4.2.3 升降压斩波电路和Cuk斩波电路

1. 升降压斩波电路原理

在升降压斩波电路（Boost-Buck-Chopper）中，电感L和电容C数值上都很大，使电感电流i_L和电容u_C即负载电压u_0基本为恒值。

电路工作原理是：当驱动全控型开关VT处于导通状态而二极管VD截止时，电源电压U_S经开关VT向电感L供电并使其获得储能，此时电流为$i_1=i_L$，方向如图4-9所示。同时，滤波电容C维持输出电压基本不变并向负载供电。当驱动VT关断时，电感L中储存的能量转而向电容及负载释放，电流为i_2，方向如图4-9所示。负载电压极性为上负下正，与电源电压极性正好相反，与前面介绍的降压斩波电路和升压斩波电路的情况也

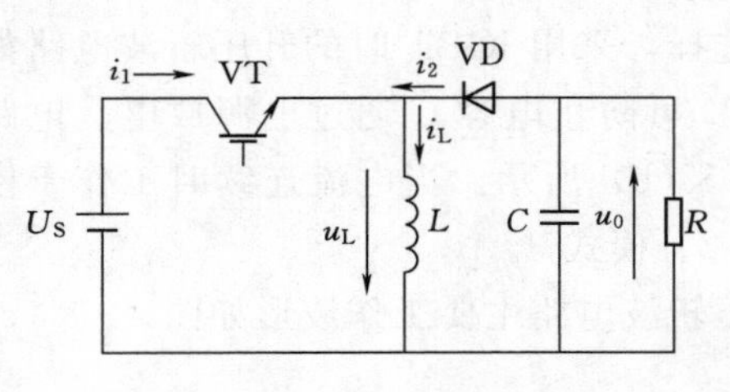

图 4-9 升降压斩波电路

正好相反，因此该电路也称为反极性斩波电路。顺便指出，VT 导通比 α 越大，L 储存和释放的能量也越多。特别地，当 $\alpha=0$ 时，稳态时输电压 $u_0=0$；$\alpha=1$ 时，通过 L 的电流趋向于无穷大（忽略 L 的直流电阻），此时电感 L 释放给负载的能量也将足够大，这从理论上说明，通过控制电路的导通比 α，即可控制输出电压在 0～∞之间变化。

和前面介绍的降压斩波电路和升压斩波电路相似，依据电感电流连续与否，升降压斩波电路也可以分为连续导电和不连续导电两种工作模式，详细情况读者可以自行分析。

升降压斩波电路在稳态时，一个周期 T 内电感 L 两端电压 u_L 对时间积分为零，即

$$\int_0^T u_L \mathrm{d}t = 0 \tag{4-14}$$

当 VT 处于开通状态时，$u_L=U_S$；而当 VT 处于关断状态时，$u_L=-u_0$。于是

$$U_S t_{on} = U_0 t_{off} \tag{4-15}$$

输出电压即为

$$U_0 = \frac{t_{on}}{t_{off}}U_S = \frac{t_{on}}{T-t_{on}}U_S = \frac{\alpha}{1-\alpha}U_S \tag{4-16}$$

若改变通导比 α，则电路输出电压既可以比电源电压高，也可以比电源电压低。当 $0<\alpha<\frac{1}{2}$ 时为降压，当 $\frac{1}{2}<\alpha<1$ 时为升压，因此将该电路称为升降压斩波电路。相关文献资料直接英译为 Boost -Buck 变换器（Boost -Buck Converter）。

设图 4-9 中电源电流 i_1 和负载电流 i_2 的平均值分别为 I_1 和 I_2，则当电流脉动足够小时，有

$$\frac{I_1}{I_2} = \frac{t_{on}}{t_{off}} \tag{4-17}$$

即

$$I_2 = \frac{t_{off}}{t_{on}}I_1 = \frac{1-\alpha}{\alpha}I_1 \tag{4-18}$$

若 VT 和 VD 为无损耗理想开关时，则

$$EI_1 = U_0 I_2 \tag{4-19}$$

其输出功率等于输入功率，可视其为直流变压器。

2. Cuk 斩波电路

前述降压、升压以及升降压斩波电路都比较简单，且多有特色。Cuk 斩波电路则综合了它们的优点，可同时实现：①输入电源电流和输出负载电流都是连续，且脉动很小，波形基本平直；②输出电压可在 0～∞的变化；③主开关器件 IGBT 发射极接地，驱动电路比较简单。

图 4-10 所示为采用 IGBT 作为主开关器件时的 Cuk 斩波器电路的原理及其等效电路。

电路工作原理是：当驱动信号使 VT 处于通态、二极管 VD 截止时，$U_S \rightarrow L_1 \rightarrow$ VT 回

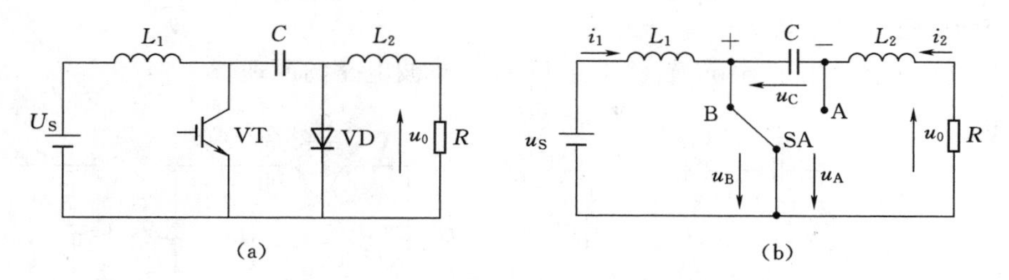

图 4-10 Cuk 斩波电路及其等效电路

路和 $R\to L_2\to C\to$VT 回路分别有电流 $i_1(i_{L1})$ 和 $i_2(i_{L2})$ 流过。当驱动 VT 处于关断状态，二极管 VD 导通时，$U_S\to L_1\to C\to$VD 回路和 $R\to L_2\to$VD 回路也分别有电流 $i_1(i_{L1})$ 和 $i_2(i_{L2})$ 流过。输出电压的极性与电源电压极性相反。该电路在上述两种工作状态下的等效电路如图 4-10（b）所示，当反复驱动开关器件 VT 处于通态和断态工作时，相当于开关 SA 在 A、B 两点之间交替切换。

在该电路中，稳态时的电容电流在一周期内的平均值为零，也就是其对时间的积分为零，即

$$\int_0^T i_C \mathrm{d}t = 0 \tag{4-20}$$

在图 4-10（b）所示的等效电路中，开关 SA 向左合向 B 点的时间即为开关器件 VT 处于通态的时间 t_{on}，则电容电流和时间的乘积为 $I_2 t_{on}$。开关 SA 向右合上 A 点的时间为开关器件 VT 处于断态的时间 t_{off}，则电容电流和时间的乘积为 $I_1 t_{off}$。由此可得到

$$I_2 t_{on} = I_1 t_{off}$$

从而可得

$$\frac{I_2}{I_1} = \frac{t_{off}}{t_{on}} = \frac{T - t_{on}}{t_{on}} = \frac{1-\alpha}{\alpha} \tag{4-21}$$

当 Cuk 斩波电路中的能量传输元件电容 C 值很大使电容电压 u_C 的脉动足够小时，输出电压 U_0 与输入电压 U_S 的关系可用以下方法求取。当开关 SA 向左合到 B 点时，B 点电压 $u_B=0$，A 点电压 $u_A=-u_C$；相反，当 SA 向右合到 A 点时，$u_B=u_C$，$u_A=0$。因此，B 点电压 u_B 的平均值 $U_B=\frac{t_{off}}{T}U_C$（U_C 为电容电压 u_C 的平均值），又因电感 L_1 的电压平均值为零，所以 $U_S=U_B=\frac{t_{off}}{T}U_C$。另外，A 点的电压平均值为 $U_A=-\frac{t_{on}}{T}U_C$，且电感 L_2 的电压平均值为零，按图 4-10（b）中输出电压 U_0 的极性，即有 $U_0=\frac{t_{on}}{T}U_C$。由此即可得到输出电压 U_0 与电源电压 U_S 的关系为

$$U_0 = \frac{t_{on}}{t_{off}}U_S = \frac{t_{on}}{T-t_{on}}U_S = \frac{\alpha}{1-\alpha}U_S \tag{4-22}$$

式（4-22）这一输入输出关系正好与升降压斩波电路时的情况完全相同。但 Cuk 斩波电路有一个明显的优点，就是其输入电流都是连续且脉动很小，这对于对输入输出滤波将是十分有利的。

4.2.4 Sepic斩波电路与Zeta斩波电路

图4-11分别给出了Sepic斩波电路和Zeta斩波电路的原理。

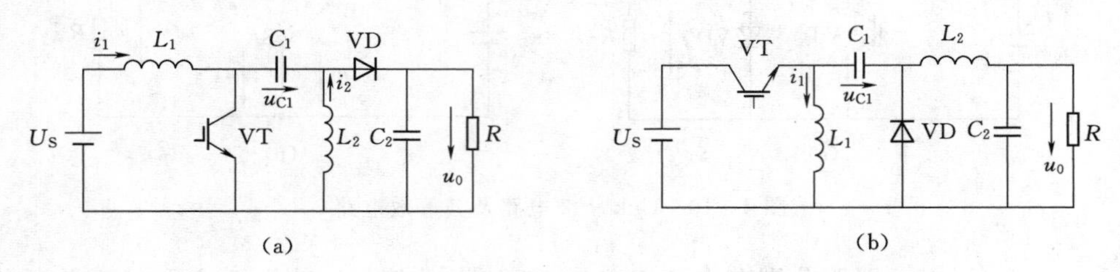

图4-11 Sepic斩波电路和Zeta斩波电路

Sepic斩波电路的基本工作原理是：当驱动开关器件VT处于通态，二极管VD截止时，$U_S \to L_1 \to$VT回路和$C_1 \to$VT$\to L_2$回路同时导电，L_1和L_2储能。当驱动开关器件VT处于断态，二极管VD导通时，$U_S \to L_1 \to C_1 \to$VD$\to$负载（C_2和R）回路及$L_2 \to$VD$\to$负载回路同时导电，此段时间内U_S和L_1既向负载供电，同时也向电容C_1充电，C_1储存的能量在VT处于通态时向L_2转移。

Sepic斩波电路的输入输出关系为

$$U_0 = \frac{t_{on}}{t_{off}}U_S = \frac{t_{on}}{T - t_{on}}U_S = \frac{\alpha}{1-\alpha}U_S \tag{4-23}$$

Zeta斩波电路也称双Sepic斩波电路，其基本工作原理是：在驱动VT处于通态、二极管VD截止时，电源U_S经开关器件VT向电感L_1储能。同时U_S和C_1共同向负载R供电，向C_2充电，当驱动VT处于断态、二极管VD导通时，L_1经VD向C_1充电，L_1的磁场能量转移到C_1。同时，C_2向负载供电，L_2的电流则经VD续流。

Zeta斩波电路的输入输出关系为

$$U_0 = \frac{\alpha}{1-\alpha}U_S \tag{4-24}$$

由式（4-23）、式（4-24）可见，两种电路相比，具有相同的输入输出关系，并且输出电压均为正极性。Sepic斩波电路中，电源输入电流和输出负载电流均连续，有利于输入、输出滤波；反之，Zeta斩波电路的输入、输出电流均是断续的。

4.3 复合斩波电路

利用上节介绍的降压斩波电路和升降压斩波电路的组合，可以构成复合斩波电路。此外，对相同结构的基本斩波电路进行组合，可以构成多相多重斩波电路，可大大提高斩波电路的整体性能。

4.3.1 两象限斩波电路

斩波电路用于直流拖动时，常要使电动机既可电动运行，又能再生发电制动，将能量回馈电网。从电动状态到再生发电制动的切换可通过改变电路联结方式实现，但在要求快速响应时，就需通过对电路本身的控制来实现。

降压斩波电路对直流电动机供电如图4-12所示，电动机工作于第一象限。升压斩波

电路对直流电动机供电如图 4-13 所示，电动机则工作于第二象限。两种情况下，电动机的电枢电流方向不同，但都只能是单方向流动。这里将要介绍的两象限斩波电路，是将降压斩波电路和升压斩波电路组合在一起，拖动直流电动机，在这种情况下，电动机的电枢电流可正可负，电流是可逆的，但电压还只能单一极性，故其可工作于第 1 象限和第 2 象限。

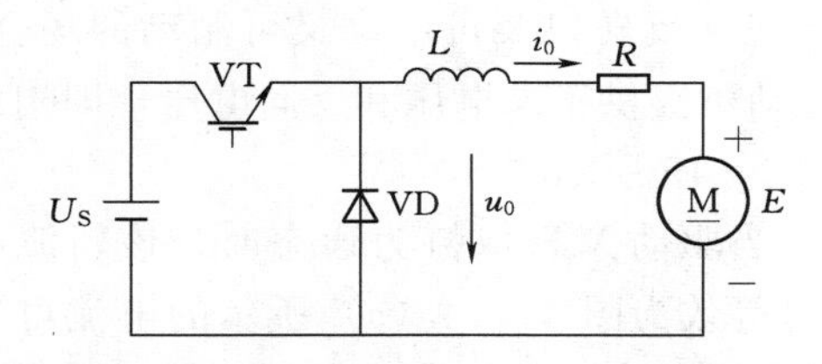

图 4-12 降压斩波器直流电动机电路

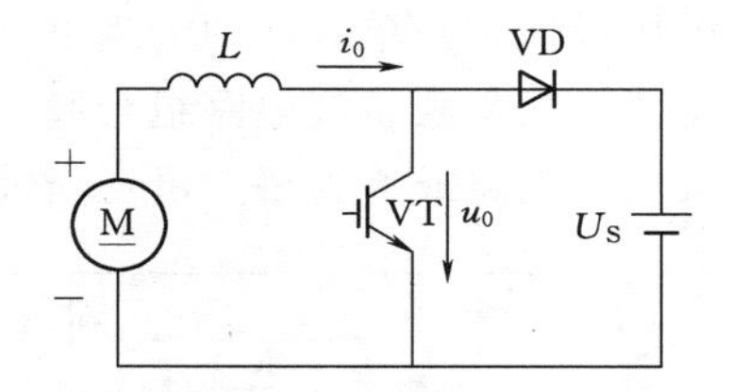

图 4-13 升压斩波器直流电动机电路

两象限斩波电路及其波形图示于图 4-14 中。

该电路中，VT_1 和 VD_1 构成降压斩波电路，向直流电动机供电，电动机将电能转变成动能为电动运行状态，工作于第一象限；VT_2 和 VD_2 构成升压斩波电路，把直流电动机的动能转变成电能反馈到电源，使电动机作再生发电制动运行，工作于第 2 象限。值得注意的是，必须防止 VT_1 和 VT_2 同时导通，导致将电源短路的事故发生。

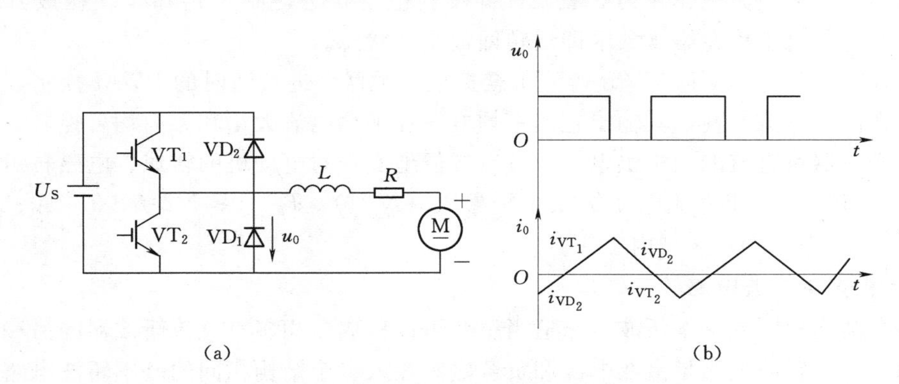

图 4-14 两象限斩波电路及波形

当电路仅作降压斩波器运行时，VT_2、VD_2 总处于断态；而仅作升压斩波器运行时，则 VT_1、VD_1 总处于断态，这两种工作情况与前面讨论的情况完全一样。但当在一个周期内交替地将图 4-14（a）作为降压斩波器和升压斩波器工作时，即得到该电路的第 3 种工作方式。在这种工作方式下，当降压斩波电路或升压斩波电路的电流断续而为零时，使另一个斩波电路工作，则电流反方向流过，这样使得电动机电枢回路总有电流流过。例如，当降压斩波电路的开关器件 VT_1 关断后，由于存储的能量少，经这一短时间后电抗器 L 的储能便释放完毕，电枢电流为零，这时使开关器件 VT_2 导通，由于电动机及电势 E 的作用使电枢电流反向流过，电抗器 L 反向储存能量。待 VT_2 关断后，由于 L 的储能和反电势 E 的共同作用使 VD_2 导通，向电源反送能量。当反向电流为零时，即 L 的储能释放完毕时，又再次使 VT_1 导通电动机电枢回路又有正向电流流过，如此循环，即可使两个

斩波电路交替工作，图 4－14（a）所示电路在第 3 种工作方式下的输出电压、电流波形如图 4－14（b）所示。这样，在一个周期内，电枢电流沿正、反两个方向流通，电流不间断，使过渡过程平滑，响应快速。

4.3.2 四象限斩波电路

两象限斩波电路虽可使电动机的电枢电流可逆，实现电动机的两象限运行，但其所能提供的电压极性却是单方向的。当需要电动机进行正、反转以及可电动又可制动的场合，就必须将两个两象限斩波电路组合起来，分别向电动机提供正向电压和反向电压，即构成为四象限斩波电路或称为桥式可逆斩波电路，如图 4－15 所示。

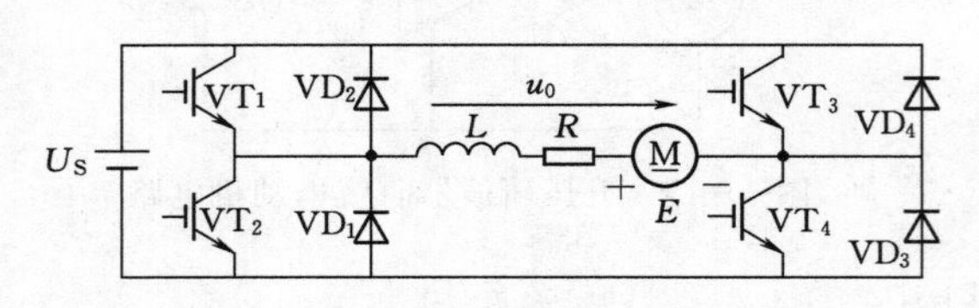

图 4－15 四象限斩波电路成

当驱动 VT_4 保持为通态时，该斩波电路可等效为图 4－14（a）所示的电流可逆斩波电路，向电动机提供正向电压，电动机工作于第 1、2 象限，即正转电动和正转回馈制动状态。此时应设法防止 VT_3 导通造成的电源短路。

当使 VT_2 保持为通态时，VT_3、VD_3 和 VT_4、VD_4 等效为又一组电流可逆斩波电路，向电动机提供负电压，电动机工作于第 3、4 象限。其中的 VT_3 和 VD_3 构成降压斩波电路，向电动机供电使其工作在第 3 象限，即反转电动状态，而 VT_4 和 VD_4 构成升压斩波电路，可使电动机工作在第 4 象限即反转回馈制动状态。

当对 VT_1、VT_2、VT_3、VT_4 等 4 个全控型开关器件进行适时的 PWM 控制，可实现四象限的直流—直流变换，其输出直流平均电压和平均电流大小和方向均可控制。因而这种四象限变流器对直流电动机供电时，可以方便地实现对电动机的转速、电磁转矩的大小和方向的调节控制，使直流电动机在 4 个象限（$N>0$，$T_e>0$；$N>0$，$T_e<0$；$N<0$，$T_e<0$；$N<0$，$T_e>0$）区域内工作。

4.3.3 多相多重斩波电路

把多个结构相同的基本斩波电路适当组合可以构成多相多重直流斩波器的另一种复合斩波电路。这种斩波电路是由在电源和负载之间接入多个结构相同的基本斩波电路而构成的。一个控制周期中电源侧的电流脉冲数称为斩波电路的相数，负载电流脉冲数称为斩波电路的重数。假定复合斩波电路中开关器件控制周期为 T，开关频率为$\frac{1}{T}$，如果在一个 T 周期中电源侧电流脉动 n 次，即脉动频率为 nf，则称之为 n 相斩波器，如果在一个 T_S 周期中负载电流脉动 m 次，即脉动频率为 mf，则称之为 m 重斩波器。

图 4－16 所示为三相三重降压斩波电路及其波形。

该电路等效于由 3 个降压斩波电路单元并联而得，总的输出电流为 3 个斩波电路单元输出电流之和，其平均值为单元输出电流平均值的 3 倍，脉动频率也为单元电流的脉动频率的 3 倍。由于 3 个单元电流的脉动幅值相互抵消，所以总的输出电流脉动幅值变得很小。多相多重斩波电路的总输出电流最大脉动率（电流脉动幅值与电流平均值之比）与相数的平方成反比，且输出电流脉动频率相应提高。

因此多相多重斩波电路和单相斩波电路相比，当输出电流最大脉动率一定时，所需的

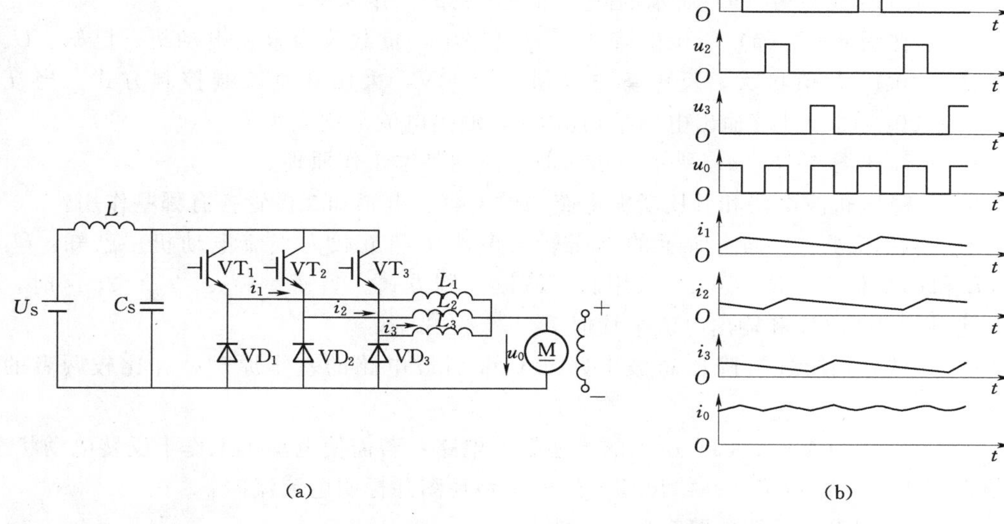

图 4-16　三相三重斩波电路及其波形

平波电抗器的总重量又大为减轻。

如果上述斩波电路电源公用而负载为 3 个独立负载时，则为三相一重斩波电路；而当电源为 3 个独立电源，向一个负载供电时，则为一相三重斩波电路。

这种情况下，电源电流为各开关器件的电流之和，其脉动频率为单个斩波电路时的 3 倍，谐波分量比单个斩波电路时显著减小，并且电源电流的最大脉动率也是与相数的平方成反比的。这样也会使得由电源电流引起的感应干扰大大减小，若需滤波，则只需接上简单的 LC 滤波器就可以充分防止感应干扰。

多相多重斩波电路中的多个斩波电路单元还具有互为备用的功能，当某一斩波电路单元故障时其余单元还可继续工作，使得斩波电路对负载供电总的可靠性提高。

本 章 小 结

本章首先介绍了直流斩波电路的工作原理和控制方式，然后着重介绍 6 种基本斩波电路，同时对两种复合斩波电路及多相多重斩波电路也作了原理性的介绍。

根据斩波电路在直流运动控制传统领域的应用和在开关电源这一新的应用领域的应用和发展趋势，本章的学习重点应是对降压斩波电路和升压斩波电路的理解和掌握，它们是学习本章的关键和核心，也是学习其他斩波电路的基础。因此，重点要求理解降压斩波电路和升压斩波电路的工作原理，掌握这两种电路的输入输出关系、电路解析方法和工作特点。

习 题 与 思 考 题

4-1　试述斩波电路的主要功能。

4-2　试述 DC/DC 变换电路的主要形式和工作特点。

4-3　简述斩波电路常用的3种控制方式。

4-4　简述图6-7（a）所示的降压斩波电路的工作原理。

4-5　在图6-7（a）所示的降压斩波电路中，负载改为直流电动机。已知：$U_s=220V$，$R=10\Omega$，L值极大，反电势电动机$E=30V$，采用脉宽调制控制方式。当$T=50\mu s$、$t_{on}=20\mu s$时，计算输出电压平均值U_0，输出电流平均值I。

4-6　简述图4-8（a）所示升压斩波电路的基本工作原理。

4-7　降压斩波电路和升压斩波电路中的电容、电感和二极管各有哪些作用？

4-8　在图4-8（a）所示的升压斩波电路中，负载为直流电动机。已知：$U_s=50V$，L和C值极大，$R=20\Omega$，采用脉宽调制控制方式。当$T=40\mu s$，$t_{on}=25\mu s$时，计算输出电压平均值U_0和输出电流平均值I。

4-9　试分别简述升降压斩波电路和Cuk斩波电路的基本原理，并比较两者的异同点。

4-10　对于图4-16（a）所示的可逆斩波电路，若需使电动机工作于反转电动状态，试分析此时电路工作情况，并给出相应的电流路径图并标明电流流向。

4-11　多相多重斩波电路有何优点？

第5章　交流变换电路

本章要点

- 电力电子开关电路
- 交流调压与调功电路
- 交交变频电路

本章难点

- 三相交流调压与调功电路的工作原理与波形分析
- 三相交交变频电路的波形分析

根据变换参量的不同，交流变换电路可分为交流调压电路、交流调功电路和交交变频电路，当然，也有不进行变换，而只起接通和断开电路的作用，这就是交流电力电子开关电路。

5.1　交流电力电子开关电路

把电力电子器件反并联后串入交流电路中，通过控制器件的通断，来实现接通和断开电路的目的，这就是交流电力电子开关电路。用其替代传统的机械开关，优点是响应快、无触点、寿命长，特别适用于操作频繁，有易燃气体、粉尘的场合。

晶闸管投切电容器（Thyristor Switched Capacitor，TSC）就是一个重要应用，如图5-1所示。图中给出的是单相电路，实际上常用的是三相电路，既可三角形连接，又可星形连接，其工作原理与单相电路是一致的。TSC接入交流电网中，用脉冲控制电路中晶闸管的通断，从而控制交流电力电容器的投入与切断，通过对无功功率的控制，可以提高功率因数，稳定电网电压，改善供电质量。与机械开关投切电容器相比，TSC的性能更加优良。

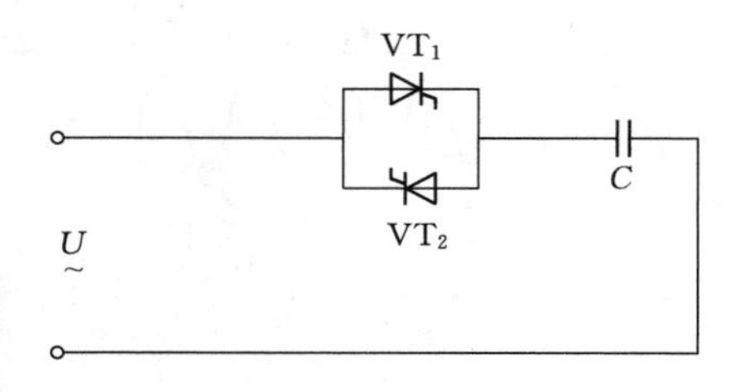

图5-1　单相TSC简图

在实际工程中，为避免容量较大的电容器投入或切断会对电网造成较大的冲击，一般把电容器分成几组，如图5-2所示。这样，可以根据电网对无功的需求来决定投入电容器的容量。

TSC电路也可以采用图5-3所示的晶闸管和二极管反并联的方式。此电路成本稍低，但响应速度慢，投切电容器的最大滞后时间为一个周波。

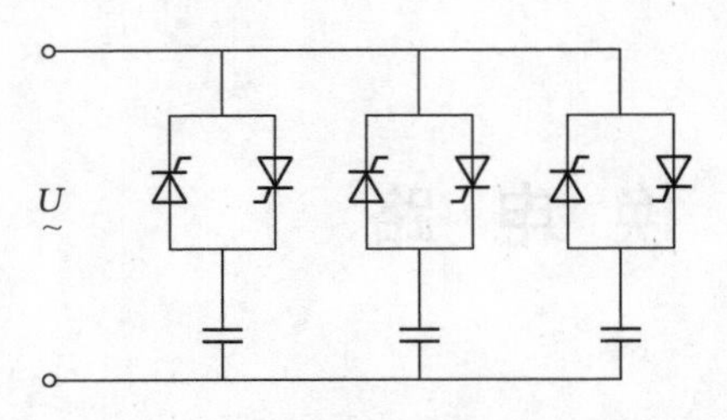

图 5-2 分组投切单相 TSC 简图

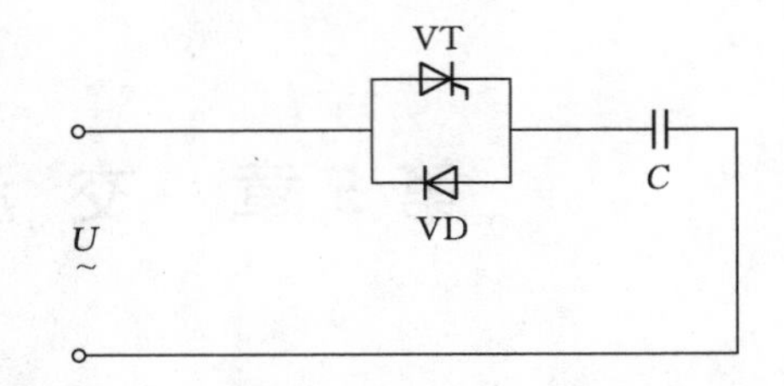

图 5-3 晶闸管和二极管反并联方式的 TSC

5.2 交流调压电路与交流调功电路

把两个电力电子器件反并联后串联在交流电路中，通过对器件的控制就可以控制交流电力。在每半个周波内通过对电力电子器件开通相位的控制，以调节输出电压有效值为目的，称为交流调压电路。以交流电的周期为单位控制电力电子器件的通断，来改变通断周期数的比，以调节输出功率的平均值为目的，称为交流调功电路。以上两种电路形式完全相同，只是控制方式不同。

交流调功电路常用于电炉的温度控制，像电炉温度这样的控制对象，其时间常数较大，没有必要对交流电源的每个周期进行频繁控制，只要依据其时间常数，在设定的周期 T_C 内进行控制就够了。如图 5-4 所示，具体控制方式分为两种，即全周波连续式和全周波断续式。如每个周波的周期为 T，设定的周期 T_C 内导通的周波数为 n，则交流调功电路的输出功率平均值和输出电压有效值分别为

$$P_o = \frac{nT}{T_C} P_I \tag{5-1}$$

$$U_o = \sqrt{\frac{nT}{T_C}} U_I \tag{5-2}$$

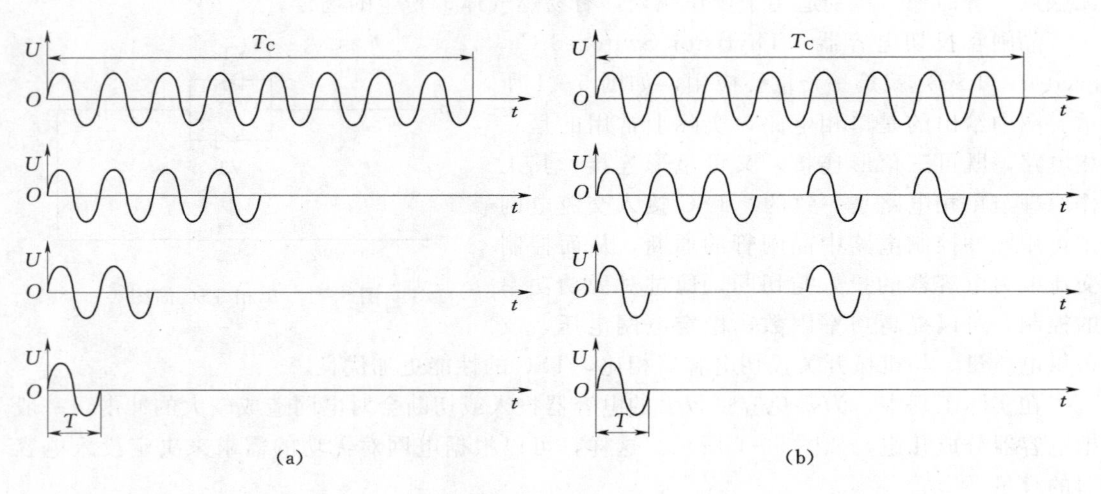

图 5-4 交流调功电路输出电压波形图

(a) 全周波连续式；(b) 全周波断续式

式中 P_1、U_1——设定周期 T_C 内全部周波导通时装置输出的功率与电压有效值。

因此，改变导通的周波数为 n 即可改变电压和功率，起到调节输出功率的目的。

交流调压电路广泛用于灯光调节及异步电动机的启动和调速等，也可用作调节整流变压器一次侧电压，其二次侧为低压大电流或高压小电流负载，常采用这种方法。这样，二次侧整流电路只需用二极管，从而避免了低压大电流负载时晶闸管的并联或高压小电流负载时晶闸管的串联。这样的电路体积小、成本低、易于设计制造。

交流调压电路可分为单相交流调压电路和三相交流调压电路。其中单相交流调压电路是基础，也是本节的重点。

5.2.1 单相交流调压电路

单相交流调压电路的工作情况和负载性质有很大关系，因此应分别予以讨论。

1. 电阻负载

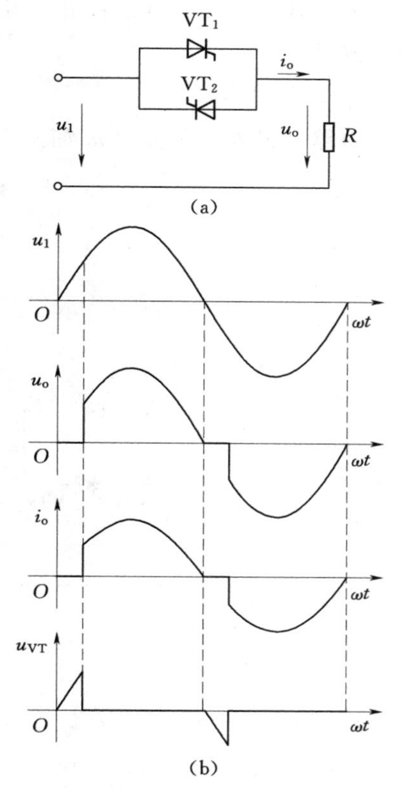

图 5-5 电阻负载单相交流调压电路及其波形

图 5-5 所示为带电阻负载的单相交流调压电路及其波形。图中的两个晶闸管 VT_1 和 VT_2 也可以用一个相应的双向晶闸管代替。在交流电源的正半周和负半周，同时改变晶闸管 VT_1 和 VT_2 的控制角 α 就可以调节输出电压的有效值。晶闸管 VT_1 和 VT_2 的控制角的起算点（$\alpha=0$）分别为电压正负半周的过零点，即晶闸管开始承受正压时刻。通常情况下，应使两晶闸管的控制角相等，这样从波形中可以看出，输出电压波形是电源电压波形的一部分，正负半周波形关于横轴镜像对称，其电压平均值为零。输出电流波形与电压波形相同。

上述电路在控制角为 α 时，输出到负载上的电压有效值、电流有效值、晶闸管上的电流有效值和电路的功率因数 λ 分别为

$$U_o=\sqrt{\frac{1}{\pi}\int_{\alpha}^{\pi}(\sqrt{2}U_1\sin\omega t)^2\mathrm{d}(\omega t)}=U_1\sqrt{\frac{1}{2\pi}\sin2\alpha+\frac{\pi-\alpha}{\pi}} \tag{5-3}$$

$$I_o=\frac{U_o}{R} \tag{5-4}$$

$$I_T=\sqrt{\frac{1}{2\pi}\int_{\alpha}^{\pi}\left(\frac{\sqrt{2}U_I\sin\omega t}{R}\right)^2\mathrm{d}(\omega t)}=\frac{U_1}{R}\sqrt{\frac{1}{4\pi}\sin2\alpha+\frac{\pi-\alpha}{2\pi}} \tag{5-5}$$

$$\lambda=\frac{P}{S}=\frac{U_oI_o}{U_1I_o}=\frac{U_o}{U_1}=\sqrt{\frac{1}{2\pi}\sin2\alpha+\frac{\pi-\alpha}{\pi}} \tag{5-6}$$

从式（5-3）可以看出，当 $\alpha=0$ 时，相当于晶闸管一直接通，输出电压为最大值，$U_o=U_1$。随着 α 的增大，输出电压逐渐降低。直到 $\alpha=\pi$ 时 $U_o=0$。移相范围为 $0\leqslant\alpha\leqslant\pi$。

此外，从式（5-6）可以看出，当 $\alpha=0$ 时，功率因数 $\lambda=1$，随着 α 的增大，功率因数 λ 逐渐降低。

2. 阻感负载

电路及输入电压波形 u_i 如图 5-6 所示，并设输入电压 $u_i=\sqrt{2}U_1\sin(\omega t+\alpha)$。

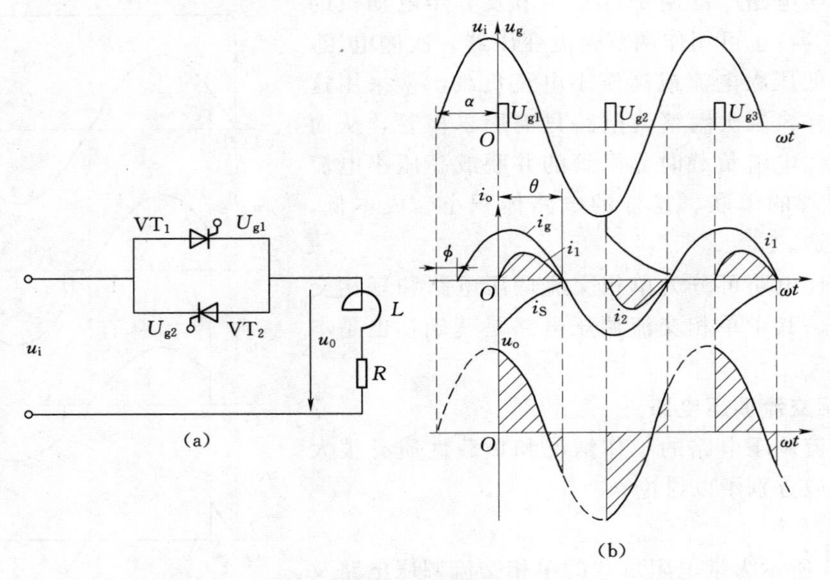

图 5-6　电感性负载单相交流调压电路

此电路工作情况与可控整流电路带电感性负载相似。当电源电压过零反向时，由于负载电感产生感应电动势阻止电流变化，故电流不能立即为零，此时晶闸管导通角 θ 的大小，不但与控制角 α 有关，而且与负载阻抗角 $\phi\left(\arctan\dfrac{\omega L}{R}\right)$ 有关。

当在 $\omega t=\alpha$ 时刻开通晶闸管 VT_1，负载电流应满足以下微分方程和初始条件，即

$$L\frac{di_0}{dt}+Ri_0=\sqrt{2}U_1\sin(\omega t+\alpha)$$

$$i_0\big|_{\omega t=0}=0 \tag{5-7}$$

解该方程得

$$i_0=\frac{\sqrt{2}U_1}{R}\left[\sin(\omega t+\alpha-\varphi)-\sin(\alpha-\varphi)e^{-\frac{\omega t}{\tan\varphi}}\right]=i_B+i_S \tag{5-8}$$

$$i_B=\frac{\sqrt{2}U_1}{Z}\sin(\omega t+\alpha-\varphi) \tag{5-9}$$

$$i_S=-\frac{\sqrt{2}U_1}{Z}\sin(\alpha-\varphi)e^{-\frac{\omega t}{\tan\varphi}}=-\frac{\sqrt{2}U_1}{Z}\sin(\alpha-\varphi)e^{-\frac{t}{\tau}} \tag{5-10}$$

$$Z=\sqrt{R^2+(\omega L)^2}$$

式中　i_B——正弦稳态分量；

　　　i_S——指数衰减分量；

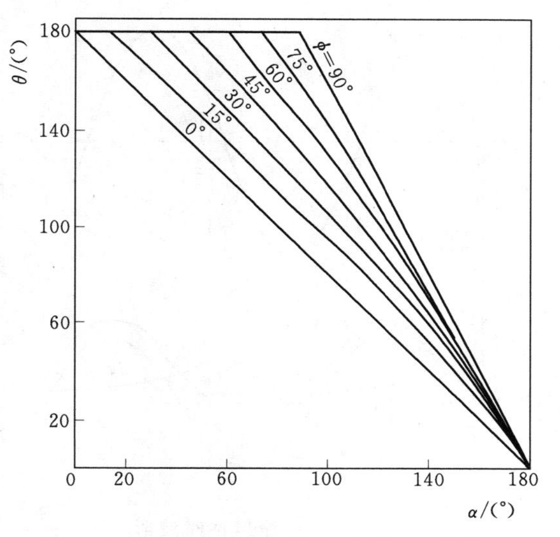

图 5-7 单相交流调压器以 ϕ 为参变量的 θ 与 α 的关系曲线

τ——指数衰减分量衰减的时间常数，$\tau=\dfrac{L}{R}$。

利用边界条件：当 $\omega t=\theta$ 时 $i_o=0$，可求得 θ

$$\sin(\alpha+\theta-\phi)=\sin(\alpha-\phi)\,e^{\frac{-\theta}{\tan\phi}} \tag{5-11}$$

以 ϕ 为参变量，利用式（5-11）可以把 $\theta=f(\alpha)$ 的曲线画出，如图 5-7 所示。电路可分 3 种情况来讨论。

（1）$\alpha>\phi$。正弦稳态分量 i_B 与指数衰减分量 i_S 如图 5-6 所示，叠加后为 i_1 即晶闸管 VT_1 的电流波形，由图可见，其导通角 $\theta<180°$，负载电流断续，当 α 越大，θ 越小，电流断续越严重。

负载电压有效值 U_o、晶闸管电流有效值 I_T、负载电流有效值 I_o 分别为

$$U_o=\sqrt{\frac{1}{\pi}\int_0^\theta\left[\sqrt{2}U_i\sin(\omega t+\alpha)\right]^2 d(\omega t)}=U_I\sqrt{\frac{\theta}{\pi}+\frac{1}{\pi}[\sin2\alpha-\sin(2\alpha+2\theta)]} \tag{5-12}$$

$$I_T=\sqrt{\frac{1}{2\pi}\int_0^\theta i_o^{\,2}\,d(\omega t)}=\sqrt{2}I_{o0}I_T^* \tag{5-13}$$

$$I_o=\sqrt{2}I_T=2I_{o0}I_T^* \tag{5-14}$$

$$I_{o0}=\frac{U_I}{Z}$$

式中 I_{o0}——晶闸管全导通时输出负载电流有效值；

I_T^*——晶闸管电流有效值的标幺值。

根据计算，可得到 I_T^* 与 α、ϕ 的关系如图 5-8 所示。

如果已知 α 和 ϕ 角，就可从图 5-8 上的曲线中求得相应的 I_T^* 值，进而计算出负载电流有效值 I_o 以及晶闸管电流有效值 I_T。

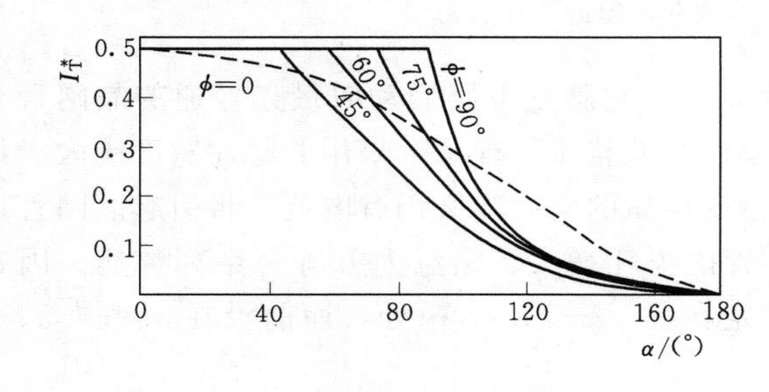

图 5-8 I_T^* 与 α、ϕ 的关系

（2）$\alpha=\phi$。由式（5-10）可知，指数衰减分量 $i_S=0$，则 $i_o=i_B$，$\theta=180°$。负载电流临界连续，相当于晶闸管失去控制，负载上获得最大功率，此时，电流波形滞后电压波形 ϕ 角。

（3）$\alpha<\phi$。

1）晶闸管用窄脉冲触发。图 5-6 所示电路接通电源后，假设先触发 VT_1，且 $\alpha<\phi$，由式（5-8）可知，此时表达式第二项

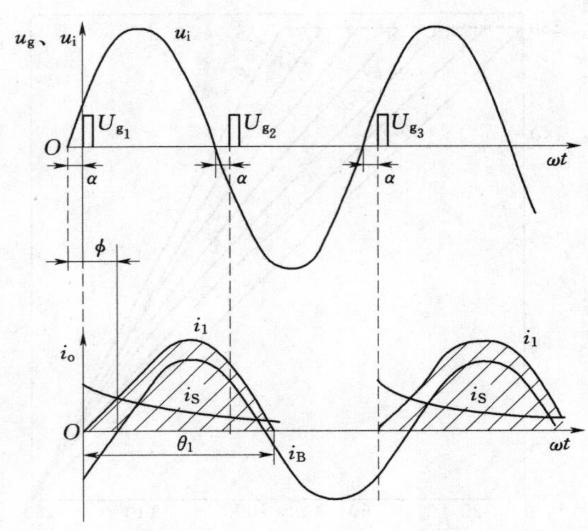

图 5-9 $\alpha<\phi$ 窄脉冲时波形

变成正值，结果使负载电流过零点比正弦稳态电流过零点延后了，如图 5-9 所示。由图可见，此时 VT_1 的导通角 $\theta_1>180°$，所以 VT_2 的脉冲到来时，原来导通的晶闸管 VT_1 尚未关断，VT_2 仍受到一个管压降的反压，不能正常触发。因脉冲为窄脉冲，在 VT_1 关断时，脉冲已消失。这样在一个周期内，只有 VT_1 导通，而 VT_2 始终不通，结果形成"单向半波整流"现象。

2）晶闸管用宽脉冲或脉冲列触发。如果触发脉冲的宽度大于 $\theta-\pi$，见图 5-10，第一个周期，VT_1 的导通角 $\theta_1>\pi$，VT_2 可以在 VT_1 关断时接着导通，但 VT_2 的起始导通角即实际控制角 $\alpha_2=\alpha_1+\theta_1-\pi>\phi>\alpha$，所以 VT_2 的导通角 $\theta_2<\pi$。从第二个周期开始，VT_1 的控制角逐渐增大，导通角逐渐减小，VT_2 的控制角逐渐减小，导通角逐渐增大，直到两个晶闸管的 $\theta=\pi$ 时达到平衡，此时，两个晶闸管的实际控制角 $\alpha_1=\alpha_2=\phi$，与 $\alpha=\phi$ 时工作情况相同。

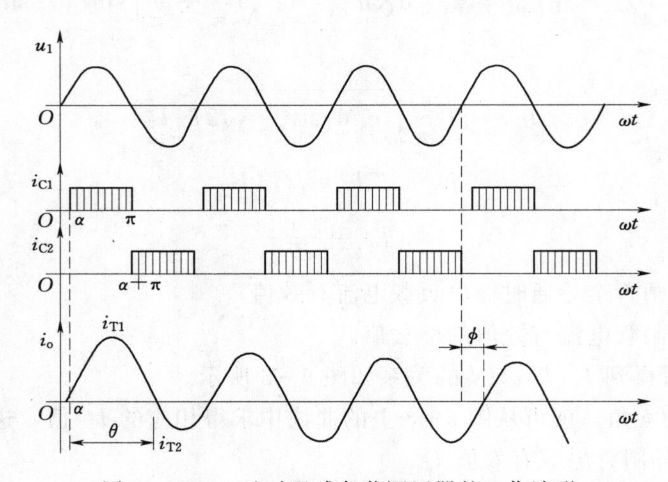

图 5-10 $\alpha<\phi$ 时阻感负载调压器的工作波形

通过理论分析，当 $\alpha=0$、$\phi=90°$ 时 $\theta_{max}=360°$，它就是电路启动时最先导通的晶闸管可能达到的最大导通角。为使电路不出现"单向半波整流"现象，采用的脉冲宽度应大于 $\theta-\pi$ 即 π。但当 $\alpha>\phi$ 时，晶闸管关断时在承受反压的同时门极仍有电流，将引起晶闸管反向漏电流增大；致使反向击穿电压降低、管内损耗增大、结温上升等一系列弊病。因此，通常设计把两晶闸管的触发脉冲后沿固定在 π、2π、3π、…处，而前沿在 α、$\pi+\alpha$、$2\pi+\alpha$、…处，脉冲宽度随 α 而变。

综上所述，单相交流调压电路带阻感性负载时，最小控制角 $\alpha_{min}=\phi$，所以 α 的移相范围为 $\phi\sim180°$。

5.2.2 三相交流调压电路

1. 晶闸管三相交流调压电路的接线形式

晶闸管三相交流调压电路的连接方式很多，各种接法均有其特点，适用范围也不尽相同，下面介绍几种常用的接线形式。

（1）三相全波星形连接的调压电路。负载可以接成星形也可接成三角形，如图 5－11 所示。这种接法的特点是输出谐波分量少，适用于低电压大电流的负载电路。

（2）带零线的三相全波星形连接的调压电路。如图 5－12 所示，此电路相当于 3 个单相电路的组合。其特点是电路各相通过零线自成回路，在零线中 3 次谐波电流很大，对电动机和电网影响严重，故在工业中较少采用。

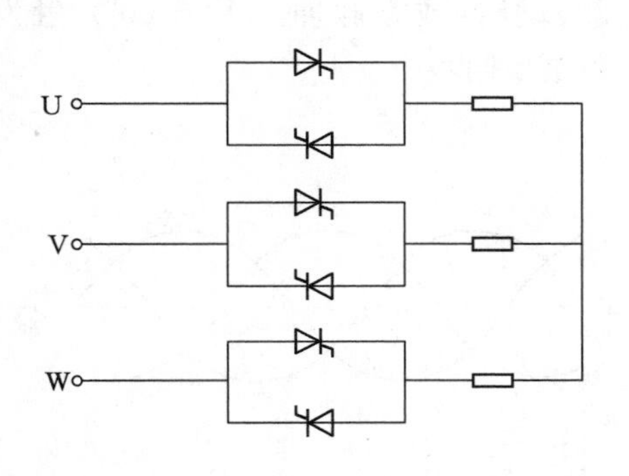

图 5－11 三相全波星形连接的调压电路

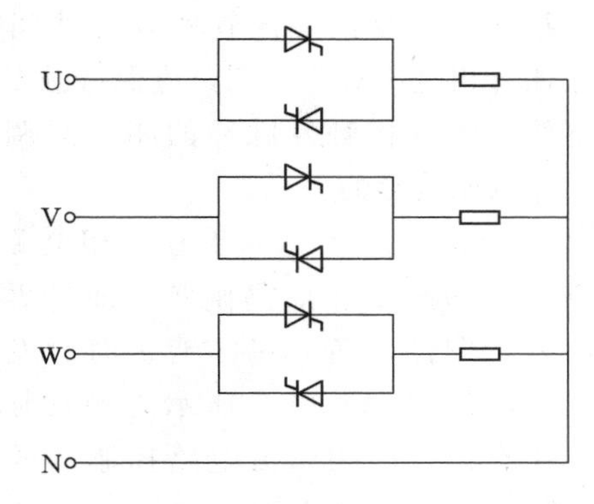

图 5－12 带零线的三相全波星形连接的调压电路

（3）三相半控星形连接的调压电路。如图 5－13 所示，这种接法的优点在于简化控制、降低调压电路成本。但每相电压和电流波形正、负半周不对称，负载电流除奇次谐波外，还有偶次谐波，将使负载电动机输出转矩减小，效率降低。因此仅在小容量场合使用。

（4）支路控制三角形连接的调压电路。如图 5－14 所示，这种调压电路实际上是由 3 个单相交流调压电路的组合。晶闸管 $\alpha=0$ 点应在线电压的过零点上，$VT_1 \sim VT_2$的触发脉冲依次间隔 60°。

无论是电阻负载还是阻感负载，每一相都可当作单相交流调压电路来分析，单相交流调压电路的方法和结果都可沿用。注意把单相相电压改为线电压即可。

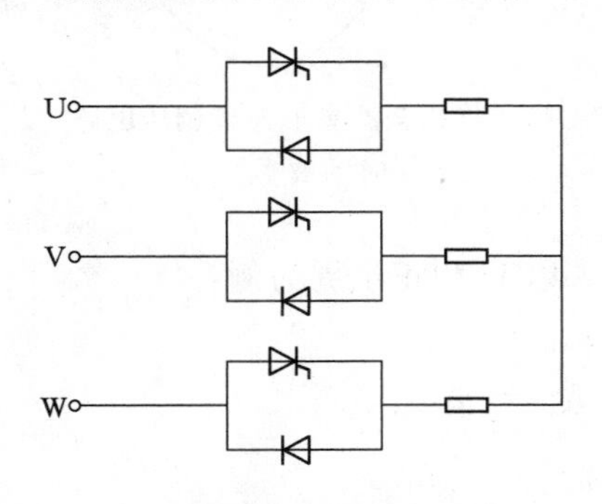

图 5－13 三相半波星形连接调压电路

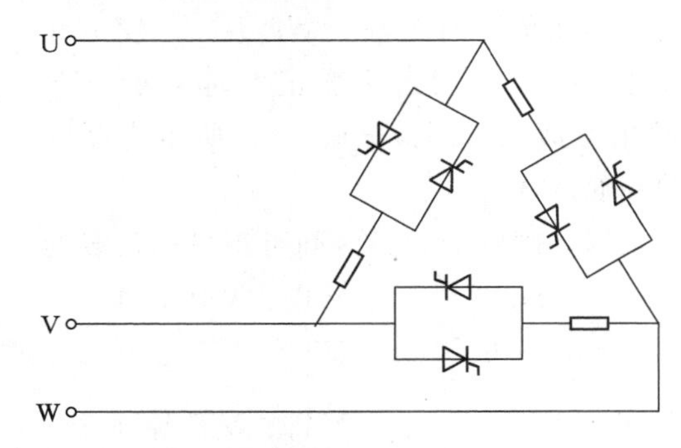

图 5－14 晶闸管与负载接成内三角形的三相调压电路

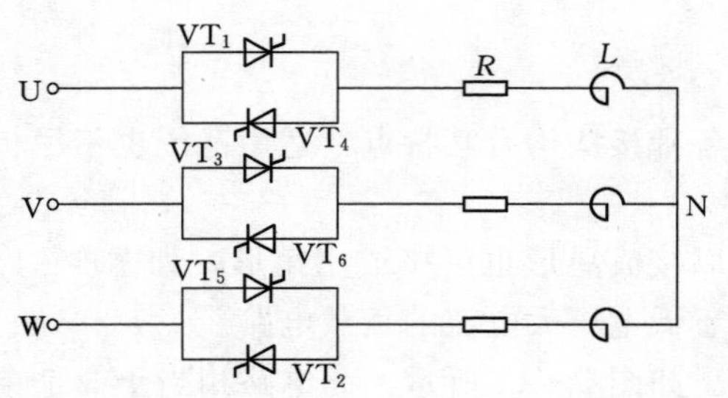

图 5-15 三相全波星形连接的调压电路

2. 晶闸管三相交流调压电路的工作原理

下面以三相全波星形连接的调压电路为例进行讨论，主要分析电阻负载时的情况。电路如图 5-15 所示。

通过改变触发脉冲的控制角 α，便可以控制输出到负载上的电压大小。为使电流构成通路，任意时刻至少要有不在一相的两个晶闸管同时导通。为此，电路对触发电路的要求是：①三相正向（或反向）晶闸管的触发脉冲依次间隔 120°，而每一相正向与反向晶闸管触发脉冲间隔 180°；②双脉冲或宽脉冲（大于 60°）触发；③为保证三相电压对称可调，应保持触发脉冲与电源电压同步。

下面具体分析触发脉冲的相位与调压电路输出电压波形的关系。

（1）$\alpha=0°$。$\alpha=0°$意味着在各相电源电压过零时立即触发相应晶闸管，即过零变正时触发正向晶闸管，过零变负时触发反向晶闸管，图 5-16（b）所示为触发脉冲分配。注意：与三相整流电路控制角的起算点不同。

根据触发脉冲的分配可以确定各晶闸管的导通区间。在这种情况下，晶闸管相当于二极管。忽略晶闸管的压降，此时调压电路相当于一般的三相交流电路，输出到负载上的电压即完整电源电压波形。

（2）$\alpha=30°$。这时每个晶闸管都自 $\alpha=0°$ 滞后 30°触发导通，图 5-17（b）所示为触发脉冲分配。

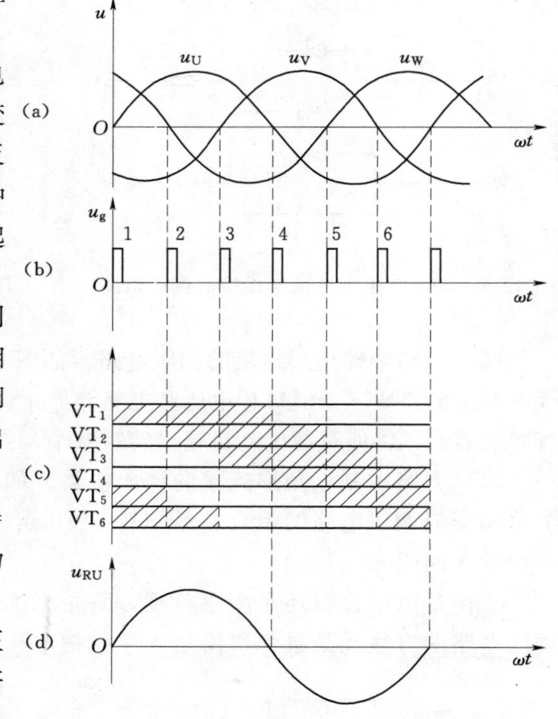

图 5-16 三相全波星形连接调压电路 $\alpha=0°$时的波形

晶闸管 VT_1从 u_{g1} 发出开始导通，u_U 正半周过零变负上时关断；VT_4从 u_{g4} 发出开始导通，u_U 负半周过零变正上时关断。V、W 两相类似之。图 5-17（c）所示为晶闸管的导通区间。

根据晶闸管的导通区间可得各相负载的调压电压。以 U 相正半周为例：

$\omega t=0°\sim30°$　　VT_5、VT_6导通　　$u_{RU}=0$

$\omega t=30°\sim60°$　　VT_1、VT_5、VT_6导通　　$u_{RU}=u_U$

$\omega t=60°\sim90°$　　VT_1、VT_6导通　　$u_{RU}=\frac{1}{2}u_{UV}$

$\omega t=90°\sim120°$　　VT_1、VT_2、VT_6导通　　$u_{RU}=u_U$

$\omega t=120°\sim150°$　　VT$_1$、VT$_2$导通　　　　$u_{RU}=\frac{1}{2}u_{UW}$

$\omega t=150°\sim180°$　　VT$_1$、VT$_2$、VT$_3$导通　　　$u_{RU}=u_U$

U相负半周波形与正半周波形滞后180°关于横轴镜像对称。图5-17（d）所示为输出到U相负载上的电压波形。

（3）$\alpha=60°$。分析方法与$\alpha=30°$时相似，波形如图5-18所示。

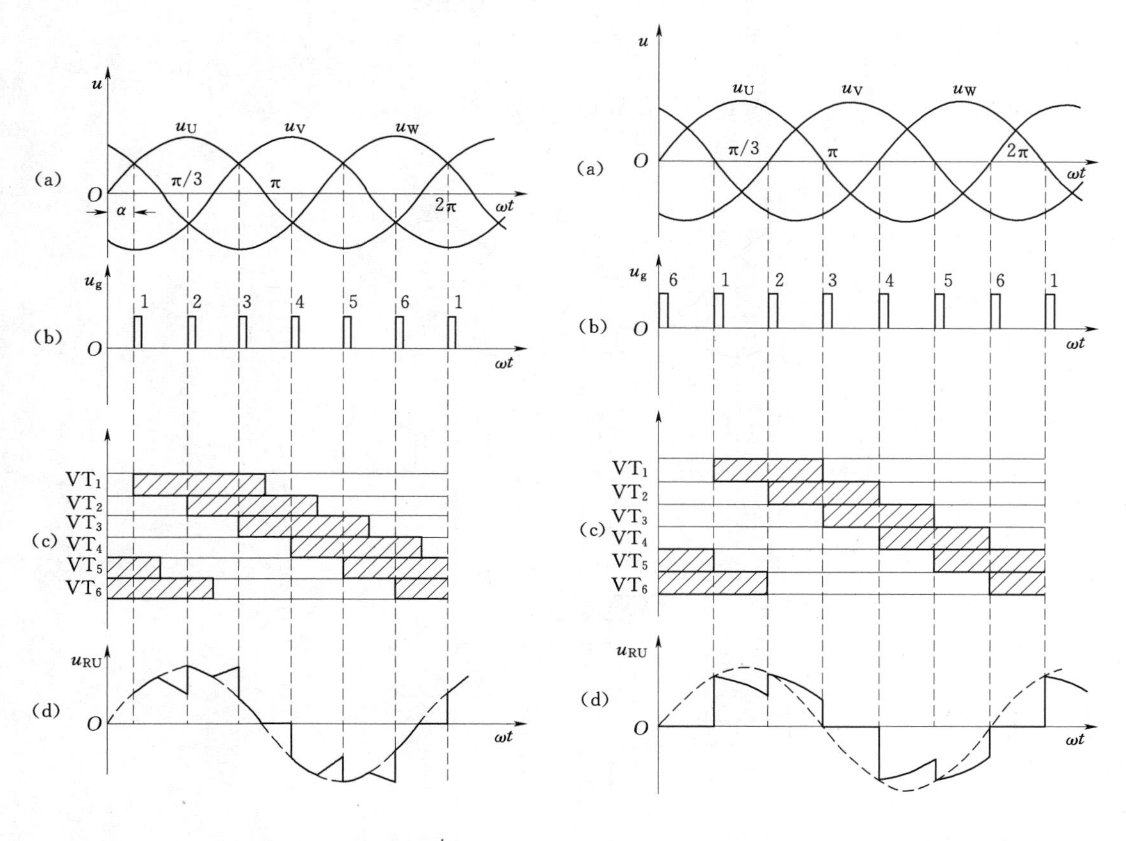

图5-17　三相全波星形连接调压电路 $\alpha=30°$时的波形

图5-18　三相全波星形连接调压电路 $\alpha=60°$时的波形

（4）$\alpha=90°$。图5-19（b）所示为$\alpha=90°$时各晶闸管脉冲分配，如果仍采用$\alpha=30°$、$\alpha=60°$时的导通区间分析方法，认为在相电压过零点相应的晶闸管关断，那么，就得到如图5-19（c）所示的导通区间图。显然，它是错误的。因为它出现了这样一种情况：有的区间只有一个晶闸管导通，如$\omega t=0°\sim30°$只有VT$_5$导通，我们知道此电路只有一个晶闸管导通是不能构成回路的。下面先分析出正确的导通区间。

首先假设触发脉冲u_g有足够的宽度，即大于60°，则在触发VT$_1$时，VT$_6$的触发脉冲还没有消失，由于此时（ωt_1时刻）$u_U>u_V$，VT$_6$可以和VT$_1$同时导通，只要$u_U>u_V$，VT$_6$和VT$_1$就能一直导通下去，直到开始$u_U<u_V$（ωt_2时刻），VT$_6$和VT$_1$承受电网的反压而同时关断。以此类推，VT$_2$和VT$_1$、VT$_3$和VT$_2$、VT$_4$和VT$_3$、…可以知道，每一晶

闸管触发后，与前一晶闸管同时导通60°，然后又与后一晶闸管构成回路导通60°，这样，每个晶闸管在一个周期内导通120°，如图 5-19（d）所示，而不是90°。

U 相负载电压 u_{RU} 波形如图 5-19（e）所示。波形正负半周滞后180°镜像对称。

$\omega t=0°\sim30°$	VT_4、VT_5导通	$u_{RU}=\frac{1}{2}u_{UW}$
$\omega t=30°\sim90°$	VT_5、VT_6导通	$u_{RU}=0$
$\omega t=90°\sim150°$	VT_1、VT_6导通	$u_{RU}=\frac{1}{2}u_{UV}$
$\omega t=150°\sim180°$	VT_1、VT_2导通	$u_{RU}=\frac{1}{2}u_{UW}$

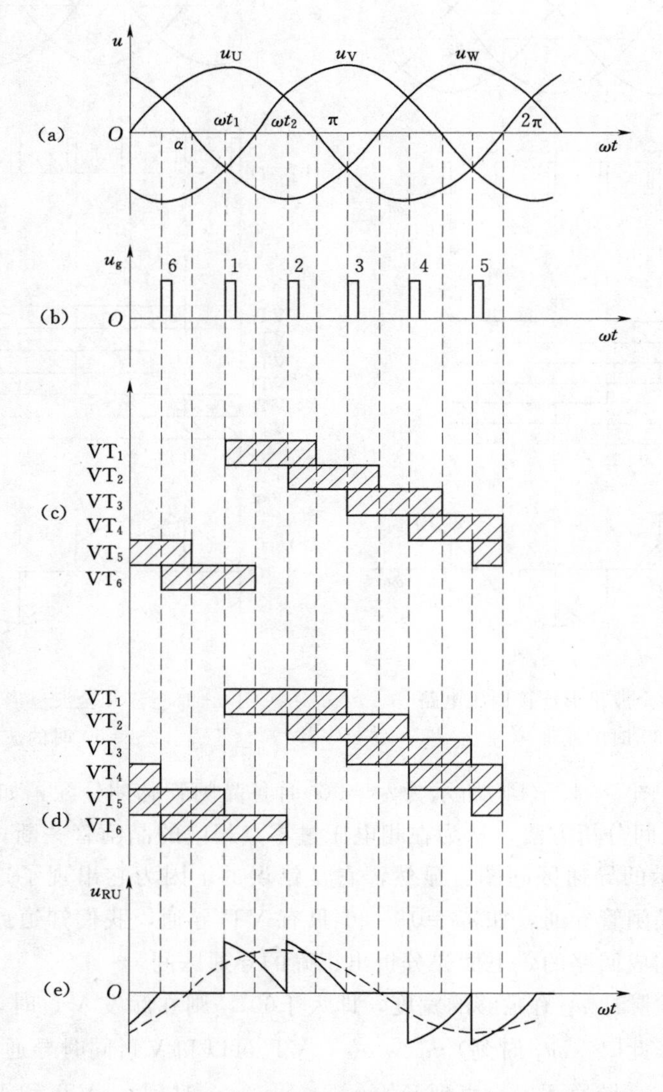

图 5-19 三相全波星形连接调压电路 $\alpha=90°$时的波形

（5）$\alpha=120°$。同 $\alpha=90°$ 的情况一样，仍假设触发脉宽大于 60°。

图 5-20（b）所示为 $\alpha=120°$ 时各个晶闸管触发脉冲分配。触发 VT_1 时，VT_6 的触发脉冲仍未消失，而这时（ωt_1 时刻）又有 $u_U>u_V$，于是 VT_1 和 VT_6 同时导通，到 $u_U<u_V$（ωt_2 时刻）又同时关断。以此类推，每个晶闸管与前一个晶闸管同时导通 30° 后关断，等到下一个晶闸管触发时再与之一起导通30°。图 5-20（c）即为其导通区间图。

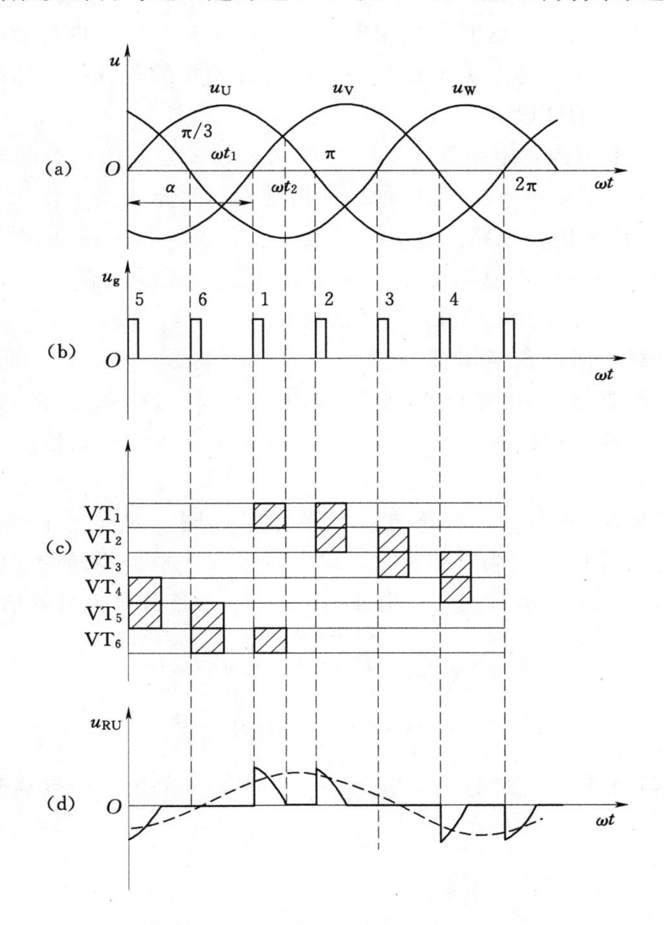

图 5-20 三相全波星形连接调压电路 $\alpha=120°$时的波形

以 U 相正半周为例：

$\omega t=0°\sim30°$	VT_4、VT_5 导通	$u_{RU}=\frac{1}{2}u_{UW}$
$\omega t=30°\sim90°$	$VT_1\sim VT_6$ 均不导通	$u_{RU}=0$
$\omega t=60°\sim90°$	VT_5、VT_6 导通	$u_{RU}=0$
$\omega t=90°\sim120°$	$VT_1\sim VT_6$ 均不导通	$u_{RU}=0$
$\omega t=120°\sim150°$	VT_1、VT_6 导通	$u_{RU}=\frac{1}{2}u_{UV}$
$\omega t=150°\sim180°$	$VT_1\sim VT_6$ 均不导通	$u_{RU}=0$

图 5-20（d）所示为 U 相负载电压波形。

（6）$\alpha \geqslant 150°$。此时触发 VT_1，尽管 VT_6 的触发脉冲仍存在，但电压已过了 $u_U > u_V$ 区间，所以不能导通，其他管子无触发脉冲，更不可能导通，因此输出电压为零。

综上所述，电路输出电压随控制角的增大而由大到小连续变化。此外，电流不连续程度也随之增加。电路脉冲移相范围为 $0 \sim 150°$。在任一时刻，可能是三相中各有一个晶闸管导通，称 1 类工作状态，这时负载相电压就是电源相电压；也可能两相中各有一个晶闸管导通，另一相不导通，称 2 类工作状态，这时导通相的负载相电压是电源线电压的一半。整个移相范围可分为 3 段。

1）$0 \leqslant \alpha < 60°$ 范围内，电路处于 1 类工作状态和 2 类工作状态的交替状态，每个晶闸管导通角为 $\pi - \alpha$。但 $\alpha = 0°$ 时是一种特殊情况，一直是 1 类工作状态。

2）$60° \leqslant \alpha < 90°$ 范围内，电路始终处于 2 类工作状态，每个晶闸管导通角为 $120°$。

3）$90° \leqslant \alpha < 150°$ 范围内，电路处于 2 类工作状态和无晶闸管导通的交替状态，每个晶闸管导通角为 $300° - 2\alpha$，而且被分割为不连续的两部分，各占 $150° - \alpha$。

因为是阻性负载，所以负载电流波形与负载电压波形一致。可以看出，波形为非正弦，含有很多谐波成分。用傅里叶级数展开可知，其中所含谐波的次数为 $6k \pm 1 (k = 1,2,3,\cdots)$，和单相交流调压电路相比，这里没有 3 的整数倍次谐波，因为其在此电路中不能流通。

在三相阻感负载时，$\phi > 0$，分析方法与单相时相同，同样要求触发脉冲为宽脉冲，但移相范围为 $\phi \leqslant \alpha \leqslant 150°$。当 $\alpha = \phi$ 时，线电流最大。根据不同的 ϕ 值通过实验可绘制出标幺值曲线如图 5-21 所示。晶闸管电流有效值 I_T、负载电流有效值 I_O 分别为

$$I_T = \sqrt{\frac{1}{2\pi}\int_0^{\theta} i_o^2 \mathrm{d}(\omega t)} = \sqrt{2} I_{O0} I_T^* \tag{5-15}$$

$$I_O = \sqrt{2} I_T = 2 I_{O0} I_T^* \tag{5-16}$$

表达式与单相时相同，但要注意，$I_{O0} = \frac{U_{相}}{Z} = \frac{U_{线}}{Z}$ 为晶闸管全导通时输出负载电流有效值。

晶闸管承受的电压最大值，经分析为

$$U_M = \pm \frac{\sqrt{6}U}{2} \tag{5-17}$$

5.3 交交变频电路

交交变频电路是把固定频率的交流电直接变换成可调频率的交流电的变流电路，也称为周波变流器，属于直接变频电路。

交交变频电路广泛用于大功率交流电动机调速传动系统，以三相输出的交交变频电路（简称三相交交变频电路）应用为主。但从学习的角度，单相输出的交交变频电路（简称单相交交变频电路）是基础，先通过单相交交变频电路学习其电路的构成、工作原理、控制方法及输入输出特性，然后再介绍三相交交变频电路。

5.3.1 单相交交变频电路

1. 电路构成及工作原理

单相交交变频电路的原理和输出电压波形如图 5-21 所示。电路由 P 组和 N 组两组反并联晶闸管变流电路构成，这与直流电动机可逆调速系统的变流主电路完全相同，只是在控制上有区别。后者控制时让两组变流器分别工作，在负载上得到极性可变的直流电。而前者控制时让两组变流器按一定频率交替工作，在负载上得到该频率的交流电。改变两组变流器的切换的频率就可改变输出频率；改变控制角 α 就可改变输出电压的幅值。

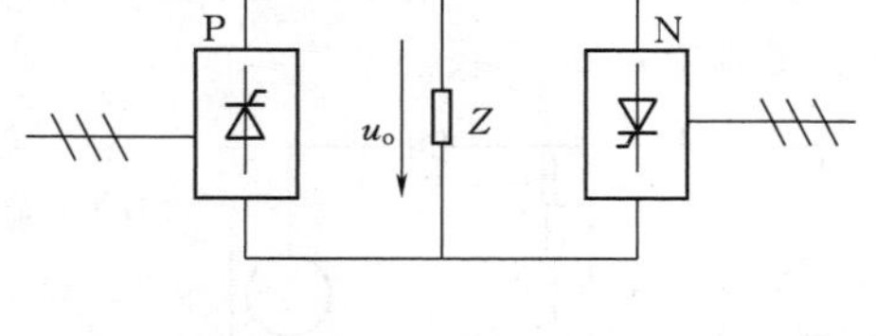

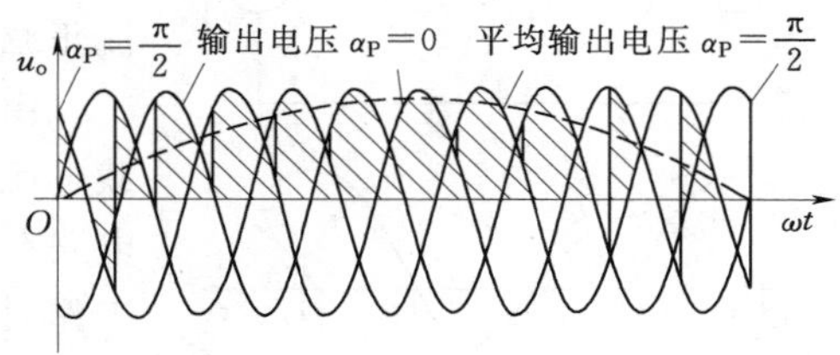

图 5-21 单相交交变频电路原理和输出电压波形

为了使输出电压的波形接近正弦波，通常采用调制的方法，即在半个周期内让 P 组变流器的 α 按某种调制方法求得的规律变化，从而得到一系列按正弦规律变化的平均电压值。

另半个周期对 N 组变流器进行同样的控制。这样从图 5-21 中可以看出，输出电压 u_o 并不是真正平滑的正弦波，而是由若干段电源电压平均值拼接构成。其中包含的电压平均值段数越多，就越接近正弦波。

2. 输出正弦波电压的调制方法

使交交变频电路的输出电压波形近似为正弦波的调制方法有多种。这里主要介绍最基本的并广泛使用着的余弦交点法。

晶闸管变流器的输出电压为

$$\overline{u_o}=U_{d0}\cos\alpha \tag{5-18}$$

式中 U_{d0} —— $\alpha=0$ 时的理想空载整流电压；

$\overline{u_o}$ ——对应每一个不同 α 时的电压平均值。

设要得到的正弦波电压为

$$u_o=U_{om}\sin\omega t \tag{5-19}$$

要想使输出电压 $\overline{u_o}$ 近似为正弦波 u_o，则

$$U_{d0}\cos\alpha=\overline{u_o}=u_o=U_{om}\sin\omega t \tag{5-20}$$

移项得

$$\alpha=\arccos\left(\frac{U_{om}}{U_{d0}}\sin\omega t\right)=\arccos(\gamma\sin\omega t) \tag{5-21}$$

式中，$\gamma=\frac{U_{om}}{U_{d0}}$，称为输出电压比（$0\leqslant\gamma\leqslant 1$）。

利用式（5-21）就可得到对应每一时刻的控制角 α，按此规律进行控制，便可得到近似正弦的输出电压波形。

上述余弦交点法可以用模拟电路来实现，但线路复杂，且不易实现精确控制。随着计算机控制技术的发展，可把计算好的数据存入存储器中，运行时按照所存的数据进行实时

控制。这样不但能精确计算 α，还可以实现各种复杂的控制运算，使整个系统获得很好的性能。

3. 工作状态的判断

交交变频电路的负载以阻感负载为例来说明电路的整流与逆变工作状态，此分析同样适用于交流电动机负载。

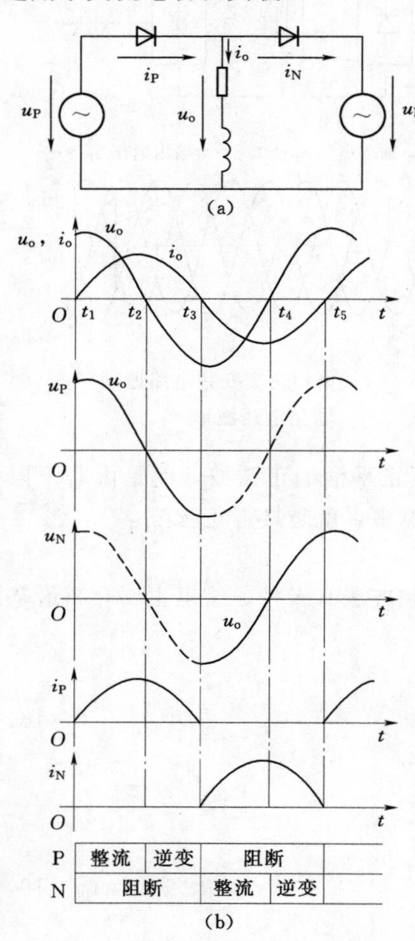

图 5-22 理想化交交变频电路的整流和逆变工作状态

分析时把交交变频电路理想化，忽略变流电路换相时输出电压的脉动分量，则可画出等效电路如图 5-22（a）所示。其中，交流电源表示变流电路可输出交流正弦电压，二极管体现了变流电路的单向导通性。

由于是阻感负载，可假设负载阻抗角为 φ，即负载电压波形超前负载电流波形 φ 角。另外，两组变流电路在工作时采用无环流工作方式，即一组变流电路工作时，封锁另一组变流电路的触发脉冲。

一个周期内负载电压、电流及两组变流电路的电压、电流如图 5-22（b）所示。可以看出，交交变频电路共有 4 种工作状态：P 组（正组）整流、P 组（正组）逆变、N 组（反组）整流、N 组（反组）逆变。

工作状态的判断方法为：①负载电流正半周，P 组（正组）工作；负载电流负半周，N 组（反组）工作；②负载电压方向与负载电流方向相同时，变流电路为整流运行；负载电压方向与负载电流方向相反时，变流电路为逆变运行。

根据工作状态的判断方法可知，在一个周期内：

$t_1 \sim t_2$ 期间，P 组（正组）工作，变流电路为整流运行。

$t_2 \sim t_3$ 期间，P 组（正组）工作，变流电路为逆变运行。

$t_3 \sim t_4$ 期间，N 组（反组）工作，变流电路为整流运行。

$t_4 \sim t_5$ 期间，N 组（反组）工作，变流电路为逆变运行。

其实，在无环流工作方式下，为了避免两组变流电路同时工作而出现环流，所以在两组变流电路之间进行切换的时候，即 P 组（正组）转为 N 组（反组）工作时和 N 组（反组）转为 P 组（正组）工作时会出现控制死区，单相交交变频电路的输出电压和电流波形如图 5-23 所示，这样就使得输出电压的波形畸变增大，输出电流断续，并限制输出频率的提高。和直流可逆调速系统一样，交交变频电路也可采用有环流的控制方式，但必须设置环流电抗器，使设备成本增加，运行效率降低。目前，以无环流应用得较多。

从能量传递的角度来看，当负载电压和电流之间的相位差 $\phi<90°$ 时，能量从电网流向负载；当负载电压和电流之间的相位差 $\phi>90°$ 时，能量从负载流向电网。

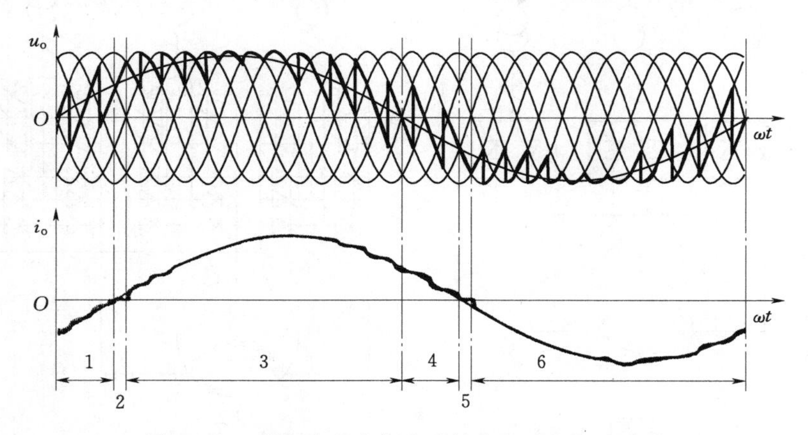

图 5-23 单相交交变频电路输出电压和电流波形

5.3.2 三相交交变频电路

交交变频电路主要应用于大功率交流电机调速系统，这种系统常使用三相交交变频电路。三相交交变频电路是由 3 组输出电压相位各差 120°的单相交交变频电路组成的，因此单相交交变频电路的许多分析和结论对三相交交变频电路都是适用的。

1. 电路接线方式

三相交交变频电路主要有两种接线方式，即公共交流母线进线方式和输出星形连接方式。

(1) 公共交流母线进线方式。三相交交变频电路简图如图 5-24 所示。它是由 3 组彼此独立的、输出电压相位各差 120°的单相交交变频电路构成，电源进线通过进线电抗器接在公共的交流母线上。因为电源进线端功用，所以三相交交变频电路的输出端必须隔离。为此，交流电动机的 3 个绕组必须拆开，共引出 6 根线。

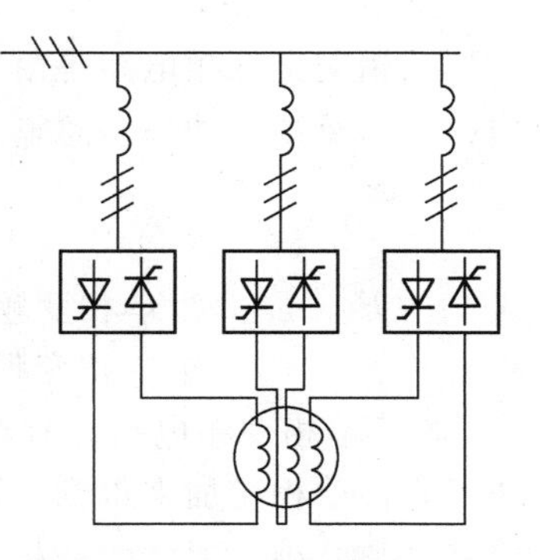

图 5-24 公共交流母线进线三相交交变频电路简图

公共交流母线进线方式的三相交交变频电路主要应用于中等容量的交流调速系统。

(2) 输出星形连接方式。图 5-25 是输出星形连接方式的三相交交变频电路原理图，其中，5-25 (a) 所示为简图，5-25 (b) 所示为详图。3 组单相交交变频电路的输出端是星形连接，电动机 3 个绕组也是星形连接，电动机的中性点不和变频电路的中点接在一起，电动机只引出 3 根线即可。因为 3 组单相交交变频电路的输出端未隔离，所以电源进线就必须隔离，因此 3 组单相交交变频电路分别用 3 个变压器供电。

2. 输入输出特性

就输出频率上限和输出电压中的谐波而言，三相交交变频电路和单相交交变频电路是一致的。下面主要分析输入电流和输入功率因数的一些差别。

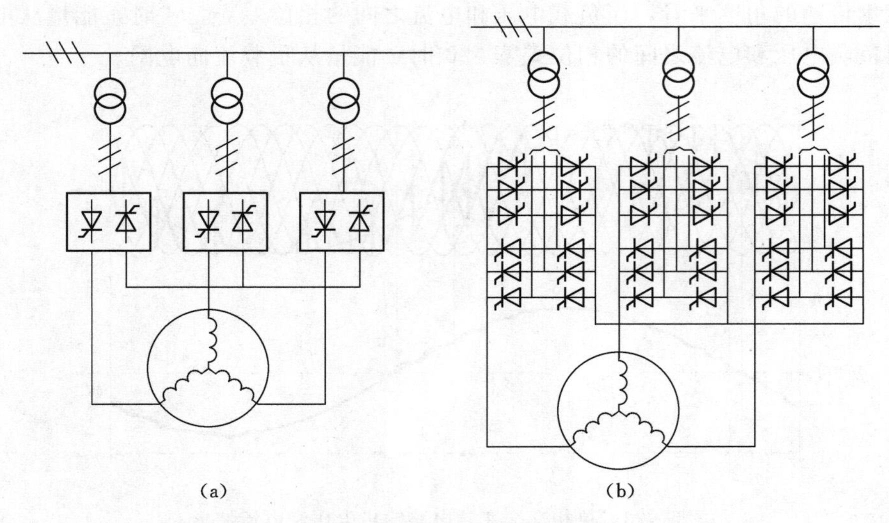

图 5-25 输出星形连接方式三相交交变频电路

对于单相输出时的情况来说，因为输出电流是正弦波，输入电流分担着该正弦波的一部分，所以是脉动的。输出电流正负半波极性相反，但反映到输入电流却是相同的。因此输入电流中含有 2 倍输出频率的谐波分量。对于三相输出时的情况来说，总输入电流是由 3 个单相变频电路的同一相（如 U 相）输入电流合成而得到的，有些谐波分量（如 $f_i \pm 2f_o$）互相抵消，使总的谐波分量大为减少。三相交交变频电路总的输入电流中主要谐波频率为

$$f_{ii} = |(mk \pm 1)f_i \pm 6lf_o| \pm |f_i \pm 6lf_o| \tag{5-22}$$

式中，$k = 1, 2, 3, \cdots$；$l = 0,1,2,\cdots$；m 为变流电路脉波数。

三相交交变频电路是由 3 组单相交交变频电路组成，每组单相变频电路都有自己的有功、无功及视在功率。总输入功率因数应为

$$\lambda = \frac{P_\Sigma}{S_\Sigma} \tag{5-23}$$

式中 P_Σ ——3 组单相变频电路总有功功率；

S_Σ ——3 组单相变频电路总视在功率。

3 组单相变频电路总有功功率为各相有功功率之和，但 3 组单相变频电路总视在功率却不能将单相相加来得到，而应由总输入电流和输入电压来计算。其值比三相各自的视在功率之和要小。因此，三相交交变频电路总输入功率因数要高于单相交交变频电路。但其功率因数低仍是一个主要缺点。

3. 交交变频电路的优、缺点

和交直交变频电路相比，交交变频电路有以下优点：

（1）只用一次变流，且使用电网换相，提高了变流效率。

（2）可以方便地实现四象限工作。

（3）低频时输出波形接近正弦波。

其主要缺点如下：

（1）接线复杂，使用晶闸管较多。由三相桥式变流电路组成的三相交交变频器至少需

要36只晶闸管。

(2) 受电网频率和变流电路脉波数得限制，输出频率较低。

(3) 采用相控方式，功率因数较低。

由于以上优、缺点，交交变频电路主要用在500kW或10000kW以上，转速在600r/min以下的大功率、低转速的交流调速装置中。目前已在矿石破碎机、水泥球磨机、卷扬机、鼓风机、挤轧机主传动装置中获得较多的应用。它既可用于异步电动机传动，也可用于同步电动机传动。

本 章 小 结

本章讲述的是交流变换电路，即把一种形式的交流电变成另一种形式交流电的电路。这种变换指相关的电压、电流、频率及相数的改变。主要包括交流调压电路和交流调功电路、交交变频电路等基本内容。对单相、三相交流调压电路的结构、工作原理、波形分析、参数计算进行了详细的介绍，对单相、三相交交变频电路从电路构成到工作原理以及控制方式及简单应用领域进行了详细介绍。本章重点要掌握单相、三相交流调压的基本工作方式和构成以及交交变频电路工作方式等内容。

习 题 与 思 考 题

5-1 一电阻性加热炉由单相交流调功电路供电，如控制角$\alpha=0°$时为输出功率最大值，试求功率为90%、50%时的控制角α。

5-2 试说出交流调压电路与交流调功电路的异同。

5-3 单相交流调压器在带电阻性和阻感性负载时控制角的移相范围如何？

5-4 单相交流调压电路，电源为工频220V，阻感负载，其中$R=0.5\Omega$，$L=2\text{mH}$。试求：①控制角的变化范围；②负载电流的最大有效值；③当$\alpha=\frac{\pi}{2}$时，晶闸管电流有效值及导通角。

5-5 三相全波星形连接的交流调压电路采用3组反并联的晶闸管，在阻性负载时，每个晶闸管承受的电压最大值是多少？

5-6 三相交流调压器在带电阻性和阻感性负载时控制角的移相范围如何？

5-7 试说明余弦交点法的基本原理。

5-8 三相交交变频电路的接线方式有几种？各有什么特点？

5-9 三相交交变频电路改善电路功率因数的方法有哪些？

5-10 单相交交变频电路和直流可逆电力拖动系统中的反并联的变流电路有何不同？

5-11 试说明余弦交点法的基本原理。

5-12 三相交交变频电路有哪两种接线方式？有什么区别？

5-13 如何改善交交变频电路的输入功率因数？

5-14 交交变频电路有何优、缺点？

5-15 交交变频电路适用于哪些场合？

第6章 无源逆变电路

本章要点

- 无源逆变电路的分类
- 无源逆变电路的工作原理
- 无源逆变电路的换流方式
- 电压型逆变电路
- 电流型逆变电路
- PWM逆变电路

本章难点

- 逆变电路的换流
- 三相电压型逆变电路
- PWM逆变电路

逆变就是将极性不变的直流电变成固定频率或可调频的交流电，即DC-AC变换，如果变换成的交流电作为电源给交流负载供电，那么这种DC-AC变换电路称为无源逆变电路。如果变换成的交流电不是作为电源，而是与电网连接，正如第2章中整流电路工作在逆变状态时，这种DC-AC变换称为有源逆变（有源逆变已经在第2章讲述）。无源逆变在交流电动机变频调速、感应加热、蓄电池等各种直流电源中应用非常广泛，本章就无源逆变电路的工作原理、性能指标等进行讨论，对无源逆变电路的应用在第7章重点介绍。在讲述过程中为了方便，把无源逆变电路简称为逆变电路。

6.1 逆变电路的分类

逆变电路的种类很多，根据输入电源基本上分为单相和三相两大类，根据负载功率的不同，中、小功率的可以选择单相逆变电路，中、大功率的一般选择三相逆变电路。而这两类电路又可按下面特点进行分类。

1. 根据输入直流电源的特点分类

（1）电压型。在输入直流母线上并联有大电容，抑制母线电压纹波，直流侧可近似看作一个理想的恒压源。

（2）电流型。在输入直流侧串联有大电感，可以抑制输出直流电流纹波，使得直流侧可以近似看作一个理想恒流源。

2. 根据电路结构分类

（1）桥式逆变电路。一般两组功率开关串联跨接于电源成为一个桥臂，以其串联中点

为输出点，这是桥式电路的基本结构。实际逆变电路多以基本电路为基础并加以组合，如半桥、全桥、三相桥、多相桥等。

（2）推挽式逆变电路。其基本结构是电源经一个三绕组变压器以及两个功率开关交替向负载供电。

3. 根据所用器件的换流方式分类

（1）器件换流。利用全控型器件自身的关断能力进行换流称为器件换流。在采用IGBT、功率MOSFET、GTO、GTR等全控型器件的电路中，其换流方式即为器件换流。

（2）负载换流。由负载提供换流电压称为负载换流，通常采用的是负载谐振换流。

（3）强迫换流。通过附加的换流装置，给欲关断的器件强迫施加反向电压或反向电流的换流方式称为强迫换流。

器件换流只适应于全控型器件，另外两种换流主要用于半控型器件。

4. 根据负载特点分类

（1）谐振式逆变电路。

（2）非谐振式逆变电路。

5. 根据输出波形分类

（1）正弦波逆变电路。

（2）方波逆变电路。

6.2 逆变电路的工作原理和换流方式

6.2.1 逆变电路的工作原理

下面以单相桥式逆变电路为例来说明逆变电路的工作原理。

图6-1所示为单相桥式逆变电路的电路及波形。在图6-1（a）中，U_d为输入的直流电压，$S_1 \sim S_4$是桥式电路的4个桥臂，由电力电子器件及其辅助电路组成。当开关S_1、S_4闭合，S_2、S_3断开时，负载电压u_o为正，$u_o=-U_d$；当开关S_1、S_4断开，S_2、S_3闭合时，u_o为负，$u_o=+U_d$这样就把直流电变成了交流电。改变两组开关的切换频率，即可改变输出交流电的频率。电阻负载时，负载电流i_o和u_o的波形相同，相位也相同。阻感负载时，i_o相位滞后于u_o，波形也不同。波形如6-1（b）所示。

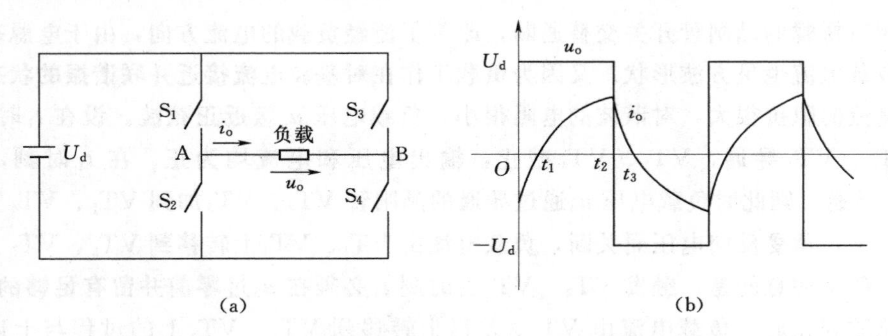

图6-1 单相桥式逆变电路及其波形

6.2.2 逆变电路的换流方式

在图 6-1 中，当 S_1、S_4 和 S_2、S_3 交替通断时，回路电流在两个支路间也出现了交替，由于 S_1 和 S_2（S_4 和 S_3）不能同时闭合（那样会导致直流侧短路），为保证逆变电路正常工作就要求桥臂开关切换时，电流能从一个支路向另一个支路转移，这个过程称为换流，也叫做换相。

在换流过程中，有的支路器件要从通态转换成断态，有的支路器件从断态转换成通态。支路上的电力电子器件从断态转换成通态，无论电力电子器件是全控型还是半控型，只要给门极加触发脉冲就可以实现，而从通态转换成断态时，全控型电力电子器件通过门极控制使其关断，半控型器件需要在其电流过零后再施加一定时间的反向电压才能使其关断，也就是说，半控型器件要利用外部条件才能使其关断。所以电力电子器件的关断比开通要复杂，因此研究换流也就主要研究如何使电力电子器件关断。逆变电路通常有以下几种换流。

1. 器件换流

利用全控型电力电子器件的自关断能力进行换流称为器件换流。在采用 IGBT、电力 MOSFET、GTO、GTR 等全控型器件的电路中的换流方式是器件换流。全控型器件利用对门极触发信号的控制，既能使其开通也能使其关断，这种换流依靠器件本身来完成，不需要借助外部电路，容易实现，电路简单。

2. 负载换流

由负载提供换流电压的换流方式称为负载换流。逆变电路负载电流的相位超前于负载电压（即带电容性负载）的场合，当流过晶闸管中的振荡电流自然过零时，由于电压落后于电流，所以晶闸管仍将承受反向电压，如果这时电流的超前时间大于晶闸管的关断时间，就能可靠实现晶闸管的关断，完成换流。一般负载为电容性或同步电机（可控制励磁电流使其呈容性）时可实现负载换流。这种换流，主电路不需要附加换流环节，也称自然换流。

图 6-2（a）所示为基本的负载换流逆变电路，4 个桥臂均由晶闸管构成。负载是电阻电感串联后再与电容并联，整个负载工作在接近并联谐振状态而略呈容性。在直流侧串入大电感 L_d，可认为 i_d 基本无脉动，负载电流为方波。图 6-2（b）所示为电路的工作波形。

图中相对桥臂的晶闸管开关交替通断，改变了流经负载的电流方向，由于电源基本恒定，所以负载电流也呈方波形状。又因为负载工作在对基波电流接近并联谐振的状态，所以对基波电流的阻抗很大，对谐波的电阻很小，负载电压 u_o 接近正弦波。设在 t_1 时刻前，晶闸管 VT_1、VT_4 导通，VT_2、VT_3 截止，输出电压和电流均为正。在 t_1 时刻，触发 VT_2、VT_3 导通，则此时负载电压 u_o 通过导通的晶闸管 VT_2、VT_3 加到 VT_1、VT_4 上，晶闸管 VT_1、VT_4 承受反向电压而关断，负载电流由 VT_1、VT_4 上转移到 VT_2、VT_3 上，完成了换流。值得注意的是，触发 VT_2、VT_3 的时刻 t_1 必须在 u_o 过零前并留有足够的裕量，才能使换流顺利完成。负载电流由 VT_2、VT_3 上转移到 VT_1、VT_4 上的过程与上述情况类似。

3. 强迫换流

强迫换流亦称电容换流，设置附加的换流电路，给欲关断的晶闸管强迫施加反压或反电流的换流方式称为强迫换流。附加换流电路通常由电感、电容、小容量晶闸管等组成。换流回路的任务是在需要的时刻产生短暂的反向脉冲电压，迫使导通的管子关断。换流所需的能量通常由附加的电容来提供，所以有时也称电容换流。

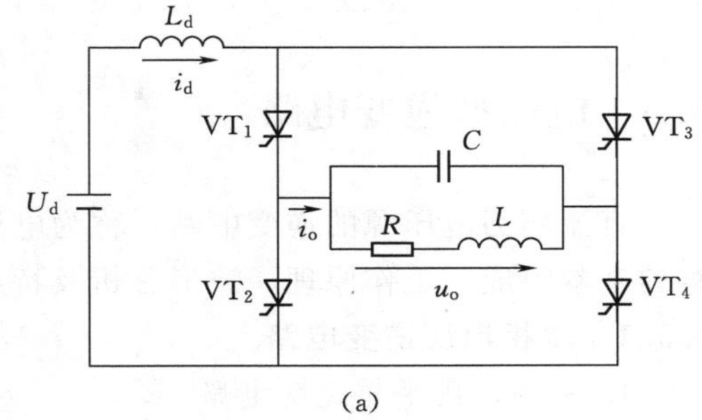

(a)

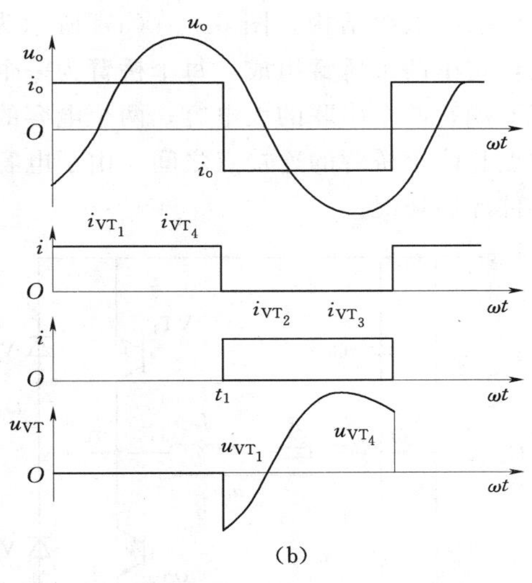

(b)

图 6-2　负载换流电路及其工作波形

强迫换流的换流电压由附加电路的电容直接提供的叫直接耦合式强迫换流，如图 6-3 所示。当晶闸管处于导通状态时，预先给电容充电至如图 6-3 所示的极性电压，如果开关 S 合上，晶闸管 VT 立即承受一个反向电压而关断。

强迫换流的换相电压或换相电流通过换相电路内的电容和电感的耦合来提供的叫电感耦合式强迫换流，如图 6-4 所示。图中 LC 回路电容的极性如果是下正上负，则晶闸管在 LC 振荡的第一个周期内关断。因为当开关 S 合上后，LC 振荡电流将反向流过晶闸管 VT，与流经 VT 的负载电流反向叠加，直到 VT 的电流降到零，此时二极管开始导通，晶闸管关断，加在晶闸管 VT 上的反向电压就是二极管的管压降；图中 LC 回路电容的极性如果是上正下负，则晶闸管在 LC 振荡的第二个半周期内关断。这是因为合上开关 S 后，LC 振荡电流将和流过晶闸管 VT 的负载电流同向叠加，经过半个周期后振荡电流反向，与晶闸管 VT 的正向电流反向叠加直至 VT 的电流降到零，二极管导通，晶闸管 VT 关断，所以晶闸管的关断时间是在振荡的第二个半周期。同样，加在晶闸管 VT 上的反向电压也是二极管的管压降。

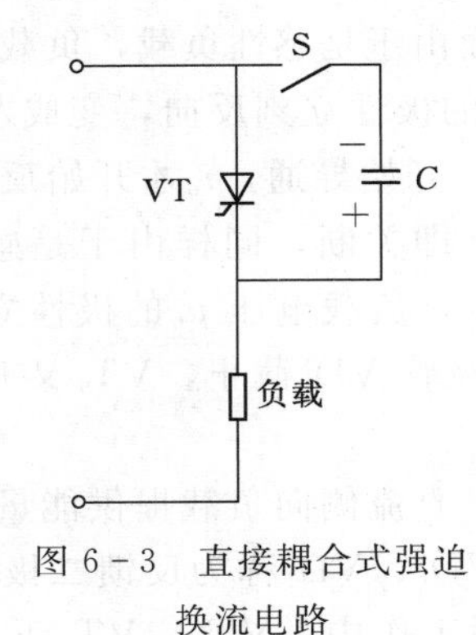

图 6-3　直接耦合式强迫换流电路

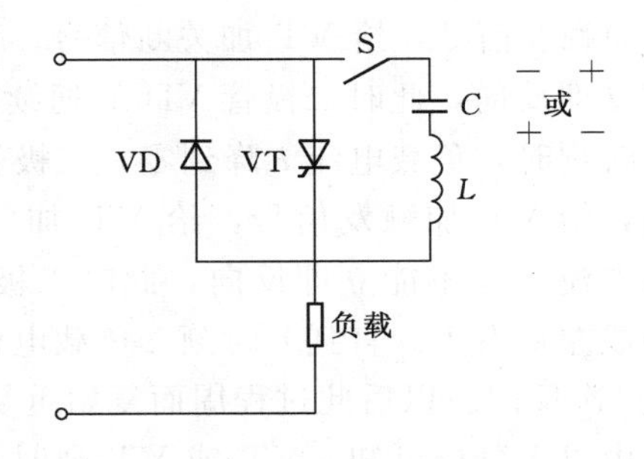

图 6-4　电感耦合式强迫换流电路

在上述3种换流方式中，器件换流适应于全控型器件，另外两种适应于普通晶闸管。

6.3 电压型逆变电路

直流侧为电压源的逆变电路，称为电压型逆变电路。本节主要讲述各种电压型逆变电路的基本组成、工作原理、波形分析及特点。

6.3.1 单相电压逆变电路

1. 单相电压半桥逆变电路

(1) 电路结构。图6-5(a)所示为电压型半桥逆变电路。从逆变器向直流侧看过去，它由两个桥臂组成，每个桥臂为一个全控开关器件和一个反并联二极管并联组成。在直流侧有两个串联的大电容，两个电容的连接点为直流电源的中点。负载连接在直流电源中点和两个桥臂的连接点之间。由于电容容量较大，O点电位基本不变，A点电位取决于器件导通情况。

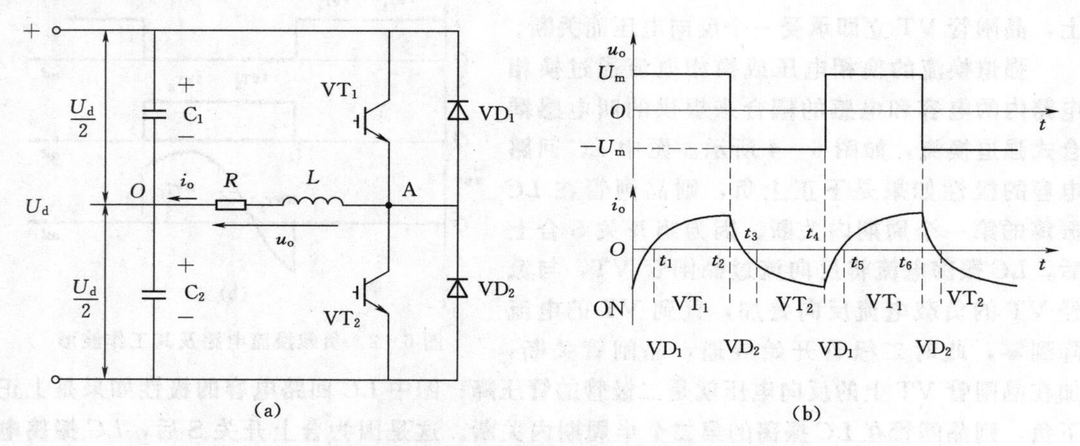

图6-5 单相电压型半桥逆变电路及其工作波形

(2) 工作原理。设在一个周期内开关器件VT_1和VT_2的栅极信号各有半周正偏、半周反偏，两者互补，输出电压u_o为矩形波，幅值为$U_m=U_d/2$。工作波形如图6-5(b)所示。设在t_2时刻之前VT_1导通，VT_2关断，负载电压u_o的极性为左负右正。t_2时刻给VT_2加触发信号，给VT_1加关断信号，VT_1立即关断，而由于是感性负载，负载电流i_o却不能立即反向，此时二极管VD_2导通续流，负载电压u_o的极性立刻反向，变成左正右负。当t_3时刻时，负载电流i_o降到零，二极管VD_2截止，VT_2开始导通，i_o才开始反向。在t_4时刻，给VT_1加触发信号，给VT_2加关断信号，VT_2立即关断，同样由于是感性负载，负载电流i_o也不能立即反向，此时二极管VD_1导通续流，负载电压u_o的极性立刻反向，又变成左负右正。直到t_5时刻，负载电流i_o降到零，二极管VD_1截止，VT_1又开始导通，i_o又再次反向。以后此过程周而复始重复出现。

由以上分析可知，VT_1或VT_2通时，i_o和u_o同方向，直流侧向负载提供能量；VD_1或VD_2导通时，i_o和u_o反向，电感中储能向直流侧反馈。VD_1、VD_2称为反馈二极管，它又起着使负载电流连续的作用，又称续流二极管。在实际工作中，VT_1、VT_2不能同时导

通，否则会引起电源短路。

(3) 电路的特点。单相电压半桥逆变电路结构简单，使用器件少，但输出交流电压幅值仅为$U_d/2$，且直流侧需两电容器串联，要控制两者电压均衡。所以此种逆变电路主要用于几千瓦以下的小功率逆变电源。

2. 单相电压全桥逆变电路

(1) 电路结构。图6-6 (a) 所示为电压型全桥逆变电路。它由4个桥臂组成，每个桥臂为一个全控开关器件和一个反并联二极管并联。此电路也可以看成由两个半桥电路组成。在直流侧只并有一个大电容。负载连接两个桥臂的连接点A、B之间。VT_1、VT_4和VT_2、VT_3分别组成两对相对的桥臂，工作时两对桥臂相互交替导通180°。

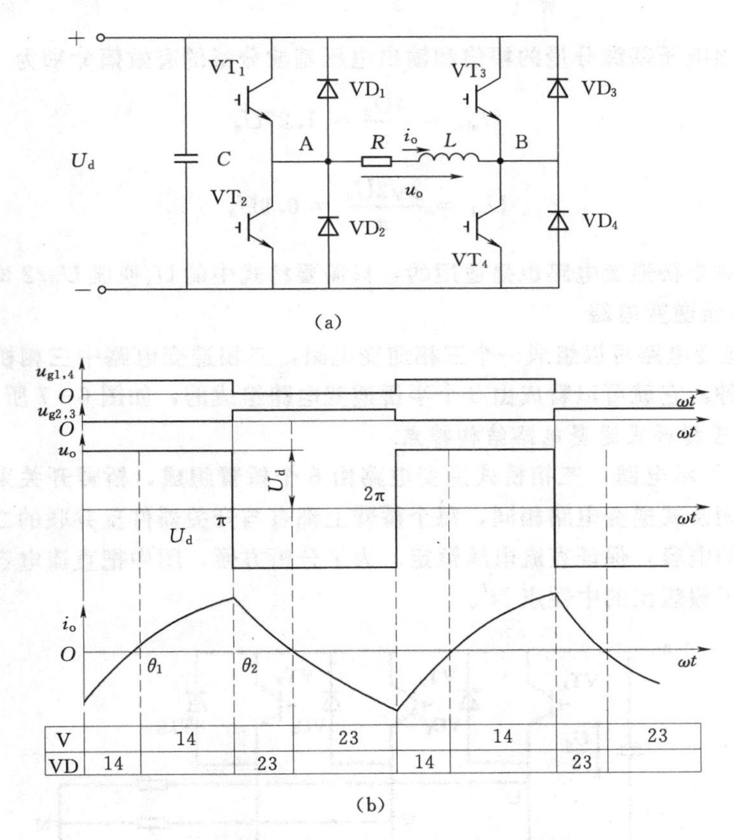

图6-6 单相电压型全桥逆变电路及其工作波形

(2) 工作原理及特点。全桥电压逆变电路的工作原理与半桥逆变电路工作原理基本相同，其工作波形如图6-6 (b) 所示。设VT_1、VT_4导通，此时负载电压u_o与直流电压U_d相等。对于阻感性负载，在π时刻给VT_1、VT_4加关断信号，VT_1、VT_4立即关断，给VT_2、VT_3加触发信号，由于是感性负载，负载电流不能突变，所以此时与半桥电路相似，二极管VD_2、VD_3导通续流，负载输出电压为$-U_d$。当负载电流降到零时，VT_2、VT_3触发导通，负载输出电压保持为$-U_d$。同理，到2π时刻时，给VT_2、VT_3

加关断信号，VT_1、VT_4加触发信号，VT_2、VT_3立即关断，而二极管VD_1、VD_4导通续流直到负载电流降到零，VT_1、VT_4开始导通，VD_1、VD_4导通续流和VT_1、VT_4导通期间，负载输出电压为U_d。

与单相半桥逆变电路相比，在负载相同的情况下，电流、电压的波形相同，幅值为单相半桥逆变电路的2倍。

（3）参数分析。全桥逆变电路是单相逆变电路中应用最广泛的一种，下面对其电压波形作定量分析。如图6-6中负载电压的波形是幅值为U_d的方波，将其展开成傅里叶级数得

$$u_o=\frac{4U_d}{\pi}\left(\sin\omega t+\frac{1}{3}\sin3\omega t+\frac{1}{5}\sin5\omega t+\cdots\right) \tag{6-1}$$

其中，输出电压基波分量的幅值和输出电压基波分量的有效值分别为

$$U_{o1m}=\frac{4U_d}{\pi}=1.27U_d \tag{6-2}$$

$$U_{o1}=\frac{2\sqrt{2}U_d}{\pi}=0.9U_d \tag{6-3}$$

上述公式对半桥逆变电路也是适用的，只需要将式中的U_d换成$U_d/2$即可。

6.3.2 三相电压逆变电路

3个半桥逆变电路可以组成一个三相逆变电路，三相逆变电路中三相桥式逆变电路是应用最多的一种，它就可以看成由3个半桥逆变电路组成的，如图6-7所示。

1. 三相电压型桥式逆变电路结构特点

如图6-7所示电路，三相桥式逆变电路由6个桥臂组成，桥臂开关采用IGBT全控型器件，与单相桥式逆变电路相同，每个桥臂上都有与开关器件反并联的二极管。电路直流侧并联有大的电容，保证直流电压恒定。为了分析方便，图中把直流电容变成两个串联电容，并标出了假想出的中性点N′。

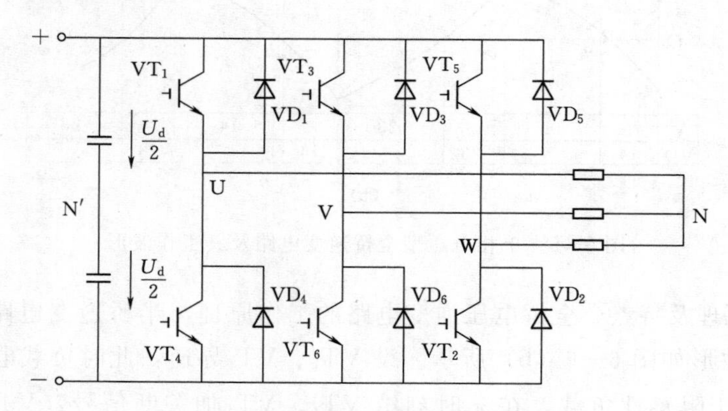

图6-7 三相电压型全桥逆变电路

2. 三相电压型桥式逆变电路的工作方式

三相电压型桥式逆变电路的工作方式也是180°导电型，即每个桥臂的导电角为180°，

同一相上下两臂交替导电，各相开始导电的时间依次相差120°。在一个周期内，6个桥臂开关按照从1～6的次序触发导通，依次相隔60°，任一时刻均有3个桥臂导通，导通的组合顺序为$VT_1VT_2VT_3$、$VT_2VT_3VT_4$、$VT_3VT_4VT_5$、$VT_4VT_5VT_6$、$VT_5VT_6VT_1$、$VT_6VT_1VT_2$，每种组合工作的时间是60°。因为每次换流都是在同一相上下两臂之间进行，所以也称为纵向换流。

3. 波形分析

设负载为星形连接，且三相对称，中性点为N。图6-8所示给出了三相电压型逆变电路的工作波形，同时为了分析方便，把一个周期分成了6个区域，每个区域60°。

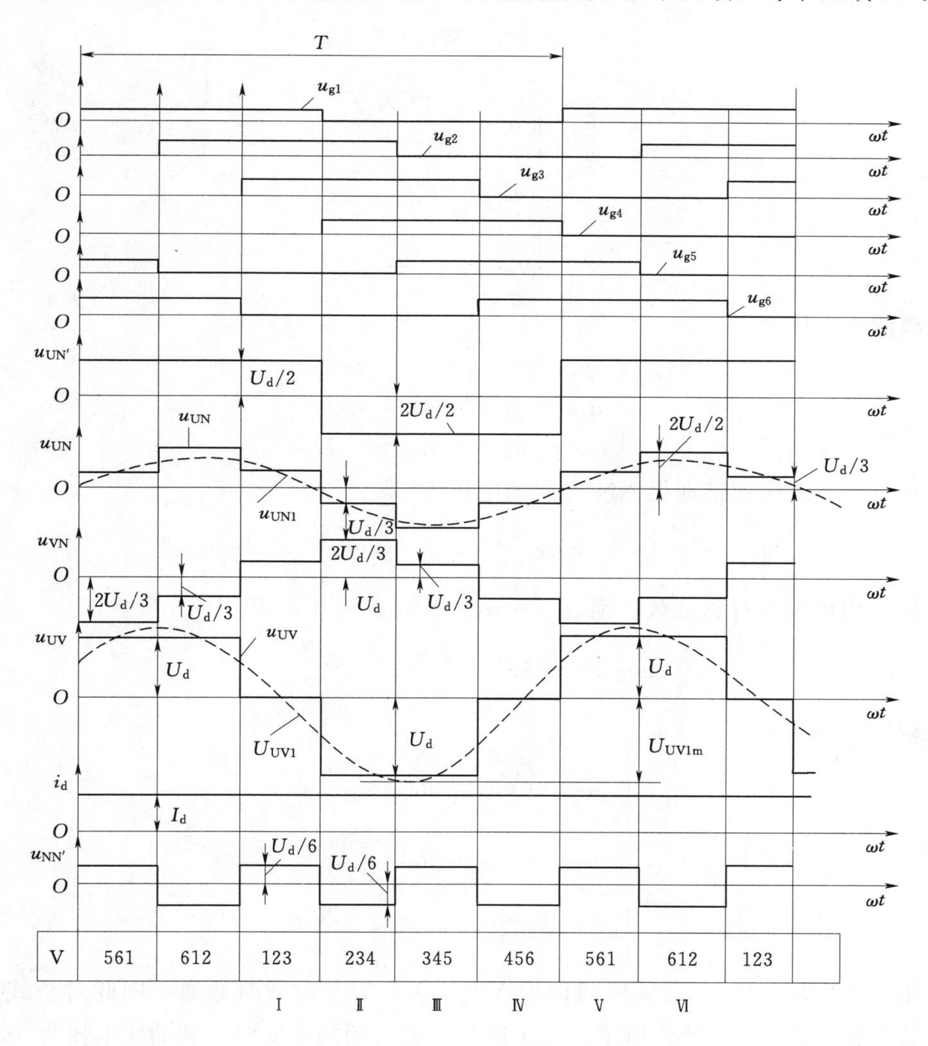

图6-8 三相电压型全桥逆变电路工作波形

在第1个区域0～π/3区间内设VT_1、VT_2、VT_3同时导通，则此时桥式逆变电路的等效电路如图6-9（a）所示。此时各相与N′之间的电压为

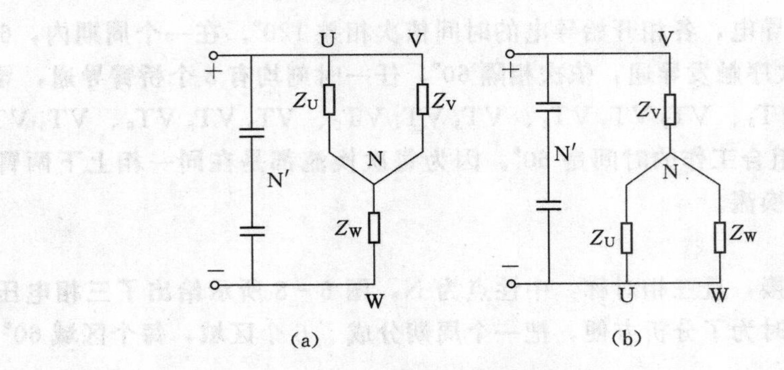

图 6-9 逆变桥的等效电路

$$\begin{cases} u_{UN'} = \dfrac{U_d}{2} \\ u_{VN'} = \dfrac{U_d}{2} \\ u_{WN'} = -\dfrac{U_d}{2} \end{cases} \tag{6-4}$$

负载的线电压为

$$\begin{cases} u_{UV} = u_{UN'} - u_{VN'} = 0 \\ u_{VW} = u_{VN'} - u_{WN'} = U_d \\ u_{WU} = u_{WN'} - u_{UN'} = -U_d \end{cases} \tag{6-5}$$

把式（6-5）相加整理得 NN′之间的电压为

$$u_{NN'} = \frac{1}{3}(u_{UN'} + u_{VN'} + u_{WN'}) + (u_{UN} + u_{VN} + u_{WN}) \tag{6-6}$$

如果三相负载是对称负载，则 $u_{UN'} + u_{VN'} + u_{WN'} = 0$，所以

$$u_{NN'} = \frac{u_{UN'} + u_{VN'} + u_{WN'}}{3} = \frac{U_d}{6} \tag{6-7}$$

负载的相电压为

$$\begin{cases} u_{UN} = u_{UN'} - u_{NN'} = \dfrac{U_d}{3} \\ u_{VN} = u_{VN'} - u_{NN'} = \dfrac{U_d}{3} \\ u_{WN} = u_{WN'} - u_{NN'} = -\dfrac{2U_d}{3} \end{cases} \tag{6-8}$$

在第 2 个区域 $\pi/3 \sim 2\pi/3$ 区间内设 VT_2、VT_3、VT_4 同时导通，则此时桥式逆变电路的等效电路如图 6-9（b）所示。与 1 区分析方法相同，此时负载的线电压为

$$\begin{cases} u_{UV} = u_{UN'} - u_{VN'} = -U_d \\ u_{VW} = u_{VN'} - u_{WN'} = U_d \\ u_{WU} = u_{WN'} - u_{UN'} = 0 \end{cases} \tag{6-9}$$

负载的相电压为

$$\begin{cases} u_{UN}=u_{UN'}-u_{NN'}=-\dfrac{U_d}{3} \\ u_{VN}=u_{VN'}-u_{NN'}=\dfrac{2U_d}{3} \\ u_{WN}=u_{WN'}-u_{NN'}=-\dfrac{U_d}{3} \end{cases} \tag{6-10}$$

根据相同的方法可以依次得到其余 4 个区域的等效电路和相应负载的线电压和相电压的值，如表 6-1 所示。

表 6-1　　电压型三相桥式逆变电路的工作状态表

ωt		$0\sim\frac{1}{3}\pi$	$\frac{1}{3}\pi\sim\frac{2}{3}\pi$	$\frac{2}{3}\pi\sim\pi$	$\pi\sim\frac{4}{3}\pi$	$\frac{4}{3}\pi\sim\frac{5}{3}\pi$	$\frac{5}{3}\pi\sim2\pi$
导通开关管		$VT_1VT_2VT_3$	$VT_2VT_3VT_4$	$VT_3VT_4VT_5$	$VT_4VT_5VT_6$	$VT_5VT_6VT_1$	$VT_6VT_1VT_2$
VT_6 负载等效电路		+ Z_U Z_V N Z_W −	+ Z_V N Z_U Z_W −	+ Z_V Z_W N Z_U −	+ Z_W N Z_U Z_V −	+ Z_U Z_W N Z_V −	+ Z_U N Z_V Z_W −
输出相电压	u_{UN}	$\frac{1}{3}U_d$	$-\frac{1}{3}U_d$	$-\frac{2}{3}U_d$	$-\frac{1}{3}U_d$	$\frac{1}{3}U_d$	$\frac{2}{3}U_d$
	u_{VN}	$\frac{1}{3}U_d$	$\frac{2}{3}U_d$	$\frac{1}{3}U_d$	$-\frac{1}{3}U_d$	$-\frac{2}{3}U_d$	$-\frac{1}{3}U_d$
	u_{WN}	$-\frac{2}{3}U_d$	$-\frac{1}{3}U_d$	$\frac{1}{3}U_d$	$\frac{2}{3}U_d$	$\frac{1}{3}U_d$	$-\frac{1}{3}U_d$
输出线电压	u_{UV}	0	$-U_d$	$-U_d$	0	U_d	U_d
	u_{VW}	U_d	U_d	0	$-U_d$	$-U_d$	0
	u_{WU}	$-U_d$	0	U_d	U_d	0	$-U_d$

从图 6-8 所示的波形图中可以看出，星形三相平衡负载上的相电压 u_{UN}、u_{VN}、u_{WN} 波形为宽度 180°的正负对称的阶梯波，相位差为 120°，三相对称，实现了把直流电变成交流电。

4. 参数分析

利用傅里叶级数得 u_{UV} 线电压的瞬时值为

$$u_{UV}=\frac{2\sqrt{3}U_d}{\pi}\left(\sin\omega t-\frac{1}{5}\sin5\omega t-\frac{1}{7}\sin7\omega t+\frac{1}{11}\sin11\omega t+\frac{1}{13}\sin13\omega t-\cdots\right) \tag{6-11}$$

输出线电压的有效值 U_{UV} 为

$$U_{UV}=\sqrt{\frac{1}{2\pi}\int_0^{2\pi}u_{UV}^2\mathrm{d}\omega t}=0.816U_d \tag{6-12}$$

其基波分量的幅值 U_{UV} 和有效值 U_{UV1} 分别为

$$U_{UV1m}=\frac{2\sqrt{3}U_d}{\pi}=1.1U \tag{6-13}$$

$$U_{UV1}=\frac{U_{UV1m}}{\sqrt{2}}=\frac{\sqrt{6}}{\pi}U_d=0.78U_d \tag{6-14}$$

利用傅里叶级数得 u_{UN} 相电压的瞬时值为

$$u_{UN}=\frac{2U_d}{\pi}\left(\sin\omega t+\frac{1}{5}\sin5\omega t+\frac{1}{7}\sin7\omega t+\frac{1}{11}\sin11\omega t+\frac{1}{13}\sin13\omega t+\cdots\right) \tag{6-15}$$

输出相电压的有效值为

$$U_{UN}=\sqrt{\frac{1}{2\pi}\int_0^{2\pi}u_{UN}^2\mathrm{d}\omega t}=0.471U_d \tag{6-16}$$

其基波分量的幅值 U_{UN1m} 和有效值 U_{UN1} 分别为

$$U_{UN1m}=\frac{2U_d}{\pi}=0.637U_d \tag{6-17}$$

$$U_{UN1}=\frac{U_{UN1m}}{\sqrt{2}}=0.45U_d \tag{6-18}$$

在三相电压型桥式逆变电路中，为了防止同一相上下两桥臂的开关器件同时导通而引起直流侧电源的短路，要采取“先断后通”的方法。即先给应关断的全控开关器件关断信号，待其关断后留一定的时间裕量，然后再给应导通的全控开关器件发出开通信号。显然，前述的单相电压型逆变电路也必须采取这一方法。

综上所述，对于电压型逆变电路来说，其直流侧为电压源或并联大电容，直流侧电压基本无脉动。输出电压为矩形波，输出电流因负载阻抗不同而不同。阻感负载时需提供无功功率。为了给交流侧向直流侧反馈的无功能量提供通道，逆变桥各臂并联反馈二极管。因为输出电压极性不可改变，交流侧要向直流侧反馈无功，只能通过改变电流的方向实现，所以需并联反馈二极管以提供反向电流通路。

6.4 电流型逆变电路

直流侧为电流源的逆变电路，称为电流型逆变电路，本节主要介绍各种电流型逆变电路的基本组成、工作原理、波形分析及特点。

6.4.1 单相电流型逆变电路

单相电流型逆变电路以桥式电路应用较多，在单相桥式电流型逆变电路中，主要是利用负载电路的谐振来换流，所以此电路也称为并联谐振式逆变电路。

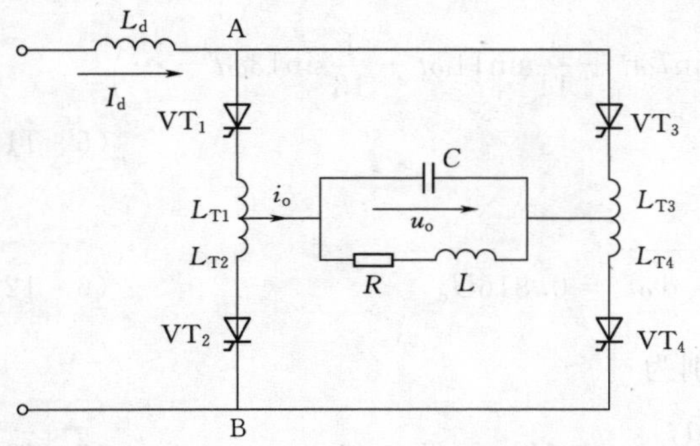

图 6-10 单相桥式电流型并联谐振逆变电路

如图 6-10 所示，并联谐振式逆变电路由 4 个桥臂构成，每个桥臂的晶闸管各串有一个电感量很小的电抗器，用于限制晶闸管电流的上升率；换相电容 C 与负载 L、R 构成并联谐振电路，用于实现负载换相；输入直流电源侧串有大电感 L_d，用于稳定输入电流，使输入电流近似不变，输出电流波形近

似矩形波。此种电路多应用于金属熔炼、淬火的中频加热电源。

该逆变电路相对桥臂的两组晶闸管以一定频率交替导通和关断，由于负载为感性负载，所以负载电流不能突变，下面主要分析该电路的换流过程。

整个工作过程的波形如图 6-11 所示。在 $t_1 \sim t_2$ 区间，晶闸管 VT_1、VT_4 稳定导通，负载电流 i_o 经 VT_1 流入，经过负载 L，从 VT_4 流出，大小与 I_d 相等。由于负载上并联有电容 C，此时电容上建立起极性左正右负的电压。又由于负载换流要求电流超前电压，所以 LC 回路工作在近似谐振状态，负载电流和电压波形参见图 6-11。

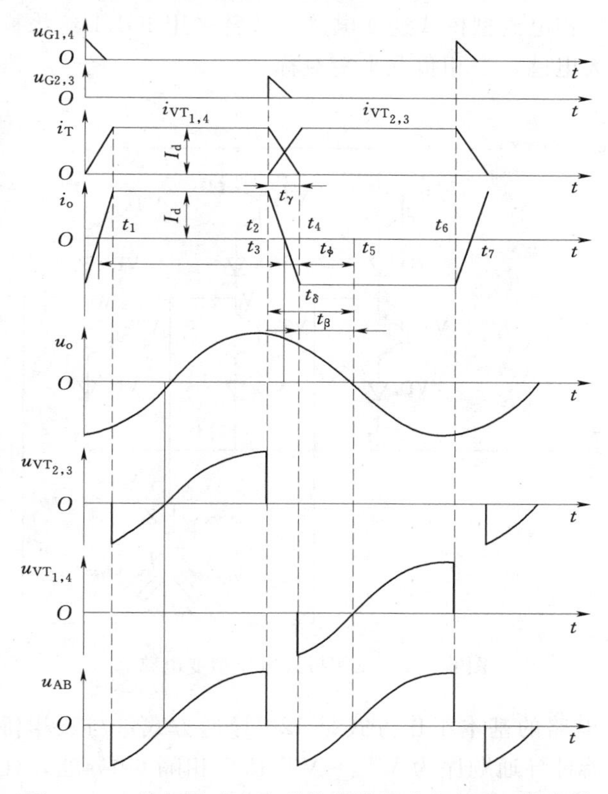

图 6-11 单相桥式电流型并联谐振逆变电路工作波形

在 t_2 时刻给晶闸管 VT_2 和 VT_3 加触发脉冲，由于 t_2 之前负载电压 u_d 的极性左正右负，对 VT_2 和 VT_3 来说其阳极电压为正，所以 VT_2 和 VT_3 触发导通，进入换流阶段。由于桥臂上串有电抗器，所以晶闸管 VT_1 和 VT_4 不能立即关断，其电流只能逐渐减小，而 VT_2 和 VT_3 上的电流也只能逐渐增加，此时 4 只晶闸管全部处于导通状态，负载上的电容电压经两个并联的放电回路同时放电。放电回路一路经 L_{T1}、VT_1、VT_3、L_{T3} 回到电容 C；另一路经 L_{T2}、VT_2、VT_4、L_{T4} 回到电容 C。t_3 时刻对应负载电流的过零点，t_4 时刻 VT_1、VT_4 的电流减小至零，VT_2、VT_3 的电流升到负载电流 I_d，换流过程结束。$t_2 \sim t_4$ 区间所对应的时间叫换流时间，用 t_γ 表示。虽然 t_4 时刻 VT_1、VT_4 的电流减小至零，但其恢复正向阻断能力还需要一段时间，此时仍需继续给它们施加反向电压，施加反向电压的时间即 t_β（对应图中 $t_4 \sim t_5$）大于晶闸管的关断时间 t_q。换流电容就是提供滞后的反向电压，保

证 VT_1、VT_4可靠关断。从图中还可以看出，要保证可靠换流，必须在负载电压u_o过零前给 VT_2、VT_4加触发脉冲，才能保证可靠换流，这段时间也称为触发引前时间，对应$t_2 \sim t_5$的区间，用t_f表示。在t_6时刻之前是 VT_2、VT_4的稳定导通阶段，t_6时刻给 VT_2、VT_4加触发脉冲，又进入换流阶段，与前述工作原理相同，换流结束后重复上述工作过程进入下一个周期。

本书对于单相电流型桥式逆变电路不作定量分析，大家可参阅其他书籍。

6.4.2 三相电流型逆变电路

图 6-12 所示为三相电流型桥式逆变电路。桥臂采用 IGBT 绝缘栅双极型晶体管作为开关元件，直流串有大电感，三相负载平衡对称。

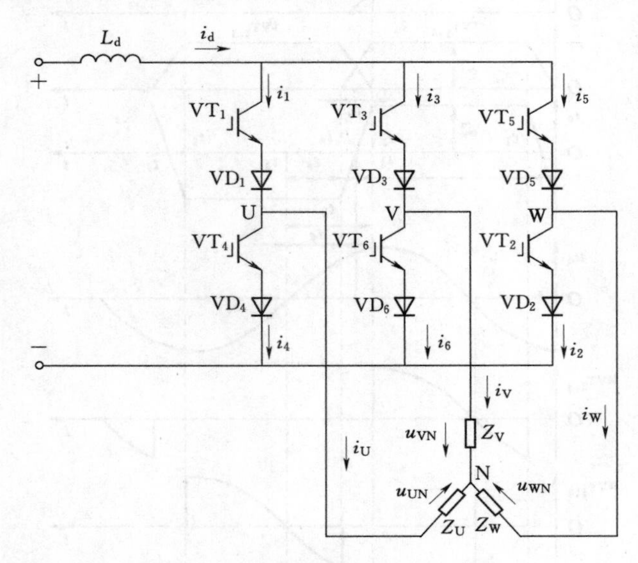

图 6-12 三相桥式电流型变电路

电流型桥式逆变电路的基本工作方式是120°导通方式，与三相桥式整流电路的工作情况相似。桥臂开关器件导通顺序为 $VT_1 \sim VT_6$依次相隔 60°导通，任意瞬间上桥臂组和下桥臂组各有一个桥臂导通，每个桥臂导通 120°。换流时都是在上桥臂组或下桥臂组内进行，这种换流也叫做横向换流。

如果负载为星形连接且三相负载对称，忽略换流过程，则工作电流的波形如图 6-13 所示。为了分析方便，将一个周期分为 6 个区域，每个区域 60°。

在第 1 个区域 $0 \sim \pi/3$ 区间，此时 VT_1、VT_6 导通，电流从电源正经 VT_1、Z_U、Z_V、VT_6回到电源负，负载 Z_U、Z_V有电流 i_U、i_V流过。由于直流侧电流基本恒定，所以输出的负载电流为方波，U 相电流方向与图 6-12 中参考方向一致，V 相电流方向与图 6-12 中参考方向相反，大小为 I_d。

在第二个区域 $\pi/3 \sim 2\pi/3$ 区间，此时 VT_1、VT_2 导通，电流从电源正经 VT_1、Z_U、Z_W、VT_2回到电源负，负载 Z_U、Z_W有电流 i_U、i_W流过。此时输出的负载电流为方波，U 相电流方向与图 6-12 中参考方向一致，W 相电流方向与图 6-12 中参考方向相反，大小为 I_d。

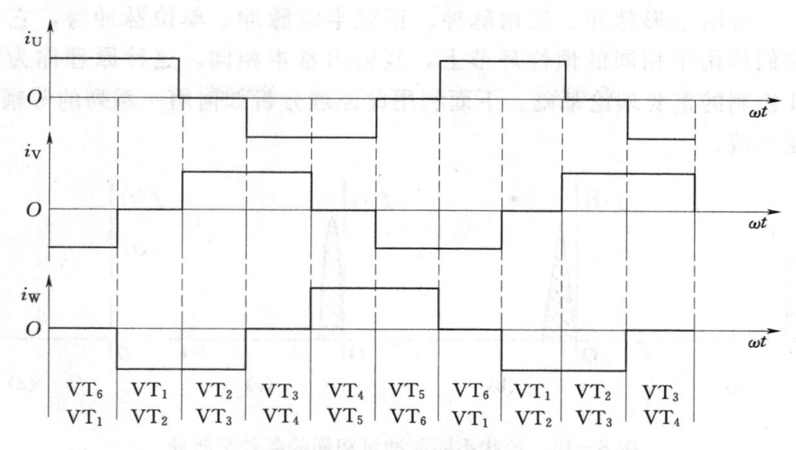

图 6-13　三相桥式电流型逆变电路工作波形

按照同样的思路，在第三个区域 $2\pi/3\sim\pi$ 区间，VT_2、VT_3 导通；在第四个区域 $\pi\sim 4\pi/3$ 区间，VT_3、VT_4 导通；在第五个区域 $4\pi/3\sim 5\pi/3$ 区间，VT_4、VT_5 导通；在第六个区域 $5\pi/3\sim 2\pi$ 区间，VT_5、VT_6 导通；可以得到相应的负载电流，参见图 6-13 即可。

由图 6-13 所示工作波形可看出，任一时刻由于只有两个管子导通，所以总有一相负载的电流为零，每相负载电流的波形为断续、对称的方波，将此方波按傅里叶级数展开得到负载电流的瞬时值为

$$i_o=\frac{2\sqrt{3}}{\pi}I_d\left(\sin\omega t+\frac{1}{3}\sin 3\omega t+\frac{1}{5}\sin 5\omega t+\cdots\right) \tag{6-19}$$

输出电流基波分量的有效值和直流电流 I_d 的关系为

$$I_{O1}=\frac{\sqrt{6}}{\pi}I_d=0.78I_d \tag{6-20}$$

总之，电流型逆变电路的特点是直流侧串大电感，电流基本无脉动，相当于电流源；交流输出电流为矩形波，与负载阻抗角无关，输出电压波形和相位因负载不同而不同；直流侧电感起缓冲无功能量的作用，不必给开关器件反并联二极管；电流型逆变电路中，采用半控型器件的电路仍应用较多；换流方式有负载换流、强迫换流。

6.5 PWM 脉宽调制逆变电路

脉冲宽度调制逆变电路简称为 PWM 逆变电路，即把 PWM 控制技术引入应用到逆变电路，利用对脉冲的宽度进行控制的技术，来实现所要求的输出波形。PWM 技术控制脉冲的宽度主要通过控制开关器件的导通和关断的时间比来实现。在直流斩波电路一章中就有 PWM 技术的应用，把直流电压“斩”成一系列脉冲，改变脉冲占空比来获得所需要的输出电压，这就是 PWM 技术中最为简单的一种应用。

6.5.1 PWM 控制基本原理

在采样控制理论中，冲量相等而形状不同的窄脉冲加在具有惯性的环节上，其作用效果基本相同。冲量即指窄脉冲的面积，效果基本相同指的是环节的输出相应波形基本相

同。如图 6-14 所示矩形脉冲、三角脉冲、正弦半波脉冲、单位脉冲等，它们的面积相等，分别把它们作用于相同的惯性环节上，其输出基本相同。这种原理称为面积等效原理，是 PWM 控制的重要理论基础。下面利用此原理分析如何用一系列的等幅不等宽的脉冲来代替正弦半波。

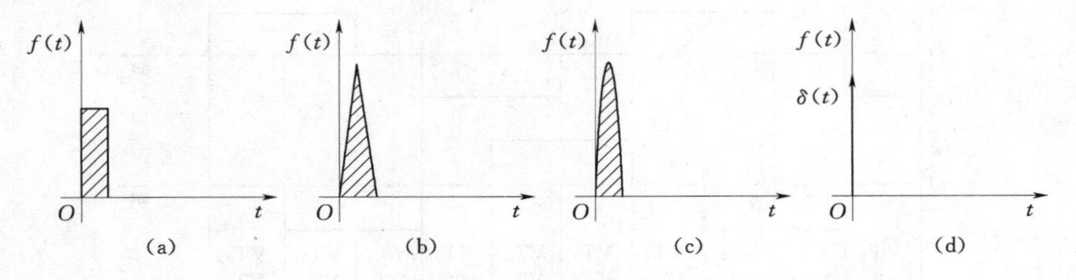

图 6-14 形状不同而冲量相同的各种窄脉冲

如图 6-15（a）所示，把正弦半波波形分成 N 等分，这样就可以把正弦半波看成是由 N 个彼此相连的脉冲组成。这些脉冲的宽度相等，但幅值不同，且幅值按照正弦规律变化。如果把上述脉冲序列用同样数量的等幅而不等宽的矩形脉冲代替，使矩形脉冲的中点和相应正弦波等分的中点重合，且使矩形波脉冲与相应的正弦波面积相等，得到如图 6-15（b）所示的矩形波。

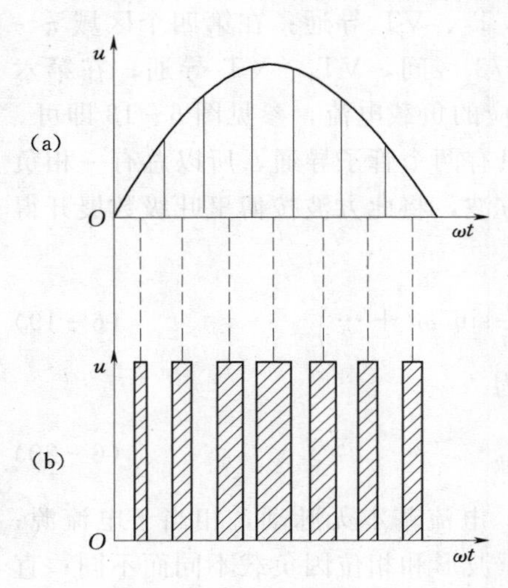

图 6-15 用 PWM 波代替正弦波

图 6-15 中形状不同而冲量相同的各种窄脉冲形波脉冲序列，这就是 PWM 波形。可以看出，各脉冲的幅值相等，而宽度是按正弦规律变化的。根据冲量原理可知，正弦半波和 PWM 波是等效的。用同样的方法得到正弦波负半周的 PWM 波，这种宽度按正弦规律变化，作用效果和正弦相同的 PWM 波，也称为 SPWM 波。要改变等效输出正弦波的幅值时，只要按同一比例系数改变各脉冲宽度即可。

6.5.2 PWM 逆变电路的控制方式

根据冲量相等的采样控制理论，如果逆变电路输出端得到一系列的幅值相等而宽度不同的脉冲，用这一系列脉冲就可以替代正弦波或者其他需要的波形。PWM 逆变电路的控制方式就是对逆变电路的开关器件的通断进行控制，来得到所需的脉冲序列。PWM 控制方式主要有计算法和调制法。

根据逆变电路输出正弦波频率、幅值和半周期脉冲数，准确计算 PWM 波各脉冲宽度和间隔，据此控制逆变电路开关器件的通断，就可得到所需 PWM 波形，这种方法就是计算法。这种计算方法较繁琐，当需要输出的正弦波的频率、幅值或相位动态变化时，或需要输出的波形不能事先确定，只能实时计算得到时，就需要实时计算每个控制周期 PWM 波的宽度和动作时刻，计算结果也是动态变化的。这种方法虽然可以做到精确计算，但由于计算繁琐，所以实际中应用较少。

把希望输出的波形作为调制信号，接收调制的信号作为载波信号，通过对信号波的调制得到所期望的 PWM 波，这种方法叫调制法。常用等腰三角波作为载波，因为其任一点的水平宽度和高度呈线性关系且左右对称。当它与任一平缓变化的调制信号波相交时，就得到脉冲宽度正比于信号波幅值的脉冲，即 PWM 波。当调制信号波为正弦波时，得到的就是 SPWM 波。一般用模拟电路构成三角载波和正弦调制波发生电路，用比较器来确定它们的交点，在交点时刻对功率开关器件进行控制，从而得到 SPWM 波形，不用进行大量数学运算，方法简单、实用。即使是需要输出的波形比较复杂，也仅需要根据调制波与载波的相交点在三角形中的高度求出相应的宽度即可。当输出正弦波的频率、幅值和相位发生变化，调制时刻也随之改变，控制方便。

PWM 逆变电路的根据调制脉冲的极性不同分为单极性和双极性；根据载波信号和调制信号的频率关系不同可分为同步调制和异步调制。

1. 单极性脉宽调制

如图 6－16 所示，载波信号 u_c为三角波，调制信号 u_r为正弦波，在 u_r的正半周载波信号 u_c为正极性三角波，在 u_r的负半周载波信号 u_c为负极性三角波，在 u_r和 u_c的交点控制逆变电路开关的通断，就可以得到相应的 SPWM 波。

2. 双极性脉宽调制

如图 6－17 所示，载波信号 u_c为双极性三角波，调制信号 u_r还是正弦波，在 u_r的正半周载波信号 u_c的极性有正有负，相应的 SPWM 波也有正负；同样在 u_r的负半周载波信号 u_c的极性也是有正有负，相应的 SPWM 波也有正负。与单极性控制方式相比，双极性 SPWM 波在一个周期内输出电平只有$\pm U_d$两种电平。

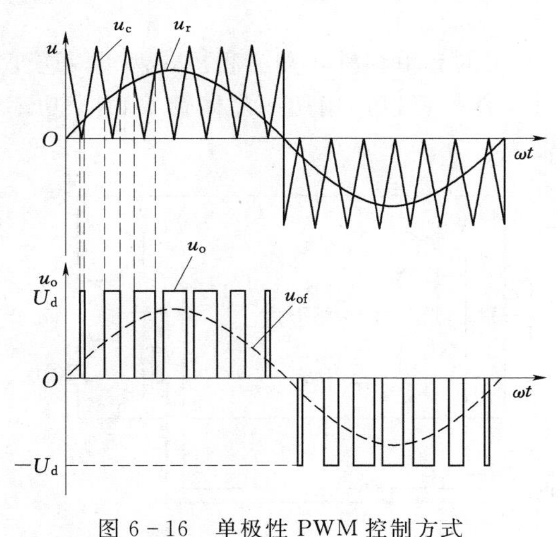

图 6－16　单极性 PWM 控制方式

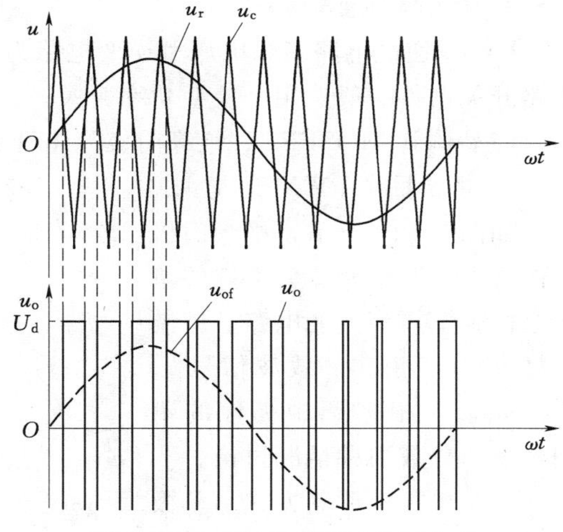

图 6－17　双极性 PWM 控制方式

3. 同步调制与异步调制

在 PWM 调制方式中，定义载波频率 f_c与调制信号频率 f_r之比为载波比，用 $N=f_c/f_r$表示。如果在调制过程中保持比值 N 为常数，并且在变频时使载波信号和调制信号波保持同步的方式称为同步调制方式；如果该比值 N 不为常数，即载波信号和调制信号不

同步，则称为异步调制方式。

同步调制方式中，载波比 N 是不变的，即一个信号周期内含有固定数目的载波周期，当调制信号频率变化时，需调整载波频率，使载波与调制信号始终保持同步。其特点为：在输出信号频率变化的范围内，皆可保持输出脉冲个数固定，相位也固定，输出波形的正、负半波完全对称，只有奇次谐波存在；在三相 PWM 逆变电路中，通常公用一个三角波载波，为了使三相输出波形严格对称和一相的 PWM 波正负半周期对称，载波比 N 取为 3 的整数倍且为奇数；当调制信号的频率很低时，每个信号周期内的 PWM 脉冲数过少，低次谐波分量较大。如果负载为电动机，就会产生较大的转矩脉动和噪声。当逆变电路输出频率很高时，同步调制时的载波频率 f_c 会过高，使开关器件难以承受。实际应用中多采用分段同步调制方式，即在低频运行时，使载波比有级地增大，在有级地改变一个信号周期内 PWM 脉冲数目的同时，仍保持其半波和三相的对称关系。

异步调制方式中载波频率 f_c 是固定不变的，即载波信号不随调制信号做同步变化，当调制信号 f_r 变化时，载波比 N 是变化的。其特点为：当调制信号 f_r 频率变化时，难以保证载波比为整数，特别是能被 3 整除的数，因此在调制信号波 f_r 的半周期内，PWM 波的脉冲个数不固定，相位也不固定，正负半周期的脉冲不对称，半周期内前后 1/4 周期的脉冲不对称，如果是三相电路，三相之间也会不对称；当调制信号 f_r 频率较低时，载波比 N 较高，一个周期内脉冲个数较多，脉冲不对称产生的影响较小，其低频输出特性好，当负载为电动机时，低频转矩脉动和噪声小；当调制信号 f_r 频率变高时，一个周期内的脉冲数减少，PWM 脉冲不对称的影响增大。实际应用时，异步调制不如分段同步调制方式应用广泛。

6.5.3 PWM 逆变电路

PWM 逆变电路多以电压型逆变电路为主，常用的有单相桥式和三相桥式两类。逆变电路开关器件一般选用全控型功率开关，这些开关器件可以选用功率晶体管 GTR、功率场效应晶体管 MOSFET、绝缘门极晶体管 IGBT 等。

1. 单相桥式 PWM 逆变电路

如图 6－18 所示，绝缘门极晶体管 IGBT 作为开关器件的单相全桥式电压型逆变电路。调制信号 u_r 为正弦波，载波信号 u_c 为三角波，根据调制极性的不同，下面分成两种情况讨论。

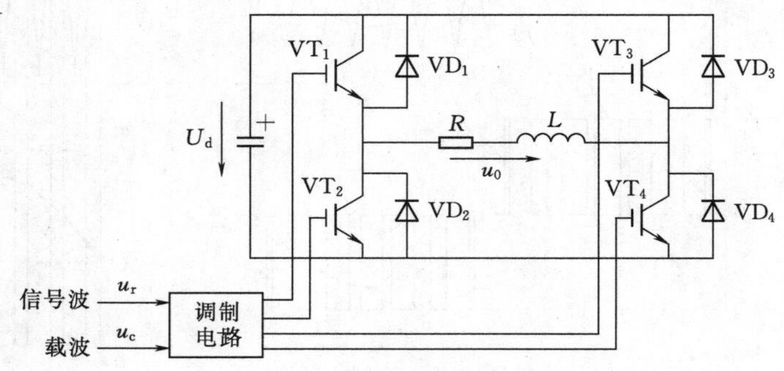

图 6－18 单相桥式 PWM 逆变电路

（1）单极性调制方式。单极性调制中载波（三角波）在调制波半个周期内只在一个方向变化，所得到的 PWM 波形也只在一个方向变化，如图 6－16 所示。在图 6－18 所示的单相桥式逆变电路中，设 VT_1、VT_2 的通断状态互补，在 u_c、u_r 的交点时刻控制 IGBT 的通断，工作过程如下：

在 u_r 的正半周，VT_1 保持导通状态，VT_2 保持关断状态，VT_3、VT_4 交替通断。当 u_r

$>u_c$时，使VT_4导通，VT_3关断，输出电压$u_o=U_d$；当$u_r<u_c$时，使VT_4关断，VT_3导通，由于是感性负载，二极管VD_3开始续流，输出电压$u_o=0$。

在u_r的负半周，VT_2保持导通状态，VT_1保持关断状态，VT_3、VT_4还是交替通断。当$u_r<u_c$时，使VT_3导通，VT_4关断，输出电压$u_o=-U_d$；当$u_r>u_c$时，使VT_3关断，VT_4导通，由于是感性负载，二极管VD_4开始续流，输出电压$u_o=0$。

单极性调制的单相桥式逆变电路的工作波形如图6-19所示。

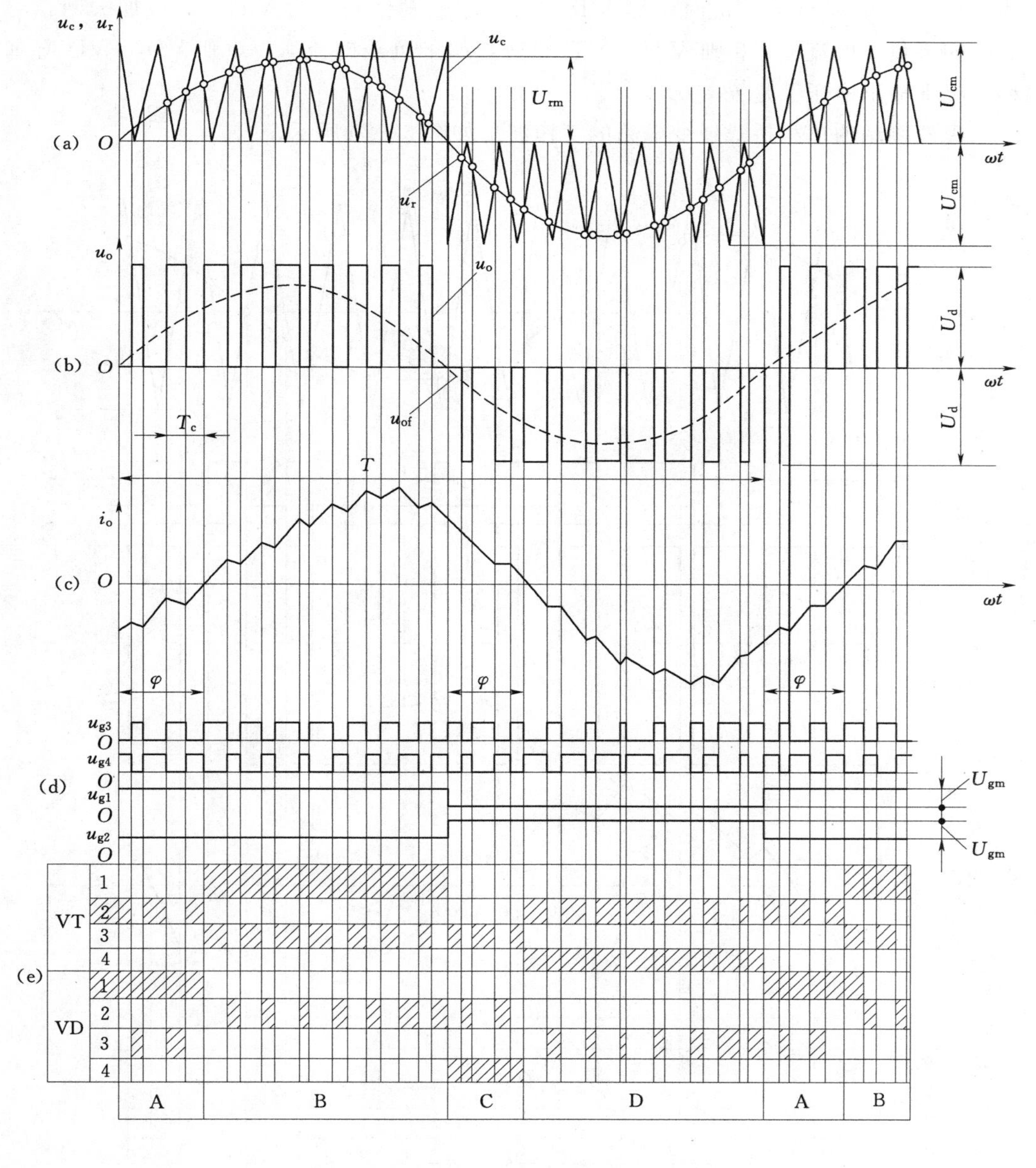

图6-19 单相桥式单极性调制工作波形

（2）双极性调制方式。单极性调制中载波（三角波）在调制波半个周期内是正负两个方向，所得到的PWM波形也是正负两个方向，如图6－17所示。在图6－18所示的单相桥式逆变电路中，如果是双极性调制，则同一桥臂上下两个开关器件的驱动信号互补，在调制波的半个周期内，相对桥臂的两个开关同时多次导通和关断，在u_c、u_r的交点时刻控制IGBT的通断，工作过程如下：

在$u_r>u_c$时，给VT_1、VT_4加触发信号，给VT_2、VT_3加关断信号，此时，如果负载电流$i_o>0$则VT_1、VT_4导通，如果负载电流$i_o<0$则VD_1、VD_4导通，两种情况下输出电压都是$u_o=U_d$；当$u_r<u_c$时，给VT_2、VT_3加触发信号，给VT_1、VT_4加关断信号，此时，如果负载电流$i_o<0$则VT_2、VT_3导通，如果负载电流$i_o>0$则VD_2、VD_3导通，两种情况下输出电压都是$u_o=0$。

双极性调制的单相桥式逆变电路的工作波形如图6－20所示。

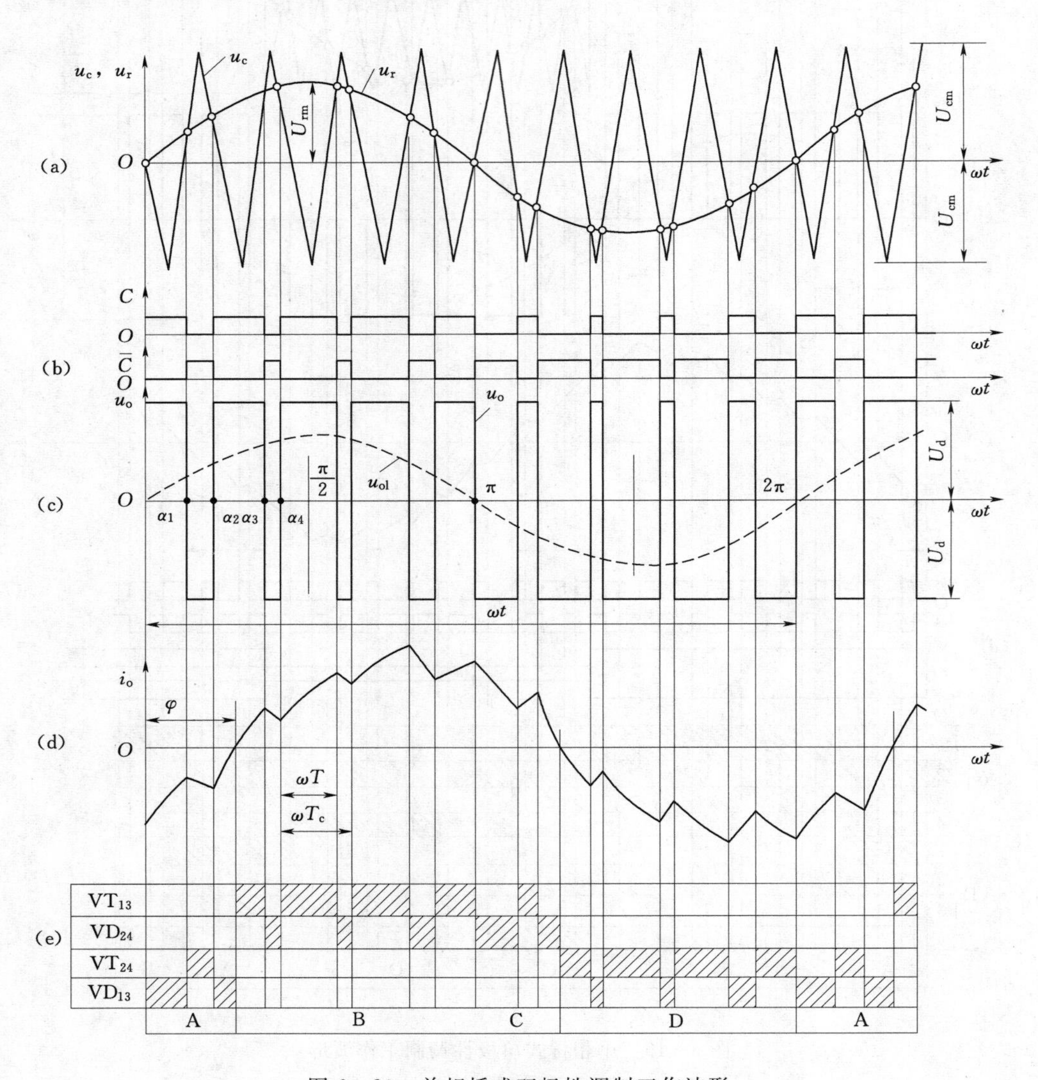

图6－20 单相桥式双极性调制工作波形

2. 三相桥式 PWM 逆变电路

图 6-21 所示为电压型三相桥式 PWM 逆变电路，该电路大多采用双极性调制。U、V 和 W 三相的 PWM 控制通常公用一个三角波载波 u_c，三相的调制信号 u_{rU}、u_{rV} 和 u_{rW} 分别都是正弦波且相位依次相差 120°。U、V、W 三相的功率开关器件的控制规律相同，现以 U 相为例说明其工作过程。当 $u_{rU}>u_c$ 时，给上桥臂 VT_1 加触发导通信号，给下桥臂 VT_4 关断信号，则 U 相相对于直流电源假想中点 N′的输出电压 $u_{UN'}=U_d/2$。当 $u_{rU}<u_c$ 时，给上桥臂 VT_4 加触发导通信号，给下桥臂 VT_1 关断信号，则输出电压 $u_{UN'}=-U_d/2$。VT_1、VT_4 的驱动信号始终是互补的，当给 VT_1（VT_4）加触发导通信号时，可能是 VT_1（VT_4）导通，也可能是 VD_1（VD_4）导通，这要由感性负载中电流的方向来决定。从图 6-22中可以看出，$u_{UN'}$、u_{UN} 的电平只有 $\pm U_d/2$ 两种，而线电压 u_{UV} 可以由 $u_{UN'}-u_{UN}$ 求出。当 VT_1、VT_6 导通时，$u_{UV}=U_d$；当 VT_3、VT_4 导通时，$u_{UV}=-U_d$；当 VT_1、VT_3 或 VT_4、VT_6 导通时，$u_{UV}=0$。输出线电压 PWM 波由 $\pm U_d$ 和 0 3 种电平构成。负载的相电压 u_{UV} 可由下式求出，即

$$u_{UN}=u_{UN'}-\frac{u_{UN'}+u_{VN'}+u_{WN'}}{3}$$

从图 6-22 中可以看出，负载相电压 PWM 波由 $(\pm 2/3)U_d$、$(\pm 1/3)U_d$ 和 0 5 种电平组成。

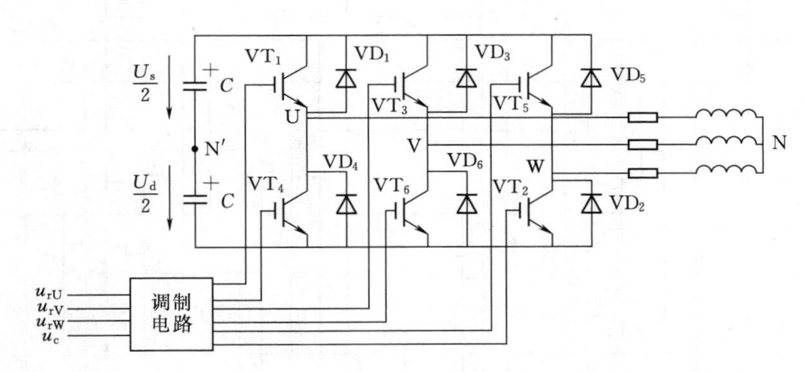

图 6-21 三相桥式 PWM 逆变电路

从图 6-22 中还可以看出，同一相上下两臂的驱动信号互补，为了防止上下臂直通而造成短路，要留一小段上下臂都施加关断信号的死区时间。死区时间的长短主要由开关器件的关断时间决定。死区时间会给输出的 PWM 波带来影响，使其稍稍偏离正弦波。

本 章 小 结

本章主要讲述了无源逆变电路的基本内容，主要包括无源逆变电路的分类、工作原理、换流方式、控制方式及常用的无源逆变电路等。对无源逆变电路的分类方法有多种，可以用换流方式分，也可以用输出的相数分，还可以根据直流电源的性质分。本章分析逆变电路时按照直流电源性质分成电压型和电流型，根据输出相数又分成了单相和三相两种。

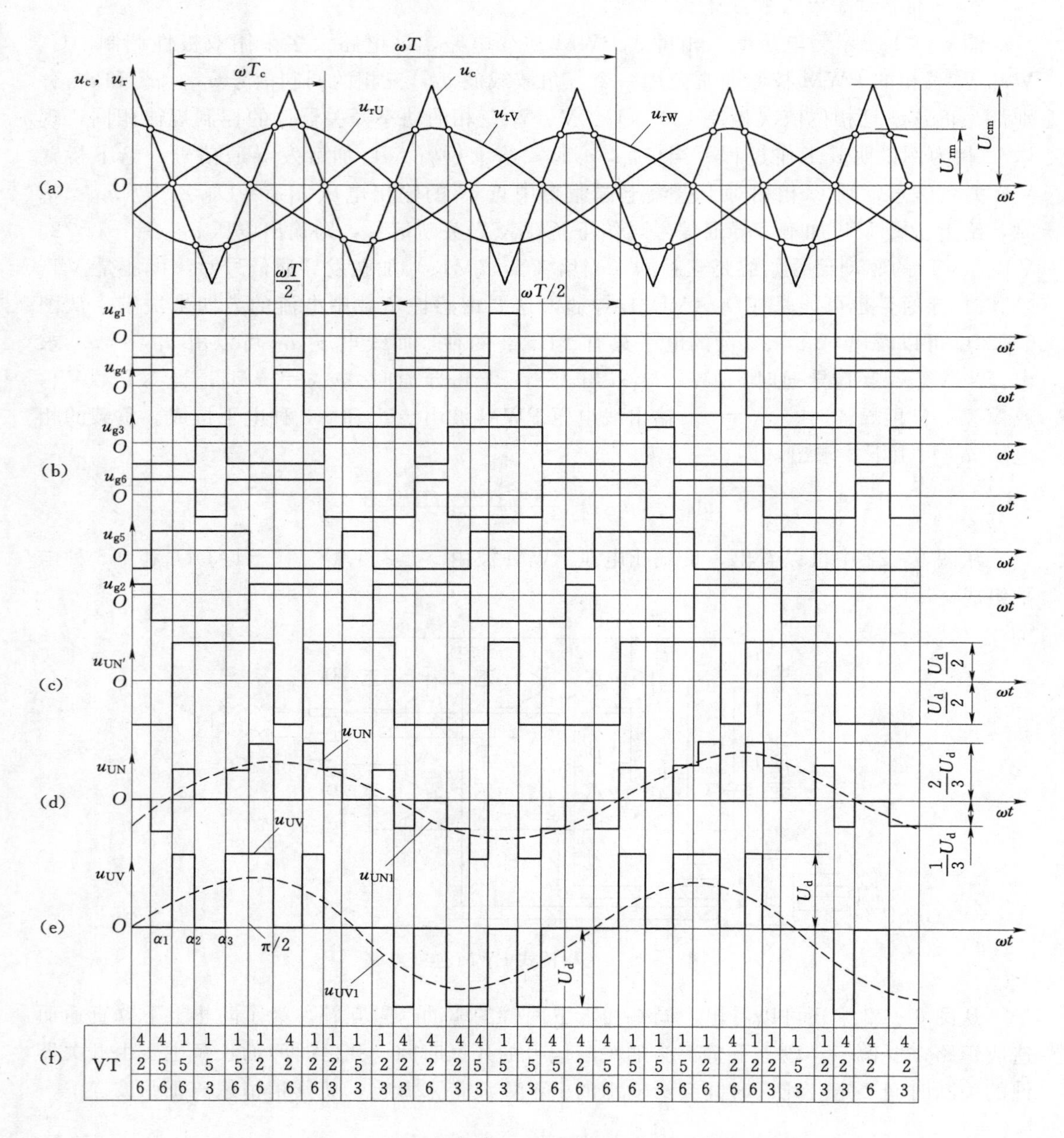

图 6－22　三相桥式 PWM 逆变电路的工作波形

把 PWM 技术应用于逆变电路，就构成了 PWM 逆变电路，也正是 PWM 技术在逆变电路中的应用使逆变电路被广泛应用，PWM 技术的应用对电力电子技术的发展应用产生了深刻的影响和变革。本章最后一节讲述的就是 PWM 技术在逆变电路中的应用情况。

本章重点要了解换流的概念、方法及常用的单相和三相逆变电路的分析，最后着重掌握 PWM 实现的单相和三相逆变电路。

习 题 与 思 考 题

6-1　有源逆变和无源逆变的区别是什么？

6-2　无源逆变电路的分类有哪些？

6-3　换流方式有哪几种？各有什么特点？

6-4　电压型逆变器和电流型逆变器各有什么特点？

6-5　电压型逆变电路中的反馈二极管有什么作用？

6-6　简要说明单相全桥电压型逆变电路的工作原理。

6-7　三相桥式电压型逆变电路采用180°导电方式，当其直流侧电压为100V时，分别求输出相电压和线电压的基波幅值和有效值。

6-8　试说明PWM控制的工作原理。

6-9　单极性PWM调制和双极性PWM调制有什么区别？

6-10　试分析单相电压型PWM逆变电路单极性和双极性调制的工作过程。

6-11　分析三相PWM逆变电路的工作过程，试画出相电压及线电压的波形。

第7章 电力电子装置的典型应用

本章要点

- 常用的电源种类
- 开关电源
- UPS不间断电源
- 功率因数校正装置
- 变频器

本章难点

- 开关电源、UPS不间断电源、功率因数校正、变频器的工作原理及其内部电路的分析

电力电子技术是利用电力电子装置进行电能变换和控制的一门技术，通过对电能的控制和变换来满足不同设备或装置对电能的需求，实际上就是通过电力电子技术来使不同的负载得到所需的电源。由于行业种类众多，所用的设备各不相同，对供电的需求也各不一样，因此利用电力电子装置来为这些设备供电的形式也各不相同，种类非常多，大多按照其应用的特性和用途分类。

7.1 概述

1. 开关电源

开关电源一般指利用电力电子器件作为开关实现的直流电源，对电力电子器件的控制一般采用开关电源专用控制电路。开关电源具有效率高、稳压范围宽、体积小、质量轻等特点，目前除了用在一些小功率场合如计算机、电视机、各种仪器的电源外，在一些中等容量范围内也逐渐应用如通信电源、电焊机、电镀装置等电源。开关电源的具体应用情况详见7.2节中所述。

2. UPS电源

UPS电源能够在电网供电中断或者电网电能质量较差的情况下保证用电设备正常不间断供电。在计算机、通信、航天、金融等一些行业中，有些重要的、关键的设备一旦停电将造成重大损失，对这些设备不间断的、高质量的供电就是通过UPS电源实现的。UPS电源输出的电压具有稳压精度高、频率稳定、输出失真度小等优点，在长期运行过程中，可能产生的任何瞬时供电中断时间都能控制在5～10ms内。UPS电源的详细情况参见7.3。

3. 工业感应加热电源

在机械加工、冶金等行业中感应加热电源主要用来实现淬火、透热、熔炼等。感应加

热系统一般由交流电源、感应线圈、被加热件组成，根据被加热的对象不同，线圈的形状也不一样，工作时线圈和电源相连，通过流过线圈的交流电产生的磁场使被加热工件产生涡流从而实现加热。感应加热电源具有加热效率高、速度快、可控性好、易于实现自动化等优点。感应加热电源根据工作频率不同，可分为工频感应加热电源（50Hz、60Hz）、中频感应加热电源（几百赫兹至10kHz）和高频感应加热电源（10kHz至几百千赫兹以上）。感应加热电源的电路结构一般采用交—直—交变换结构，即先由整流电路将工频交流电整流成直流，再通过逆变电路将其变换为所要求频率的交流电，给线圈供电。根据逆变电路结构的不同，感应加热电源又可分为并联谐振式、串联谐振式和倍频式等。无论哪种感应加热电源，一般都具有的功能是：能输出额定的功率和频率，不同的工件尺寸、不同的加热工艺需选用的电源功率和频率也各不相同；能对输出的电压和功率进行控制，根据加热工艺的要求对工件的加热过程进行控制和调节；能实现自动频率跟踪，根据负载电路谐振频率的变化加热电源的频率也必须能进行调整以适应负载频率的变化；能可靠地启动，感应电源逆变电路的开关器件的换流方式为负载谐振换流，在负载未工作之前，电路需要能实现启动；有可靠的保护功能，当电源出现故障或负载短路、开路、过载等情况下，电源应该对可能出现的过电压、过电流进行可靠的分断，从而保护电路设备不受损害。

4. 直流电源

通过把交流电变成直流电即通常所说的整流就可以获得所需的直流电源，根据直流电源的用途不同，可分为开关直流稳压电源、工业电解电源、蓄电池充电电源、直流焊机电源等。开关稳压电源将在本章7.2中详细介绍。

在工业中，用于对铝、镁等有色金属或水、食盐等化工电解的电源称为工业电解电源。工业电解电源输出的电压一般在几百伏，电流在数百安到数万安之间。其结构一般采用晶闸管三相桥式整流电路，大容量的采用多重并联式整流电路。其输出电压可以采用相控调压方式进行调节，具有调节速度快、平滑、精度高、效率高等优点。

电镀电源用于金属表面涂覆工艺，以增加被镀工件表面硬度、防腐蚀性能或者增加表面的美观性。其特点是大电流、低电压。根据镀件的大小、数量和电镀液种类的不同，电镀电源额定电流一般在数安至数千安，电压在6～30V之间。电镀电源电路的形式主要有二极管整流、晶闸管相控整流、晶闸管交流调压二极管整流和高频开关型几种。其中，采用IGBT全控型器件的高频开关型经过AC-DC、DC-AC、AC-DC的三级变换，用高频变压器代替了工频变压器，使电源的体积大大减小，损耗降低，控制的精度也相应提高。

蓄电池充电电源是一种将工频交流电变换为直流电，用于给铅酸、镍镉等类型的蓄电池充电。按照充电性质可分为浮充型即蓄电池平时在携带负载的同时进行补充充电；均衡充电型即为了消除浮充充电下硫酸铅对蓄电池的不良影响，将单电池充电电压提高到2.26～2.40V，每隔2～3个月充一次电。按照充电用的整流器的工作方式分为稳流充电方式，即以恒定的充电电流向蓄电池充电；稳压充电方式即以恒电压向蓄电池充电；稳压稳流充电方式即在充电初期按稳流方式，当电池达到产生气体时再按稳压方式充电。

蓄电池充电电源结构有二极管整流电路、晶闸管相控整流和开关型变流电路等几种。

其中，晶闸管整流充电电源采用工频变压器降压、晶闸管相控整流电路整流，经滤波后输出到负载，通过对输出电流、电压的测量反馈控制晶闸管相控整流器的输出电流和电压；开关型变流器充电电源采用全控型电力电子器件组成高频开关变流器，采用高频变压器进行电压隔离和匹配。

直流焊机电源是给电焊机供电的装置，根据点焊机的种类分为电弧焊机电源和电阻焊机电源两类。电弧焊机是通过电弧产生热量熔化金属结合处而实现焊接，电阻焊机则是将强大的电流通过被焊接金属接合处，利用接触电阻产生热量将金属熔化并加压而实现焊接。弧焊电源是电弧焊机的核心，主要用来提供电能产生电弧，其工艺特性应满足保证引弧容易、电弧稳定、焊接规范稳定等，其电气性能应满足稳态工作时电压和电流的关系，能实现对电源的调节，能适应电弧从稳定燃烧到短路、再从短路到稳定燃烧的周期性变化。弧焊电源的电路结构目前多以晶闸管型和开关型（全控型器件）两类居多。电阻焊机具有工作不连续、功率大且调节性能好、电源二次电压低、回路阻抗小等特点。目前IGBT逆变型焊机以其体积小、重量轻、焊接工艺优良、高效节能等特点成为了目前电阻焊机的发展方向。

5. 交流电源

交流电源是将工频电网提供的固定频率、固定电压的交流电变换成所需的各种电压、频率、相位、波形的交流电，从而满足各种交流设备的供电需求。常用交流电源有交流稳压电源、恒压恒频电源和交流调压电源等。

交流稳压电源能在交流电网电压波动下为负载提供稳定的电压，且具有遏制电网电磁干扰的能力。按其工作原理主要分为参数调整型、自耦调整型、大功率补偿型及开关型4类。恒压恒频电源输出的正弦交流电的频率和电压幅值都是稳定的，主要由整流和逆变两部分组成，有波形控制型和逆变型两类。交流调压电源可以参考教材第5章交流变化电路。

6. 电气传动系统中的电机驱动电源

电气传动系统是以电动机为控制对象，以控制器为核心，以电力电子变流装置为执行机构组成的一个有机整体。通常用直流电动机带动生产机械的电气传动系统成为直流传动系统，用交流电动机带动生产机械的电气传动系统称为交流传动系统。

7.2　开关电源

开关电源是进行交流—直流（AC/DC）或直流—直流（DC/DC）电能变换的装置，其核心是电力电子开关电路，根据负载对电源提出的输出稳压或稳流特性的要求，利用反馈控制电路，通过对开关器件的控制，从而得到负载所需电压或电流。开关电源具有效率高、体积小、重量轻等特点，其功率从零点几瓦到数十千瓦，在家用电器、医疗器械、计算机、充电装置及卫星、飞机中都有广泛的应用。

7.2.1　开关电源的工作原理

1. 开关电源基本结构

一般开关电源由输入电路、变换电路、控制电路、输出电路4部分组成。图7-1所

示为开关电源的原理框图。

输入电路把交流电网输入的交流电转换成符合开关电源要求的直流电，主要由线性滤波电路、整流电路和浪涌电流抑制保护电路等实现。

变换电路是开关电源的主电路，主要完成对带有功率的电源波形进行斩波调制和输出，此部分电路由开关电路和变压器输出电路组成，核心是全控型电力电子开关器件。输出电路把输出电压整流成脉动直流，并平滑成低纹波直流电压输出，主要由整流、滤波电路实现。

控制电路实现向驱动电路提供调制后的矩形脉冲，达到调节输出电压的目的。通过误差比较电路采样输出电压，并与基准电路提供的基准电压相比较，产生误差信号，和脉冲发生器产生的锯齿波共同作用于PWM电路，产生调整脉宽的矩形脉冲，加到驱动电路上送给功率开关。控制电路一般是集成的。

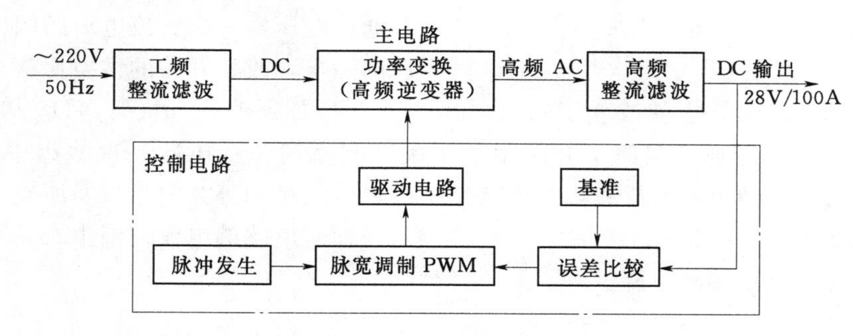

图 7-1 开关电源的原理框图

2. 工作过程

当开关电源由于负载电流减小或交流输入电压的升高而引起输出直流电压升高时，由脉宽调制PWM环节控制，使逆变器中功率开关器件的导通时间缩短，逆变器输出脉宽变窄，从而使输出电压下降；反之，使逆变器输出脉宽展宽，由此实现输出直流电压的稳定与调节。

3. 开关电源的分类

开关电源的分类原则较多，开关电源的种类也多种多样，按照其电路结构，主要有隔离型和非隔离型两类，即输出有无变压器。实际应用中仍广泛采用的是隔离型的开关电源，其电路结构主要是正向激励式、半桥式、全桥式和推挽式。

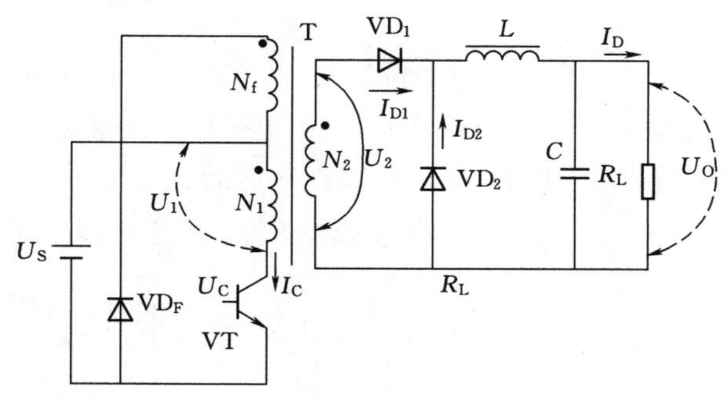

图 7-2 正激电路

图7-2所示为一典型的正向激励电路。当VT接通后，变压器二次线圈耦合出与一次绕组极性相同的电压，二极管 VD_1 导通，VD_2 关断，电感里的电流逐渐增加；当VT关断后，电感通过 VD_2 续流，输出的电压经过电容滤波后送给负载。

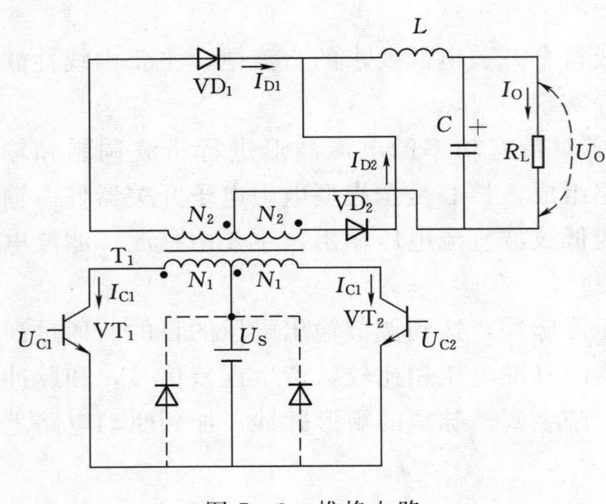

图 7－3　推挽电路

图 7－3 所示为一典型的推挽式电路。电路中两个开关 VT_1 和 VT_2 交替导通。VT_1 导通时，二极管 VD_1 处于导通状态，VT_2 导通时，二极管 VD_2 处于导通状态，当两个开关都处于关断时，VD_1 和 VD_2 都处于导通状态，各承担一半的电流。VT_1 或 VT_2 导通时电感的电流逐渐上升，两个开关都关断时，电感的电流逐渐下降。

图 7－4 所示为半桥型电路。变压器一次绕组两端分别连接在电容 C_1、C_2 的中点和开关 VT_1、VT_2 的中点，VT_1、VT_2 交替导通，变压器一次交流电压的幅值为电源电压的一半，改变开关的占空比就可以改变二次整流电压的平均值，也就改变了输出电压。当 VT_1 导通时，二极管 VD_1 导通，VT_2 导通时，二极管 VD_2 导通，当两个开关都处于关断状态时，变压器一次绕组中电流为零，根据变压器的磁电动势平衡方程，二次绕组中的电流大小相等方向相反，所以 VD_1、VD_2 都处于导通状态，各分担一半电流。VT_1 或 VT_2 导通时电感的电流逐渐上升，两个开关都关断时，电感的电流逐渐下降。

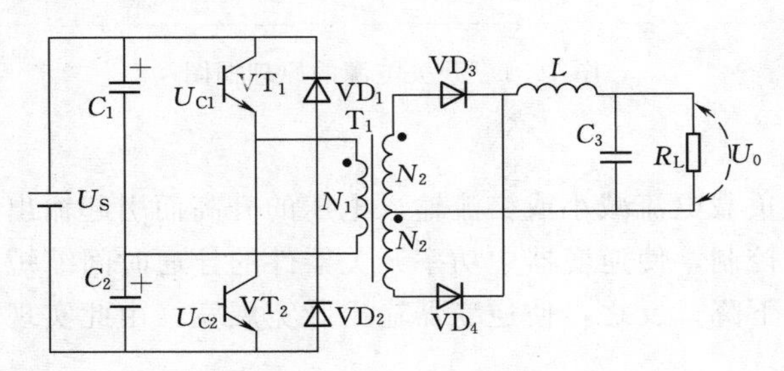

图 7－4　半桥式电路

图 7－5 所示为全桥型电路。全桥式电路的工作与半桥式很相似。二极管 VD_1 经过 VD_4 防止任何一个晶体管 C 极电压上升而超过 U_S，或者防止所有晶体管都截止时任何一个 C 极电压低于 0V。晶体管导通时是成对的，VT_1 和 VT_3 或 VT_2 和 VT_4，如果 VT_1 和 VT_3 导通，则 VD_5 由变压器次级加上正向偏压而提供负载电流，当 VT_1 和 VT_3 截止时，

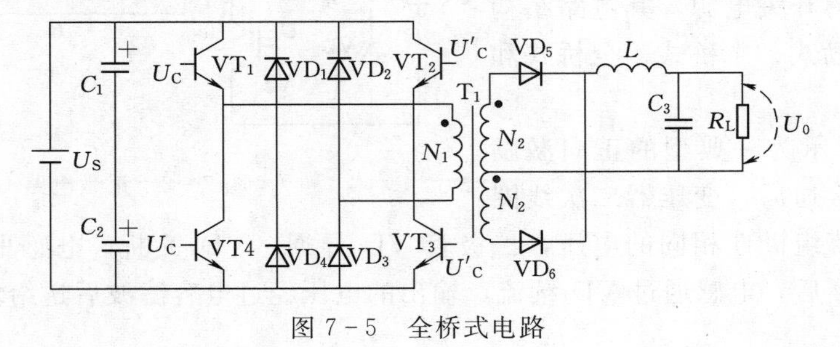

图 7－5　全桥式电路

衰减的磁通使变压器极性相反，而 VD_6 向负载提供电流，直到晶体管 VT_2 和 VT_4 导通为止。

4. 开关电源的特性参数

(1) 特性指标。特性指标是规定一个电源电路的适用范围的指标。包括：输出电压 (U_O)；输出电压调节范围 (U_{Omax}～U_{Omin})；输出电流 (I_O)；最大输出电流 (I_{Omax}) 等。

(2) 质量指标。质量指标是反映一个电源电路优劣的指标。包括以下内容：

1) 输出电压调整率 (S_D)。S_D 用于衡量电源在负载电流和环境温度不变时维持输出电压不变的能力。通常用单位输出电压变化量 ΔU_O 与输入电压变化量 ΔU_I 之比来表示。

2) 稳压系数 (S)。S 用于衡量电源维持输出电压不变的能力。用 ($\Delta U_O/U_O$) 或 ($\Delta U_I/U_I$) 表示。

3) 输出电阻 (R_O)。

4) 交流输出阻抗 (Z_O)。Z_O 用于衡量电源在输入电压和环境温度不变时带负载的能力，用 $\Delta U_O/\Delta I_L$ 表示。

5) 纹波抑制比 (S_{rip})。S_{rip} 用于衡量电源对输入电压中交流纹波电压分量的抑制能力。通常用叠加在未稳直流输入电压上的纹波电压在输出端被衰减的分贝 (dB) 数表示。

6) 输出电压的时间漂移（又称长期稳定性）。输出电压的时间漂移用于衡量电源输出电压随时间的变化。通常用在规定的环境温度范围内，在额定的输入直流电压和负载电流下，1000h 内输出电压的最大变量表示。

7) 输出电压的温度漂移。输出电压的温度漂移用于衡量电源输出电压随环境温度变化而变化的情况。通常用在电源的工作温度范围内，当输入直流电压和负载电流不变时，单位温度变化所引起的输出电压的相对变化量表示。

8) 输出噪声电压 (U_N) 等。

7.2.2 软开关控制技术

软开关技术实际上是利用电容与电感的谐振，使开关器件中的电流或电压按正弦或准正弦规律变化。当电流过零时，使器件关断，当电压过零时，使器件开通，实现开关的近似零损耗。同时，有助于提高频率，提高开关的容量，减小噪声。相对于软开关，普通开关电源的转换器也叫硬开关。

在开关电源中，对开关的控制至关重要，控制方式主要有占空比控制和幅度控制两种方式。占空比控制又分为脉冲频率控制方式（PFM）和脉冲宽度控制方式（PWM）两种。

图 7-6 (a)、(b) 所示为一典型的 PWM 控制电路和波形。

7.2.3 常用开关电源

1. 28V/100A 开关电源

图 7-7 所示为开关电源的主电路。该电路的输入电压为单相交流 220V，输出电压 DC28V/100A。主要由滤波、整流、逆变、高频整流等电路组成。220V 交流输入，经开关 S、电源滤波器、桥式整流，变换为 300V 左右的直流电，再经限流电阻（200Ω/8W 4 个并联）输入高频逆变器，进行功率变换。逆变器为电压型半桥式电路，由两只 IGBT 管 (VT_1、VT_2)、电容 (C_1、C_2) 以及高频变压器组成，将直流电变换为 20kHz 的正负矩

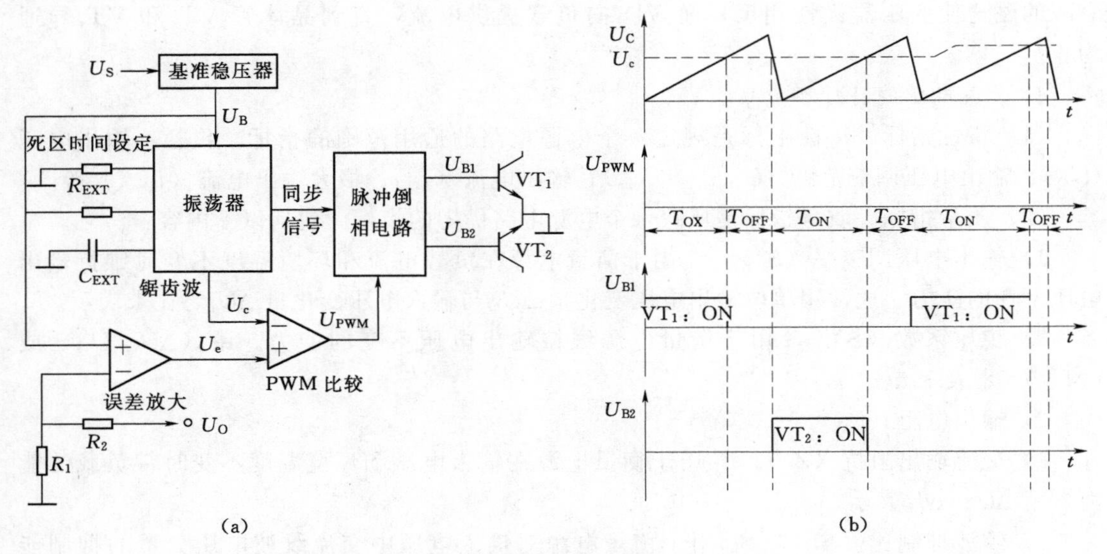

图 7－6　PWM 控制电路及波形

形波电压。该高频交变电压经变压器 T_1 降压后，送至全波整流与滤波电路，得到稳定的 28V 直流电压。

该电路逆变部分采用的是半桥逆变电路，工作原理可参见图 7－4 所示的半桥式电路工作原理；20kHz 高频交流的整流部分由高频变压器和全波整流电路组成，高频变压器对电路工作是十分重要的，其作用是电压变换、功率传递和输入、输出隔离，工作时要防止变压器磁路饱和，否则励磁电流会大大增加；该线路在交流电源输入端和直流输出端都加有滤波电路，可以有效抑制和吸收电网可能出现的强脉冲，减少对电源的干扰，同时有效抑制电源产生的高频干扰对电网产生的影响。

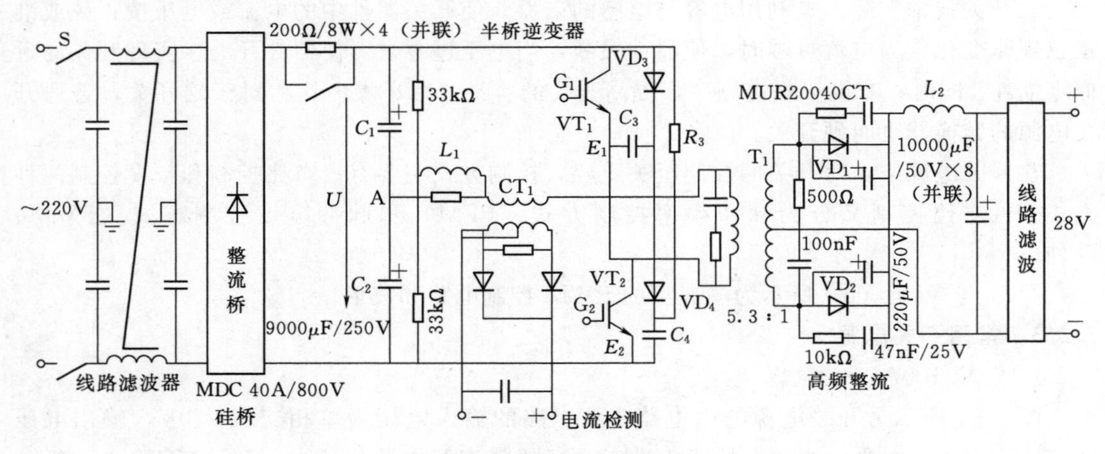

图 7－7　开关电源主电路

该电路的控制部分的核心采用 CW494 集成脉宽调制器。CW494 为双列直插式 16 脚芯片，价格低廉，其管脚及内部功能框图如图 7－8 所示。

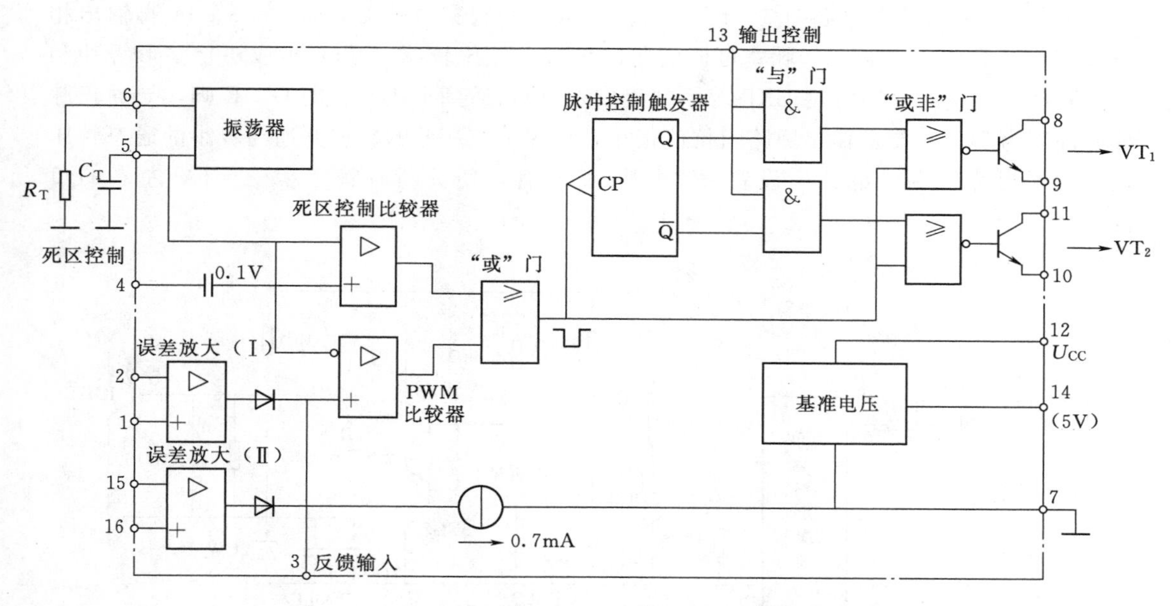

图 7－8　CW494 集成脉宽调制器管脚排列及内部功能框图

CW494 集成脉宽调制器的功能如下：

（1）锯齿波振荡器。振荡频率由 5、6 脚外接 R_T、C_T 参数决定 [$f \approx 1/(R_T C_T)$]，对于双端输出，其振荡频率调整为 2 倍的逆变器频率（40kHz）。

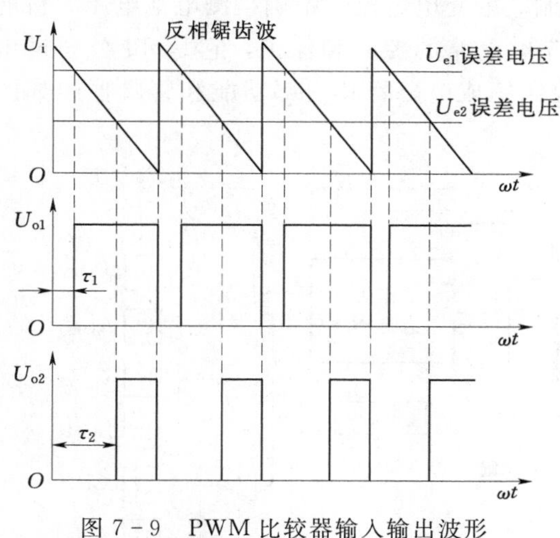

图 7－9　PWM 比较器输入输出波形

（2）脉宽调制控制。主要由 PWM 比较器实现。振荡器产生的锯齿波经反相输入比较器负端，与两个误差放大器输出的误差电压进行比较，其输入、输出波形如图 7－9 所示。当误差电压小于锯齿波电压（已反相）时，输出低电平，当误差电压大于锯齿波电压时，输出高电平。图 7－9 中示出两种误差电压时比较器输出脉冲波形。改变误差电压即可方便地调节脉冲宽度。

（3）死区时间控制。对于桥式逆变电路，从一个 IGBT 管关断到另一个 IGBT 管导通之间，必须留有死区时间，死区时间由死区控制比较器来实现。CW494 的最小输出死区时间由 4 脚外接电阻设定，通常设定死区时间约为振荡周期的 5%。

（4）稳压与过电压、过电流保护。稳压和保护功能由两个误差放大器来完成。通常误差放大器输入"负"端接基准电压，可由 14 脚分压供给，"正"端接开关电源的电压、电流采样信号。当交流输入欠电压或过电压时误差电压增大，使误差电压与锯齿波无交点，不输出脉冲，封锁逆变桥，实现过电压、欠电压保护。

IGBT 管的驱动电路如图 7－10 所示。由脉宽调制集成块 CW494 的 8、11 脚输出相位差 180°、频率为 20kHz、脉宽可调的驱动信号，经比较器（4050 集成块）整形缓冲和分立元件功放电路（亦可用 EXB 等系列集成功放），送到 IGBT 管的 G、E 脚，导通正脉冲的幅度为 15V，要求输出回路阻抗值很小，以保证 IGBT 的快速开通与较小的通态管压降。为了可靠关断，电路中设置 2CW5B6 稳压管，使关断时管子承受－6V 左右的负偏压。

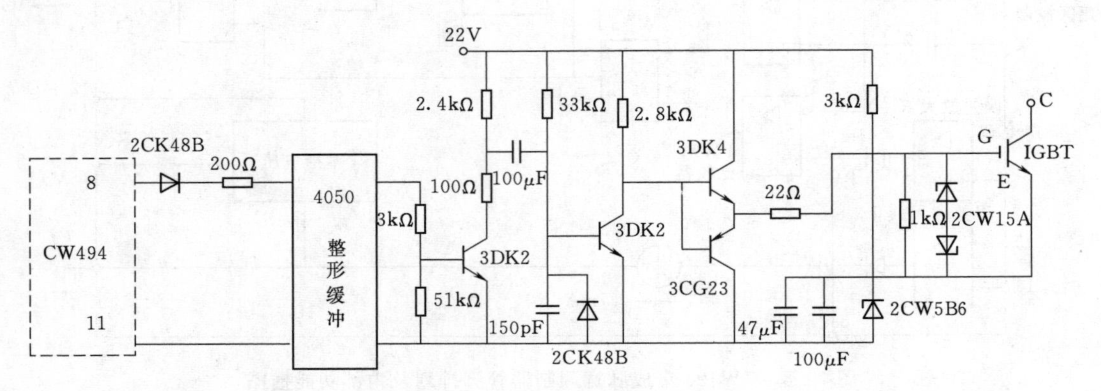

图 7－10　IGBT 管的驱动电路

2. 锂离子电池充电器开关电源

锂离子电池是目前应用较广泛的一款电池，它具有体积小、重量轻、容量大等特点。对锂离子电池充电时要控制它的充电电压，限制它的充电电流和精确检测电池电压。目前常用 UCC3957 集成芯片来实现对锂离子电池充电电路的控制和保护，它是 TI 公司推出的一款 3 节/4 节锂离子电池组充电器保护用控制集成电路，其内部功能和管脚框图如图 7－11所示。

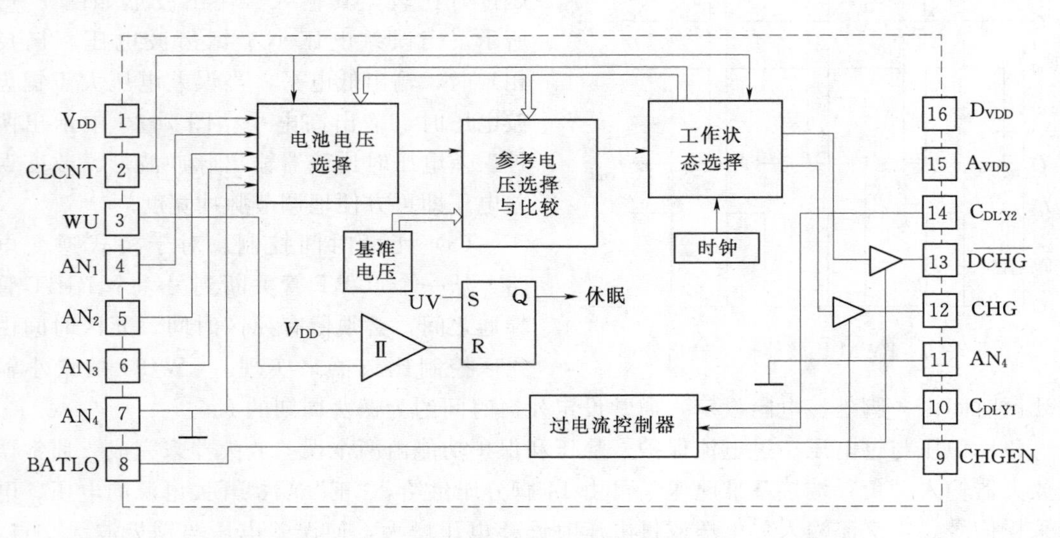

图 7－11　UCC3957 的原理框图

（1）UCC3957 的管脚功能。

1 脚（V_{DD}）：该脚为 UCC3957 的电源供电输入引脚，输入电压范围为 6.5～20V，与电池组的高电位端连接。

2 脚（CLCNT）：该脚为设定 UCC3957 工作在 3 节或 4 节电池充电工作状态的引脚。

3 脚（WU）：该脚为当 UCC3957 处于休眠工作状态时，在该脚加信号可唤醒 UCC3957 进入正常工作状态，此引脚应接到 N 沟道电平转移 MOSFET 管的漏极。

4 脚（AN_1）：该脚为与最高电位的第 1 节电池的负极及第 2 节电池正极相连的引脚。

5 脚（AN_2）：该脚为最高电位的第 2 节电池的负极及第 3 节电池正极相连的引脚。

6 脚（AN_3）：该脚为最低电位的第 3 节电池的负极及第 4 节电池正极相连的引脚，当只有 3 节电池时与电池组的低电位端及 AN_4 引脚相连。

7 脚和 11 脚（AN_4）：该脚与电池组的低电位端相连，并和电流检测电阻的高电位端连接。

8 脚（BATLO）：该脚为与电池组的负电位端连接的引脚，同时和电流检测电阻的低电位端相连接。

9 脚（CHGEN）：该脚为充电使能引脚，为高电平时电池组开始充电。

10 脚（C_{DLY1}）：该脚为短路保护的延迟时间控制引脚，在该脚与 AN_4 之间连接电容的数值决定过电流的时间。当过电流时，控制放电 MOSFET 管的关断时间，电容的数值也决定打嗝过电流保护的时间。

12 脚（CHG）：该脚为连接外接可控制 N 沟道 MOSFET 管的引脚，而该外接 N 沟道 MOSFET 管又可以用来驱动外接 P 沟道 MOSFET 管，如果有任一节电池电压高于过电压保护阈值电位，则该脚相对 AN_4 被置低电位；只有当所有被充电的单节电池电压低于该阈值电压，则该脚置高电位。

13 脚（DCHG 低电平有效）：该脚为预防电池过放电的引脚。如果 UCC3957 内部的工作状态检测器判断到任一节电池处于欠电压状态，则 DCHG（低电平有效）被置高电位以使外部放电 P 沟道 MOSFET 管关断，但当所有电池的电压高于最低阈值电位时，DCHG 被置低电位。

14 脚（C_{DLY2}）：该脚与 AN 之间接一只电容，以延长第二级过电流保护的设定时间。

15 脚（A_{VDD}）：该脚为内部模拟电路电源的供电引脚，通过 0.1mF 电容与 AN_4 相连，正常工作电压为 7.3V。

16 脚（D_{VDD}）：该脚为内部数字电路电源的供电引脚，通过 0.1mF 电容与 AN_4 相连，正常工作电压为 7.3V。

（2）UCC3057 的典型应用电路。图 7－12 所示为 UCC3957 的典型连接电路。

1）电池组的连接。电池组与 UCC3957 连接要注意它的顺序。电池组的低电位端连接到 7 脚，高电位端连接到 1 脚，每两节电池的连接点按相应顺序连接到 4 脚、5 脚、6 脚。

2）选择 3 节或 4 节电池充电工作状态。当电池组为 3 节电池时，2 脚应连接到 16 脚，同时将 6 脚与 7 脚连在一起；当电池组为 4 节电池时，2 脚接地（即连到 7 脚），6 脚接至电池组最下面一只电池的正极。

3）欠电压保护。当检测到任一节电池处于过放电状态时（低于欠电压阈值电位），状

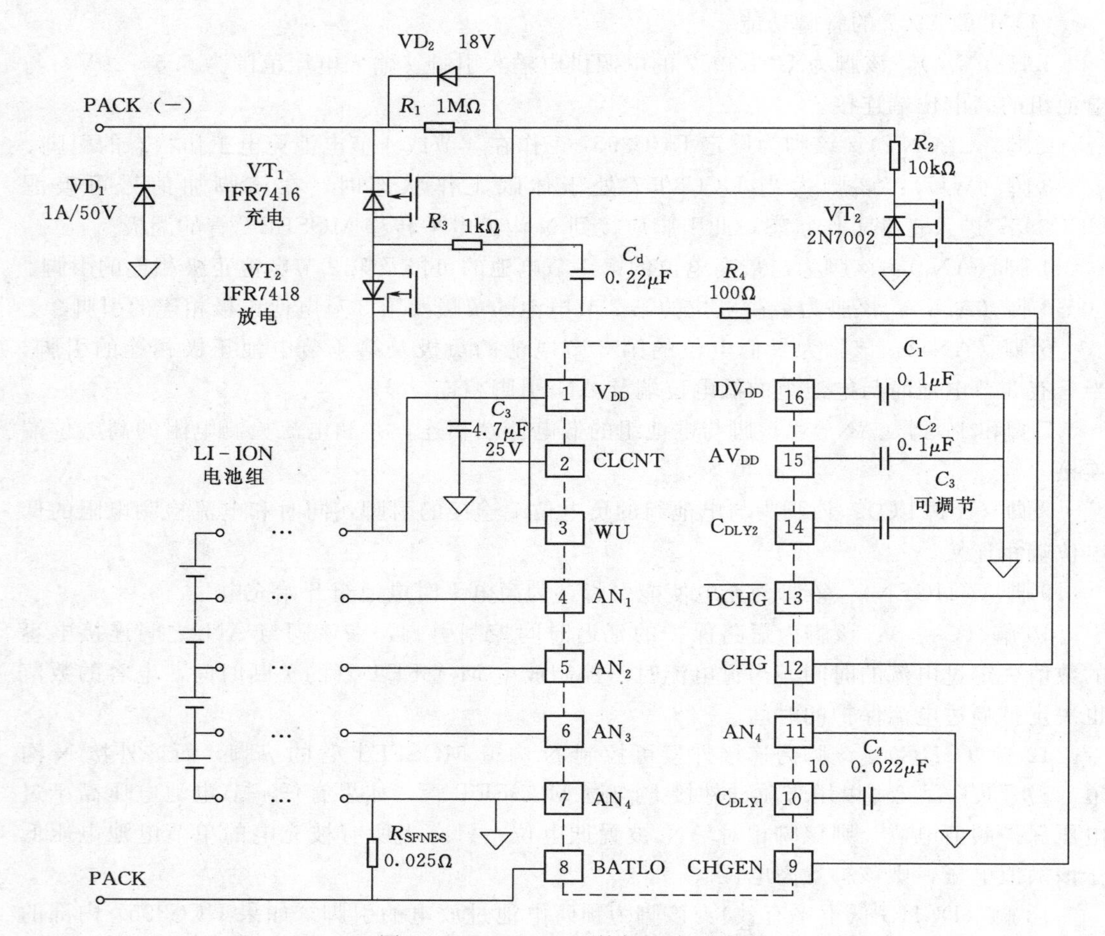

图 7－12　UCC3957 外部连接电路

态检测器同时关断两只 MOSFET 管，使 UCC3957 进入休眠工作模式。此时 UCC3957 的耗电仅为 3.5mA，只有当 3 脚的电压升到 1 脚后，UCC3957 才退出休眠工作模式。

4）电池充电。当充电器接入充电电源时，只要 9 脚的电压被拉到 16 脚，充电 FET 晶体管 VT_1导通，电池组充电。但是如果 9 脚开路或连接到 7 脚，则充电 FET 晶体管 VT_1关断。

充电期间，如果 UCC3957 处于休眠工作模式，则放电 FET 晶体管 VT_2仍然关断，充电电流流过放电 FET 晶体管 VT_2的体二极管；直到每节电池的电压高于欠电压阈值电压，则放电 FET 晶体管 VT_2导通。

休眠工作期间，充电 FET 晶体管 VT_1处于周期性的导通和关断方式，导通时间为 7ms，关断时间为 10ms。

5）电池连接不正常保护。UCC3957 具有被充电电池盒内电池连接不正常的保护功能。如果和电池连接的 4 脚、5 脚或 6 脚连接不正常或断开连接，UCC3957 可以检测到并可预防电池组过充电压。

6）过电压保护与智能放电特性。如果某一电池充电电压超过正常过充电阈值电位，

则充电 FET 晶体管 VT_1 关断，以防止电池过充电。关断一直保持到该电池电压降低到过充电阈值电位。在大多数保护电路设计中，在该过电压保护带（在正常值至过充电阈值之间；或反之，在过充电阈值至正常值之间)，充电 FET 晶体管 VT_1 一直处于保护的完全关断工作状态。此时放电电流必须通过充电 FET 晶体管 VT_1 的体二极管，该二极管的电压降高达 1V，从而在充电 FET 晶体管 VT_1 内产生极大的功耗，消耗电池功率。

UCC3957 具有独到的智能放电特性，它可使充电 FET 晶体管 VT_1 对放电电流导通（仅对放电来说）而仍然处于过电压回差范围之内。这样就大大减少了充电 FET 晶体管 VT_1 上的功耗。这一措施是通过采样流经电流检测电阻 R_{SENES} 上的电压降来完成的，如果这个电压降超过 15mV（0.025Ω 电流检测电阻对应 0.6A 的放电电流），则充电 FET 晶体管 VT_1 再次导通。

7）过电流保护。UCC3957 采用二级过电流保护模式保护电池组的过充电电流和电池组短路，当电流检测电阻 RSENSE（接在 7 脚与 8 脚之间）上的电压降超过某一阈值电位时，过电流保护进入打嗝保护工作模式。在这一工作模式时，放电 FET 晶体管 VT_2 周期性地关断与导通，直到故障排除。一旦故障排除，UCC3957 自动恢复正常工作。

图 7-12 中 VD_2 和 R_2 用于当充电器开路充电电压过高时，保护充电 FET 晶体管 VT_1。在该应用电路中，短路时放电 FET 晶体管 VT_2 关断。由于电池组输出的分布电感，这时的 di/dt 会产生一个电压的负突变，这一负突变会超过放电 FET 晶体管 VT_2 的耐压值，这一负突变也会损坏 UCC3597。图中的 VD_1 对这一负突变钳位以保护放电 FET 晶体管 VT_2，C_5 应直接置于电池组的顶端和底端。

由于当放电过电流保护时，放电 FET 晶体管 VT_2 产生的负电压过充电与 di/dt 的大小有关，而 di/dt 与放电 FET 晶体管 VT_2 的导通和关断驱动脉冲的上升、下降时间有关。故图 7-13 中用 R_3、C_6、R_4 来控制 di/dt 的大小。

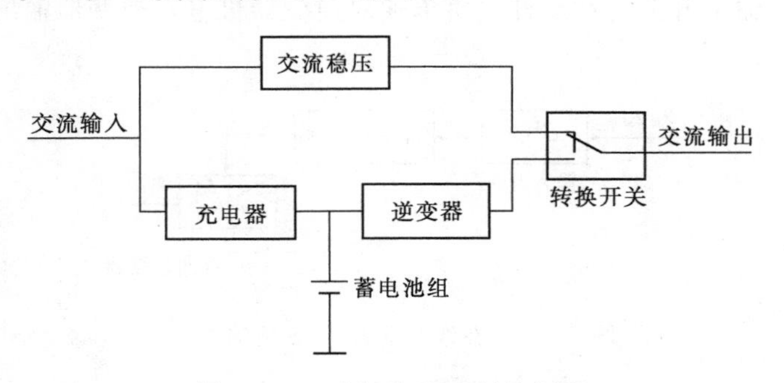

图 7-13　后备式 UPS 结构框图

7.3 UPS 不间断电源

为了保证重要部门电力供应的连续性和可靠性，消除电网干扰对用电设备的影响，同时为了避免负载对电网产生干扰而出现的电力电子装置，就是不间断供电电源，也简称为 UPS 电源。UPS 电源可以给设备提供连续不间断的电能，保证了设备供电的可靠性，在电力、石化、钢铁、军工、航天、金融、现代化办公等领域已经成为不可缺少的电源设备。

7.3.1　UPS的分类

1. 按工作方式分类

（1）后备式UPS。当电网电压正常时，UPS把市电经稳压处理后直接供给负载，只有在市网发生故障或中断供电后，系统才由转换开关切换为逆变器供电，其基本结构框图如图7-13所示。

（2）在线式UPS。

1）双变换在线式UPS。一种大容量UPS的结构形式如图7-14所示。其基本工作原理是：市电正常情况下，交流电经过整流后变换为直流电，一方面给蓄电池充电，另一方面逆变器把直流电再次变换为交流电提供给负载。只有在逆变器故障时，才通过转换开关切换为市电旁路供电。

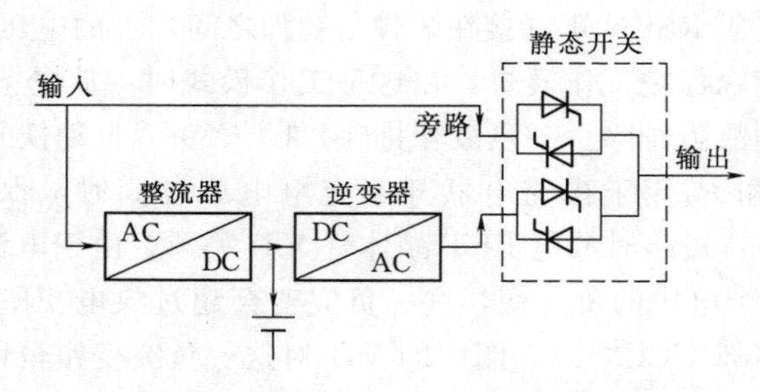

图7-14　双变换在线式UPS结构框图

2）在线互动式UPS。在线互动式UPS结构如图7-15所示。其基本工作原理是：市电正常时，输入开关自动闭合，市电经过稳压向用电设备供电，并整流成直流向蓄电池充电。市电停电时，输入开关自动断开，蓄电池对逆变器供电，逆变器输出交流电压向用电设备供电。

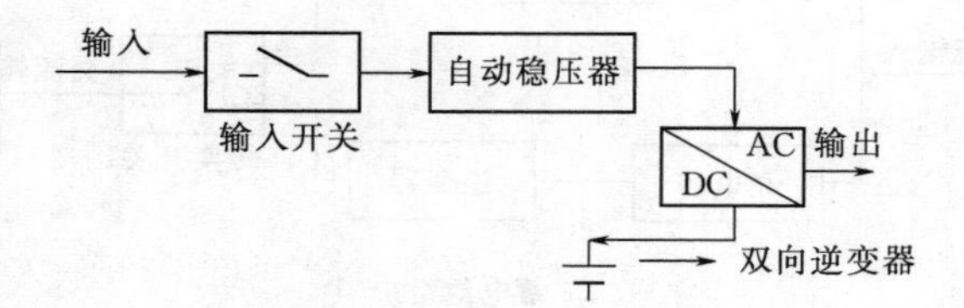

图7-15　在线互动式UPS结构框图

2. 按输出容量分类

（1）小容量UPS。输出容量一般在几百伏安到5kVA。小容量UPS一般采用高频开关调制技术，没有输入输出变压器，价格较低。小容量UPS多采用单相输出的形式，一般给微型计算机提供电源。

（2）中容量UPS。输出容量为5～100kVA。中容量UPS一般带有输出隔离变压器，可采用单相输入单相输出、三相输入单相输出或三相输入三相输出的形式，多用于给银行、发电厂、变电站等重要部门提供备用电源。

（3）大容量UPS。容量在100kVA以上。大容量UPS几乎都采用三相输入三相输出

的形式，主要用于给大型计算机或自动化控制设备提供高精度、高可靠性的电源或作为医院、机场等部门的备用电源。

3. 按用途分类

(1) 商用UPS。主要用于给金融、商业、服务领域的设备供电或作为后备电源。

(2) 工业UPS。广泛应用于电力、石化、机械、国防等领域，具有可靠性高和直流输入的电源。

(3) 核级UPS。用于核电厂、核试验的UPS。

7.3.2 UPS电源的性能指标

1. UPS的输入指标

(1) 输入电压。单相供电电压为220V，三相为380V，有些UPS的输入电压允许变化范围为±10%，有的可以达到±15%。UPS输入电压的上下限表示市电电压超出此范围时，就断开市电而由蓄电池供电。

(2) 输入电流。表示UPS工作时的电流，其最大值表示输入电压为下限值、负载为100%时，充电器工作时的最大电流。

(3) 输入频率。市电标准频率为50Hz，有些UPS的输入频率的变化范围是±5%，有些是±3%，当频率超过此范围后，逆变器输出不再与市电同步，其输出频率由UPS内部50Hz正弦波发生器决定。

(4) 输入功率因数及输入电流谐波成分。指UPS中整流充电器的输入功率因数和输入电流质量，表示电源从电网吸收有功功率的能力和对电网的干扰。一般UPS功率因数为0.9～0.95，输入电流的谐波含量在25%左右。

2. UPS的蓄电池指标

(1) 额定蓄电池电压。小型后备式UPS多为24V。通信用UPS的蓄电池电压为48V，一些大中型UPS的蓄电池电压为72V、168V或220V。

(2) 电池备用时间。UPS后备时间由所备蓄电池的容量决定，容量越大，后备时间越长，但一般还要看负载大小、充电器容量、市电供电中断的频繁程度而定。

(3) 蓄电池充电电流限流范围。为了避免充电电流过大而损坏蓄电池，一般典型值为2%～25%的标称输入电流。

(4) 蓄电池类型。多数UPS都是使用铅酸密封免维护型蓄电池。

3. UPS输出指标

(1) 输出电压。单相输入单相输出或三相输入单相输出的UPS输出电压为220V，三相输入三相输出的UPS输出电压为380V。输出电压的调节范围根据容量不同也不一样，中大容量的从它们的额定值起最小可调±5%，小容量一般采用拨盘调节，输出电压为208/220/230/240V。输出电压在UPS稳态工作时受输入电压变化、负载变化等引起的波动范围中大容量为±1%，小容量±2%或±3%。当突然加载或旁路转换时引起的输出电压变化范围中大容量应小于±5%，小容量应小于±6%～±8%。输出频率中大容量的UPS为50Hz±(0.5～0.2)Hz，小容量的UPS为50Hz±(0.5～3)Hz。

(2) 输出容量。指输出电压的有效值与输出最大电流的有效值。

(3) 输出功率因数。反映UPS的输出电压与输出电流之间的相位及输入电流谐波分量大小之间的关系。

(4) 抗三相不平衡的能力。带三相平衡非线性负载时，三相输出电压幅值差小于±1%，带三相不平衡非线性负载时，三相输出电压幅值差小于±3%。

(5) 输出过载能力。对于大中容量UPS典型值为125%负载时10min，150%负载时30～60s；对于小容量UPS典型值110%负载时10min，130%负载时10s。

7.3.3 UPS的应用

1. 小容量后备式UPS

图7-16所示为一小容量后备式UPS结构框图。工作原理如下：

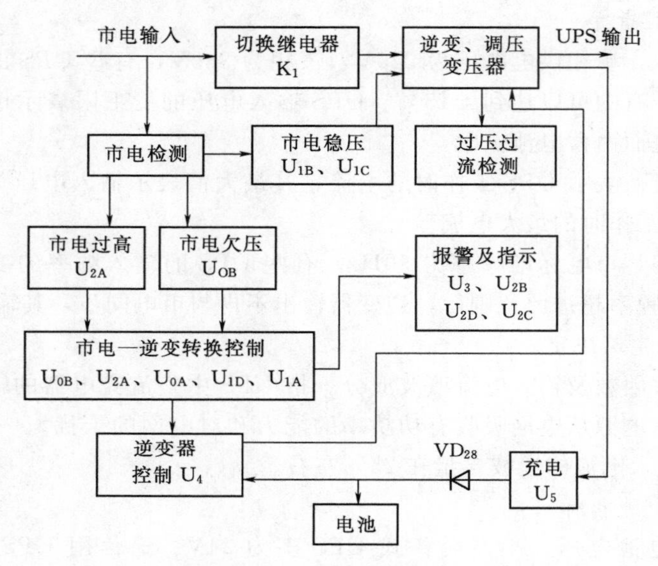

图7-16 UPS电路原理结构

(1) 市电——逆变转换控制。

1) 市电供电正常时（即市电输入在155～285V之间）继电器K_1吸合，此时，控制电路U_4控制逆变器不工作，由市电供电。

2) 当市电输入电压过高时（高于285V），通过集成电路U_{2A}、U_{1A}使K_1释放，切断市电输入，集成电路U_4开始工作，逆变器输出电能给负载，直到市电恢复正常为止。

3) 当市电输入电压过低或中断时，U_{0B}输出为高电平，U_{0A}输出为低电平，U_{1D}输出为低电平，U_{1A}输出为低电平，继电器K_1释放。由于此时U_4开始工作，市电异常时，电池放电。逆变器输出电能给负载，直到市电恢复正常为止。

(2) 稳压控制。

当市电在155～209V之间时，U_{1B}、U_{1C}的反相端电压低于其同相端电压，U_{1B}、U_{1C}同时输出高电平，市电从变压器输出，市电处于升压状态。

当市电在209～242V之间时，UPS对市电不做任何处理，而是直接输出。

当市电在243～285V之间时，市电电压偏高，此时U_{1B}、U_{1C}的反相端均高于其同相端，K_2、K_3均处于释放状态，市电由K_3的触点经过变压器后输出，此时市电被降压处

理。当市电在 175～275V 之间变化时，UPS 可保证输出在 198～242V 之间变化。

（3）PWM 逆变器及其驱动。UPS 的 PWM 驱动 U_4 采用 SG3524 脉宽调制器，末级主开关管使用 MOSFET 构成逆变器的核心。

（4）保护电路。

1）逆变过流保护。当发生逆变过流时，U_4 的 PWM 脉冲变窄，逆变输出电压下降；当过载非常严重时，U_4 将关闭其 PWM 脉冲输出，逆变器停止工作。U_{2B} 输出为低电平，报警电路开始工作。

2）逆变过压保护。当发生逆变输出过压时，U_4 的 PWM 脉冲变窄，输出电压变低，以稳定输出电压。当由于某种原因，输出电压过高时，通过稳压管击穿使 U_4 的管脚电压变化，逆变器停止工作，报警电路开始工作。

（5）电池电压过低保护。在逆变状态，当电池放电到端电压接近保护值时，U_{2C} 输出低电平，使 U_3 的管脚电压下降到 2V 左右，使蜂鸣器常鸣，当电池电压再下降时，U_{2D} 将输出低电平，通过 U_4 的管脚电平变化而关断逆变器输出。

（6）充电及辅助电源。当市电正常时，U_{1D} 输出为高电平，由 U_5（LM317）输出固定电压向电池充电；当逆变时，U_5 输出电压很低，通过二极管截止使充电电路对逆变电路无影响。整机电源，包括继电器、集成电路、三极管等均由电池直接供给，基准电压由 SG3524 的 16 脚提供的 5V 电源供给。

（7）面板指示及报警。市电正常时绿色市电指示灯亮，黄色逆变指示灯与红色故障灯不亮，而蜂鸣器无电也不叫。当 UPS 处于逆变时 NE555 开始振荡，蜂鸣器每隔 4s 叫一次。当逆变器发生故障时蜂鸣器长鸣，红色报警指示灯亮，黄色逆变灯由于正负两极均为低电平而不能点亮，绿色市电指示灯因其正极为低电平，负极为高电平而不能点亮。

2. 单相在线 UPS

单相在线式不间断电源（UPS）的典型实例如图 7-17 所示，它由逆变器主电路、控制电路、驱动电路、电池组、充电器以及滤波、保护等辅助电路组成。当市电出现

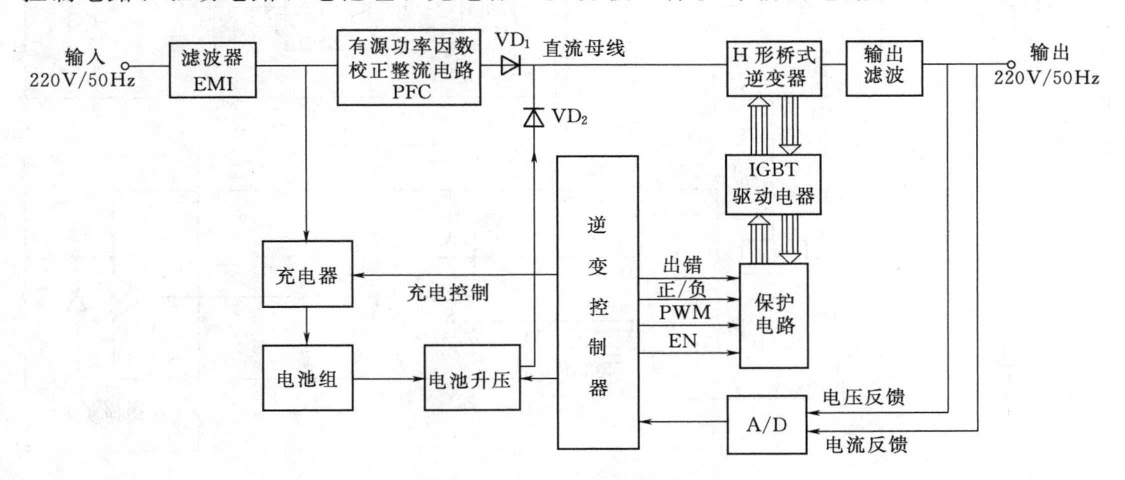

图 7-17 单相在线 UPS 结构框图

异常情况时，PFC输出的直流电压将低于电池升压输出电压，这时由电池升压后向逆变器提供能量，同时充电器停止工作。控制器由单片机及其他辅助电路组成，主要负责脉宽调制波的产生，使输出正弦波与市电同步，进行不间断电源（UPS）的管理及报警和保护。

单相在线不间断UPS工作过程如下：

（1）当市电正常情况下，输入市电经滤波器输入到有源功率因数校正整流电路PFC，使输入功率因数接近1。由PFC电路输出稳定的直流电压与电池升压电路输出电压经二极管 VD_1、VD_2 在直流母线上并联。电池升压电路的输出电压略低于PFC整流器输出电压，所以在市电正常情况下，由PFC整流后的市电向逆变器提供能量。

（2）当市电出现异常情况时，PFC输出将低于电池升压输出，这时由电池升压后向逆变器提供能量，这时充电器停止工作。

（3）逆变器是该电路的重要组成部分，主要包括逆变控制器、H形桥式逆变器、驱动电路及保护电路。

逆变控制器由基准正弦波发生器、误差放大器与PWM调制器构成，其核心部件为单片机。逆变器的输出电压、反馈信号和基准正弦波信号送到误差放大器，其输出误差信号再与20kHz三角波通过电压比较器进行比较，调制出PWM信号。

保护电路主要实现对IGBT的保护即过电流、过电压、过温、功率驱动不足等保护。

IGBT的驱动电路如图7-18所示，它由隔离的辅助电源和驱动器EXB840构成，完成对4个IGBT管的控制。驱动器同时带有过饱和保护的功能。驱动电路与TGBT门极之间的导线连接必须用双绞线，而且要尽量的短，以克服驱动过程的干扰。

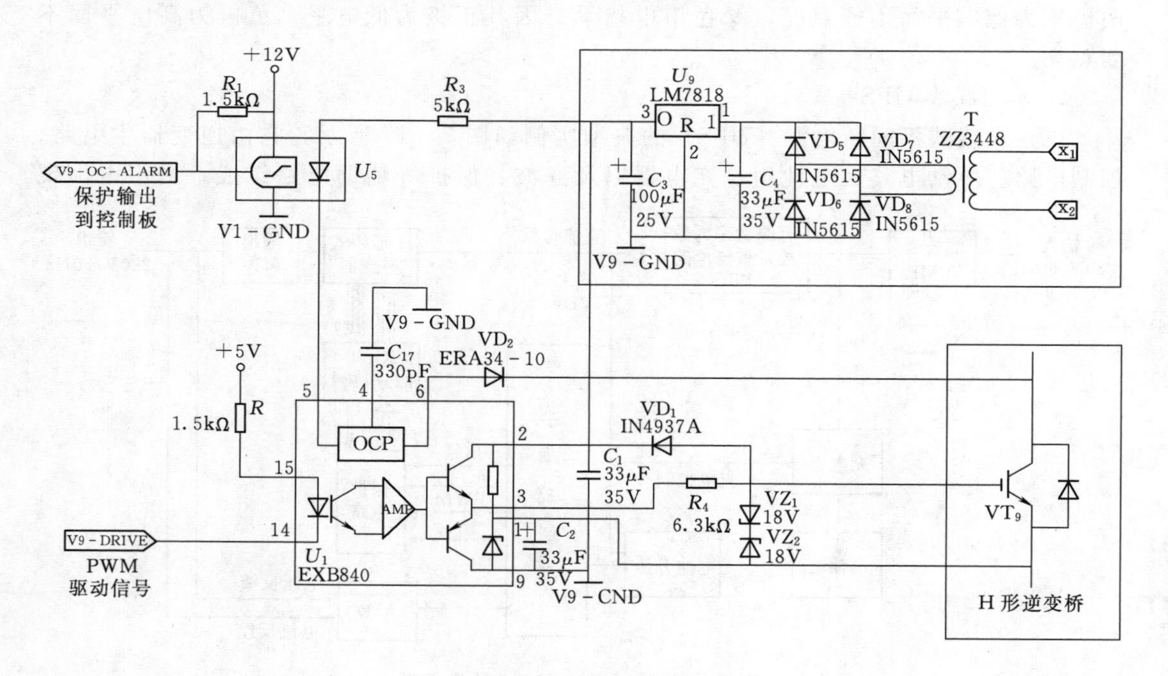

图7-18 驱动电路

7.4　有源功率因数校正

随着现代电力电子技术的发展，各种电力电子装置的应用越来越多，尤其是以开关电源为代表的电力电子装置的输入电流都是非正弦波，由此产生大量的谐波注入交流电网，使得电网的功率因数下降。为此国际电工委员会 1998 年制定了 IEC61000-3-2 标准，我国也制定了《电能质量公用电网谐波》(GB/T 14549—1993) 标准，这些都使交流电网在运行时要满足标准要求，降低谐波和提高功率因数。

目前采用的功率因数校正主要是有源校正和无源校正两种。无源校正网络是用电容、电感、功率二极管等无源器件组成，主要是通过提高整流导通角的方法来减小高次谐波。它虽然控制简单，成本低，可靠性高，然而体积庞大，难以得到很高的功率因数。有源功率因数校正器可以得到很高的功率因数，而且体积小，但是电路复杂，造价高，电磁干扰大，平均无故障时间下降。目前，有源功率因数校正已广泛应用于开关电源、交流不间断电源等领域。

有源功率因数校正（简称为 APFC）电路根据输入电压的不同，又可以分为单相和三相两类，三相 APFC 具有一些优点，如输入功率高，然而它的一个严重缺点就是三相之间的耦合问题、控制机理比较复杂等，本节主要介绍相对比较成熟的单相 APFC。

7.4.1　有源功率因数校正的工作原理

从原理上讲，任何一种 DC/DC 变换器拓扑都可以作为 APFC 的主电路，由于 Boost 变换器的突出优点，在 APFC 中应用更为广泛。基于 Boost 变换器的 APFC 工作原理如图 7-19 所示。

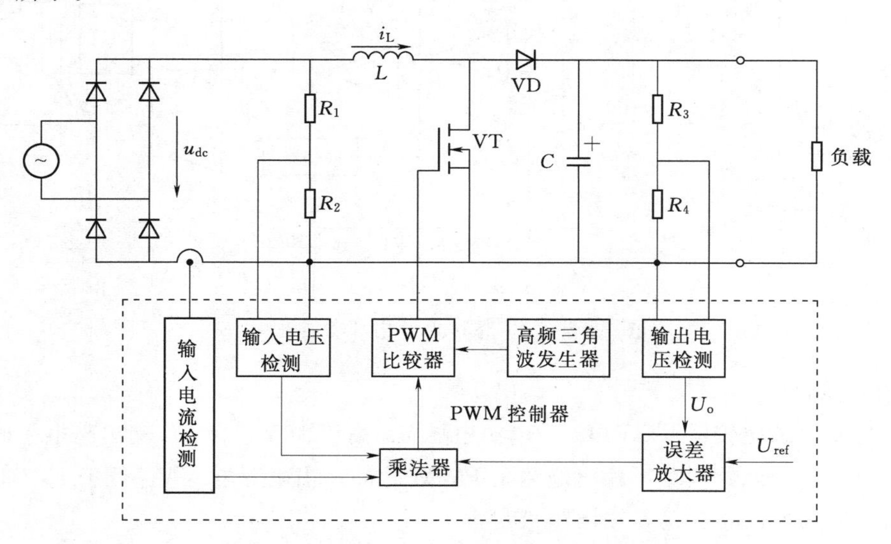

图 7-19　单相 Boost-APFC 工作原理框图

APFC 的工作原理如下：主电路的输出电压 U_o和基准电压 U_{ref} 比较后，送给电压误差放大器，整流电压检测值和电压误差放大器的输出电压信号共同加到乘法器的输入端，乘

法器的输出则作为电流反馈控制的基准信号，与输入电流检测值比较后，经过电流误差放大器，其输出再经过 PWM 比较器加到开关管控制极，以控制开关管 VT 的通断，从而使输入电流（即电感电流）的波形与整流电压 u_{dc} 的波形基本一致，使电流谐波大为减少，提高了输入端功率因数，由于功率因数校正器同时保持输出电压恒定，使下一级开关电源设计更容易些。

在升压斩波电路中，只要输入电压不高于输出电压，电感 L 的电流就完全受开关 VT 的通断控制；S 通时，i_L 增长，VT 断时，i_L 下降，因此控制 VT 的占空比按正弦绝对值规律变化，且与输入电压同相，就可以控制 i_L 波形为正弦绝对值，从而使输入电流的波形为正弦波，且与输入电压同相，输入功率因数为 1。

7.4.2 APFC 集成控制芯片 UC3854 及其应用

UC3854 是美国 Unitrode 公司生产的 APFC 专用控制集成芯片，也是目前使用最多的一种 PFC 集成控制芯片，它内部集成了 PFC 控制电路所需要的所有功能。应用时，只需增添少量的外围电路，便可构成完整的 PFC 控制电路。图 7-20 所示为 UC3854 控制芯片内部功能框图。

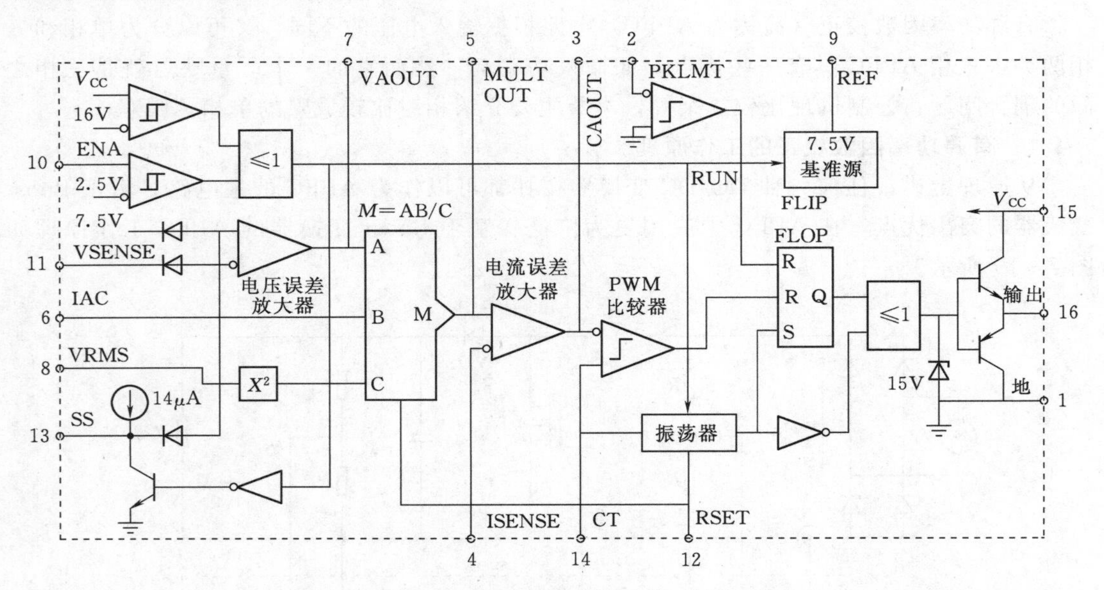

图 7-20　UC3854 芯片内部功能框图

1. 功能组成

（1）欠压封锁比较器（UVLC）：电源电压 V_{CC} 高于 16V，且 EC 输出高电平时，基准电压建立，振荡器开始振荡，输出级输出 PWM 脉冲；当电源电压 V_{CC} 低于 10V 时，基准电压中断，振荡器停止振荡，输出级被封锁。

（2）使能比较器（EC）：同 UVLC 一样也是滞环比较器，使能脚（10 脚）输入电压高于 25V，且 UVLC 输出高电平时，输出级输出驱动脉冲；使能脚输入电压低于 2.25V 时，输出级关断。

以上两比较器的输出都接到与门输入端，只有两个比较器都输出高电平时，基准电压

才能建立，器件才输出脉冲。

(3) 电压误差放大器（VEA)：功率因数校正电路的输出电压经电阻分压后，加到该放大器的反相输入端，与 7.5V 基准电压比较，其差值经放大后加到乘法器的一个输入端（A)。

(4) 乘法器（MUL)：乘法器输入信号除了误差电压外，还有与已整流交流电压成正比的电流 I_{AC}和前馈电压 U_{RMS}（8 脚)。

(5) 电流误差放大器（CEA)：乘法器输出的基准电流 I_{MO}在芯片外接电阻 R_{MO}两端产生基准电压。电感电流采样电阻 R_S两端压降与 R_{MO}两端电压相减后的电流取样信号，加到电流误差放大器的输入端，误差信号经放大后，加到 PWM 比较器，与振荡器的锯齿波电压比较，调整输出脉冲的宽度。

(6) 振荡器（OSC)：振荡器的振荡频率由 14 脚外接电容 C_T和 12 脚外接电阻 R_{SET}决定，只有建立基准电压后振荡器才开始振荡。

(7) PWM 比较器（PWMCOMP)：电流误差放大器输出信号与振荡器的锯齿波电压经该比较器后，产生脉宽调制信号，该信号加到触发器。

(8) 触发器（FLIPFLOP)：振荡器和 PWM 比较器输出信号分别加到触发器的 S、R 端，控制触发器输出脉冲，该脉冲经与门电路和推拉输出级后，驱动外接的功率开关管。

(9) 基准电源（REF)：该基准电压受欠压封锁比较器和使能比较器控制，当这两个比较器都输出高电平时，9 脚可输出 7.5V 基准电压。

(10) 峰值电流限制比较器（LMT)：电流取样信号加到该比较器的输入端，输出电流达到一定数值后，该比较器通过触发器关断输出脉冲。

(11) 软启动电路（SS)：基准电压建立后，14μA 电流源对 SS 脚外接电容 C_{SS}充电。刚开始充电时，SS 脚电压为零，接在 SS 脚内的隔离二极管导通，电压误差放大器的基准电压为零，UC3854 无输出脉冲。C_{SS}充足电后，隔离二极管关断，软启动电容与电压误差放大器隔离，软启动过程结束，UC3854 正常输出脉冲。发生欠压封锁或使能关断时，与门输出信号除了关断输出外，还使并联在 C_{SS}两端的内部晶体管导通，从而使 C_{SS}放电，以保证下次启动时 C_{SS}从零开始充电。

2. 引脚功能

1 脚（GND)：接地端。

2 脚（PKLMT)：峰值电流限制输入端。峰值限流阈值为零值，该脚应接入电流取样电阻的负电压。为了使电流取样电压上升到地电位，该脚与基准电压脚（REF）之间应接入一只电阻。

3 脚（CAOUT)：电流放大器输出端。该脚是宽带运放的输出端，该放大器检测并放大电网输入电流，控制脉宽调制器来强制校正电网输入电流。

4 脚（ISENSE)：电流检测负输入端。该脚为电流放大器反相输入端。

5 脚（MULTOUT)：乘法器的输出端和电流检测器的正输入端。模拟乘法器的输出直接接到电流放大器的同相输入端。

6 脚（IAC)：交流电流输入端。该脚是乘法器的输入端，用于从输入整流来调整波形，该端保持在 6V，是一个电流输入。

7脚（VAOUT）：电压放大器的输出端。该端电压可调整输出电压，该脚电平低于1V时，将禁止乘法器输出。

8脚（VRMS）：电网电压有效值输入端。整流桥输出电压经分压后加到该脚，为了实现最佳控制，该脚电压应在1.5～3.5V之间。

9脚（REF）：基准电压输出端。该脚输出7.5V的基准电压，最大输出电流为10mA，并且内部可以限流。

10脚（EAN）：使能控制端。使UC3854输出PWM驱动电压的逻辑控制信号输入端，该脚电压达到2.5V后，基准电压和驱动电压才能建立。该信号还控制振荡器和软启动电路，不需要使能控制时，该脚应接到5V电源或通过22kΩ电阻接到V_{CC}脚。

11脚（VSENSE）：电压放大器反相输入端。功率因数校正电路的输出电压经分压后加到该脚，该脚与电压放大器输出端（7脚）之间还应加入放大器RC补偿电路。

12脚（RSET）：振荡器定时电容充电电流和乘法器最大输出电流设定电阻接入端。该脚到地之间接入一只电阻，可设定定时电容的充电电流和乘法器最大输出电流，乘法器最大输出电流为3.75V/REST。

13脚（SS）：软启动端。UC3854停止工作或V_{CC}过低时，该脚为零电位。

14脚（C_T）：振荡器定时电容接入端。该脚到地之间接入定时电容C_T，可按下式设定振荡器的工作频率，即

$$f=1.25/R_{set}C_T$$

15脚（V_{CC}）：电源电压输入端。为了保证正常工作，该脚电压应高于17V。为了吸收外接开关管栅极电容充电时产生的电源电流尖峰，该脚到地之间应接入旁路电容器。

16脚（GTDRV）：栅极驱动电压输出端。该脚输出电压可以直接驱动外接的MOS-FET，当驱动大功率IGBT时，则要加功率放大电路。该脚内部接有钳位电路，可将输出脉冲幅值钳位在15V。因此当V_{CC}高达35V时，该器件仍可正常工作。

7.4.3　基于UC3854的有源功率因数校正电路

图7-21所示为UC3854构成的有源功率因数校正电路。

控制芯片UC3854适用的功率范围比较宽，5kW以下的单相升压—PFC电路均可以采用该芯片作为控制器。图7-21给出了输出功率为250W时由UC3854构成的PFC电路原理图。输出功率不同时，只需改变主电路中的电感L和电流检测电阻R_{13}、控制电路中的电流控制环参数。输出电压U_{FB}由下式确定，即

$$U_{FB}=\frac{R_{17}+R_{18}}{R_{18}}\times 7.5\text{V}$$

U_{FB}的大小一般取380～400V。

7.5　变频调速装置

直流电动机调速系统具有良好的启动、制动性能及在大范围内平滑调速的优点，但直流电动机采用机械换向器换向，它的单机容量、最高电压、最大转速等方面受到限制，而且维护、维修复杂。近20年来，大功率全控型IGBT已成为电力电子器件的代表，矢量

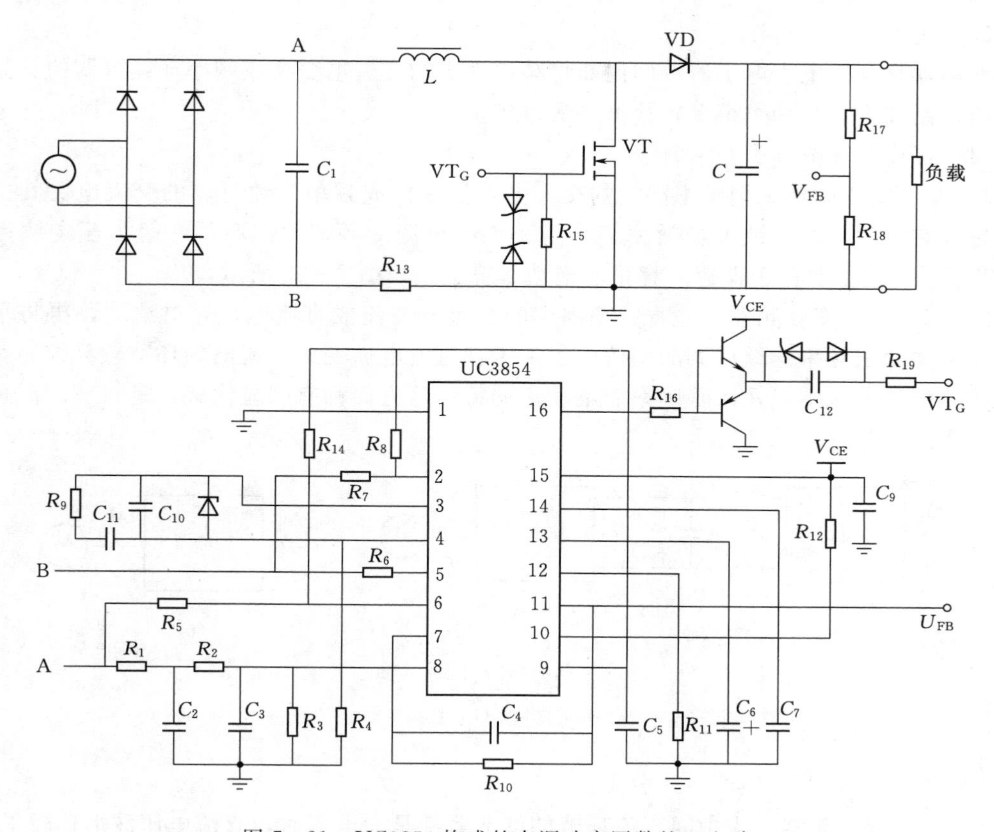

图 7-21 UC3854 构成的有源功率因数校正电路

控制技术、直接转矩控制技术迅速发展，微处理器不断更新，功能不断加强，正是以这 3 方面技术为核心的变频调速技术随着这些关键技术的发展逐步成熟起来，在交流电动机调速中得到了广泛的应用。

变频调速系统的核心是变频器，变频器的构成及工作原理较复杂，本节内容仅对变频器的一般性知识进行介绍。

7.5.1 概述

1. 变频调速的基本原理

三相交流异步电动机的转速为

$$n=(1-s)\frac{60f}{p}$$

式中 f——电动机电源频率，Hz；

p——电动机定子绕组的磁极对数；

s——转差率。

由上面公式可知，在转差率变化不大的情况下，电动机的极对数一定，改变电动机供电的电源频率，电动机的转速随之改变。如果均匀改变电动机的电源频率，则电动机的转速就可以平滑变化。

2. 变频器的分类

变频器是利用电力电子器件的通断将频率固定的交流电变换成频率连续可调的交流电的电能控制装置，其种类很多，分类方法也较多。

(1) 按变换环节分类。

1) 交—交变频器。把频率固定的交流电直接变换成频率连续可调的交流电。其主要优点是没有中间环节，故变换效率高。但其连续可调的频率范围窄，一般为额定频率的1/2以下，故它主要用于低速大容量的拖动系统中，如图7-22所示。

2) 交—直—交变频器。先将频率固定的交流电整流成直流电，经过滤波，再将平滑的直流电逆变成频率连续可调的交流电。由于把直流电逆变成交流电的环节较易控制，因此在频率的调节范围以及改善频率后电动机的特性等方面都有明显优势，是目前广泛采用的变频方式，如图7-22所示。

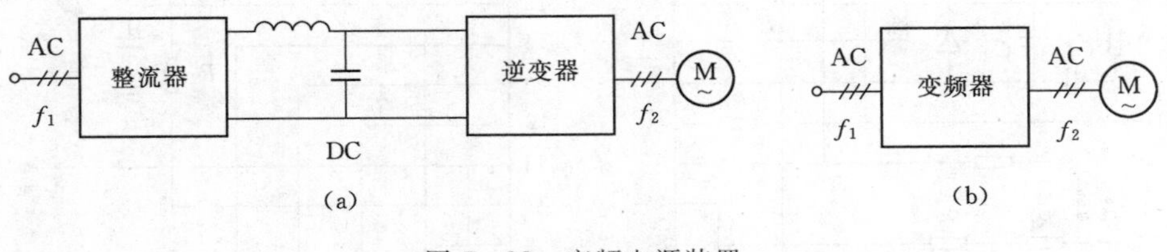

图7-22　变频电源装置

(a) 间接变频；(b) 直接变频

(2) 按直流环节的储能方式分类。

1) 电压型变频器。当中间直流环节的储能元件是大电容时，直流电压波形比较平直，在理想情况下可以等效成一个内阻抗为零的恒压源，输出的交流电压是矩形波或阶梯波，这类变频装置称为电压型变频器。

2) 电流型变频器。当中间直流环节的储能元件是大电感时，直流电流波形比较平直，因而电源内阻抗很大，对负载来说基本上是一个电流源，输出交流电流是矩形波或阶梯波，这类变频装置称为电流型变频器。

(3) 按控制方式分类。

1) U/f 控制变频器。又称为 VVVF 控制变频器，其控制特点是对变频器输出的电压和频率同时进行控制，通过电压和频率的比值保持一定而得到所需要的转矩特性。采用 U/f 控制的变频器控制电路结构简单、成本低，多用于速度精度要求不十分严格或负载变动较小的场合。

2) 转差频率控制变频器。转差频率控制需检测出电动机的转速，构成速度闭环。速度调节器的输出为转差频率，然后以电动机速度与转差频率之和作为变频器的给定输出频率。转差频率控制是指能够在控制过程中保持磁通的恒定，能够限制转差频率的变化范围，且能通过转差频率调节异步电动机的电磁转矩的控制方式。与 U/f 控制方式相比，加减速特性和限制过电流的能力得到提高。另外，还有速度调节器，它是利用速度反馈进行速度闭环控制。速度的静态误差小，适用于自动控制系统。

3) 矢量控制方式变频器。矢量控制是一种高性能异步电动机控制方式，将异步电动机的

定子电流分为产生磁场电流分量和与其垂直的产生转矩的电流分量，并分别加以控制。由于这种控制方式中必须同时控制异步电动机的电流幅值和相位，即定子电流矢量，因此此种控制方式成为矢量控制。采用矢量控制方式的目的，主要是为了提高变频调速的动态性能。

(4) 按电压等级分类。

1) 低压型变频器。常用的中小容量通用变频器都属于这类变频器。其电压单相为220～240V、三相为220V或380～460V，容量为0.2～280kW，多则达500kW。

2) 高压大容量变频器。能够对3kV、6kV、10kV的高压电动机进行调速的变频器。

(5) 按用途分类。

1) 通用型变频器。它是变频器家族中应用最多、最广泛的一种，它能与普通的笼型异步电动机配套使用，能适应各种不同性质的负载并具有多种可供选择的功能，是本节介绍的重点。

2) 高性能专用变频器。主要应用于对电动机的控制要求较高的系统，与通用变频器相比，高性能变频器大多数采用矢量控制方式。

3) 高频变频器。为满足高速电动机的调速要求，采用PAM（脉冲幅值调制，是一种在整流电路部分对输出电压的幅值进行控制，而在逆变电路部分对输出的频率进行控制的控制方式）控制方式的变频器，称为高频变频器，其输出频率可达到3kHz。

图7-23 西门子MM440变频器外形

7.5.2 变频器的结构和基本工作原理

1. 变频器的基本结构

目前广泛应用的通用变频器，其生产厂家、型号、功率大小等多种多样，但其基本结构基本上有柜式和书本结构两类。图7-23所示为西门子MM440变频器外形。

从电路结构上看，通用变频器大多采用交—直—交变频变压方式，其基本构成如图7-24所示。

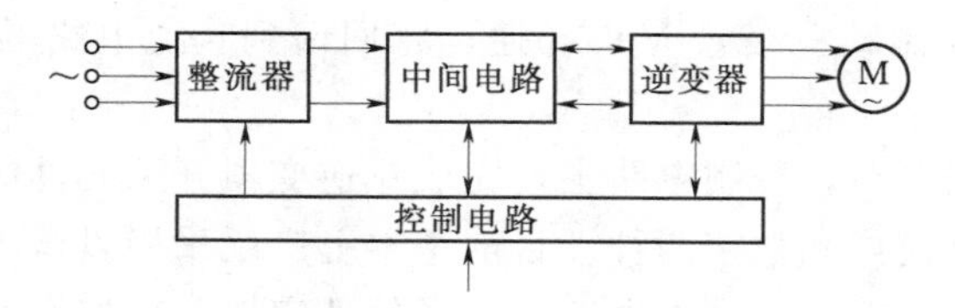

图7-24 交—直—交变频器的基本构成

(1) 变频器主电路。通用变频器主电路如图7-25所示，它主要由以下几部分组成：

1) 整流部分。整流部分是将频率固定的三相交流电变换成直流电。它包括：三相桥式二极管整流，由二极管VD_1～VD_6构成；滤波电容C_F，其主要作用是滤除平桥式整流后的电压纹波，使直流电压保持平稳；限流电阻R_L和开关S_L（此开关一般是晶闸管），在变频器电源接通瞬间，滤波电容的充电电流很大，过大的电流可能会损坏三相整流电路中的二极管，为了保护二极管在充电回路中串入限流电阻R_L，将充电电流限制在允许的范围内。当充电到一定程度，令开关 S_L 接通，将 R_L 短接；电源指示灯 HL 表示电源是否接通，同时在变频器切断电源后指示电容器上的电荷是否释放完毕。

2）逆变部分。由 $VT_1 \sim VT_6$ 构成三相桥式逆变电路，将直流电逆变成频率可调的三相交流电。续流二极管 $VD_7 \sim VD_{12}$ 主要是在 IGBT 换相时提供电流通路。$R_{01} \sim R_{06}$，$VD_{01} \sim VD_{06}$，$C_{01} \sim C_{06}$ 作为缓冲电路来限制过高的电流和电压，保护逆变管子不受损坏。

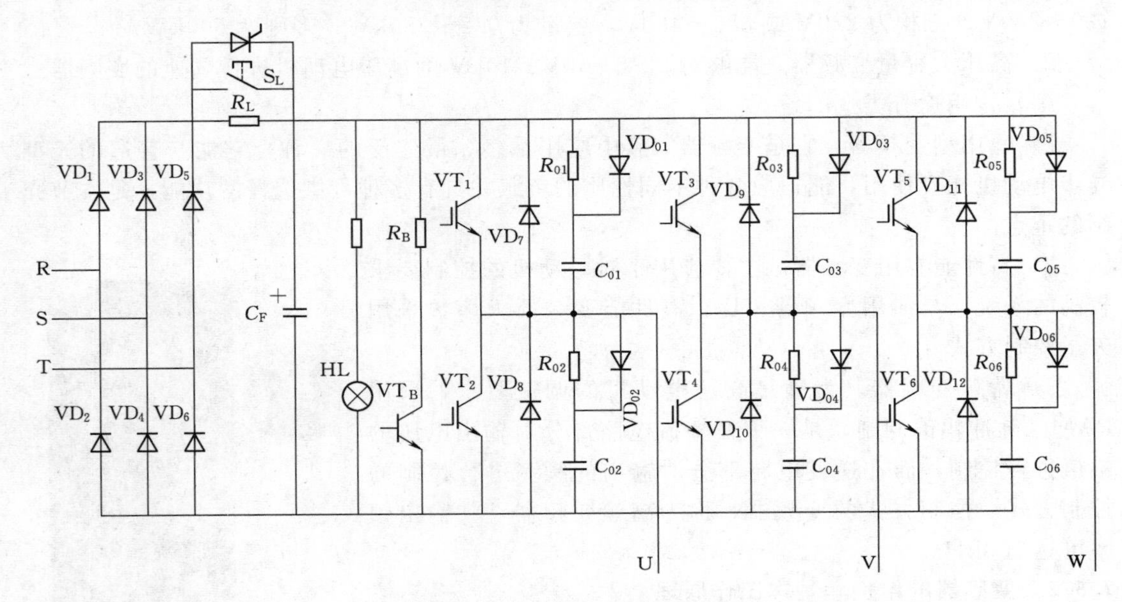

图 7－25　交—直—交变频器的主电路

3）制动电阻 R_B 和制动单元 VT_B。在变频器交流调速系统中，电动机的减速是通过降低变频器的输出频率来实现的。在电动机减速过程中，当变频器的输出频率下降过快时，电动机将处于发电制动状态，拖动系统的动能要回馈到直流电路中，使直流电压上升，导致变频器本身的过电压保护电路动作，切断变频器的输出。为避免这一现象，需将再生直流电路的能量消耗掉，R_B 和 VT_B 的作用就是消耗这部分能量，当直流中间电路电压上升到一定值时，制动三极管 VT_B 导通，将回馈到直流电路的能量消耗在制动电阻 R_B 上。

（2）变频器的控制电路。控制电路主要完成对逆变器开关元件的开关控制和提供多种保护功能。控制方式有模拟和数字两种。目前基本上广泛采用以微处理器为核心的全数字控制技术，采用了尽可能简单的硬件电路，通过软件完成各种控制功能，以充分发挥微处理器的功能，完成许多模拟控制难以实现的功能。控制电路主要组成如下：

1）运算电路。主要作用将外部的速度、转矩等指令信号同检测电路的电流、电压信号等进行比较运算，决定变频器的输出频率和电压。

2）信号检测电路。将变频器和电动机的工作状态反馈至微处理器，并由微处理器按事先确定的算法进行处理后为各部分电路提供所需的控制信号或保护信号。

3）驱动电路。为变频器中逆变电路的开关器件提供驱动信号。

4）保护电路。主要作用是对检测电路得到的各种信号进行运算处理，以判断变频器本身

或系统是否出现异常。如果信号有异常，会使变频器停止工作或抑制其电流、电压的数值等。

通用变频器的内部典型硬件结构如图 7－26 所示。

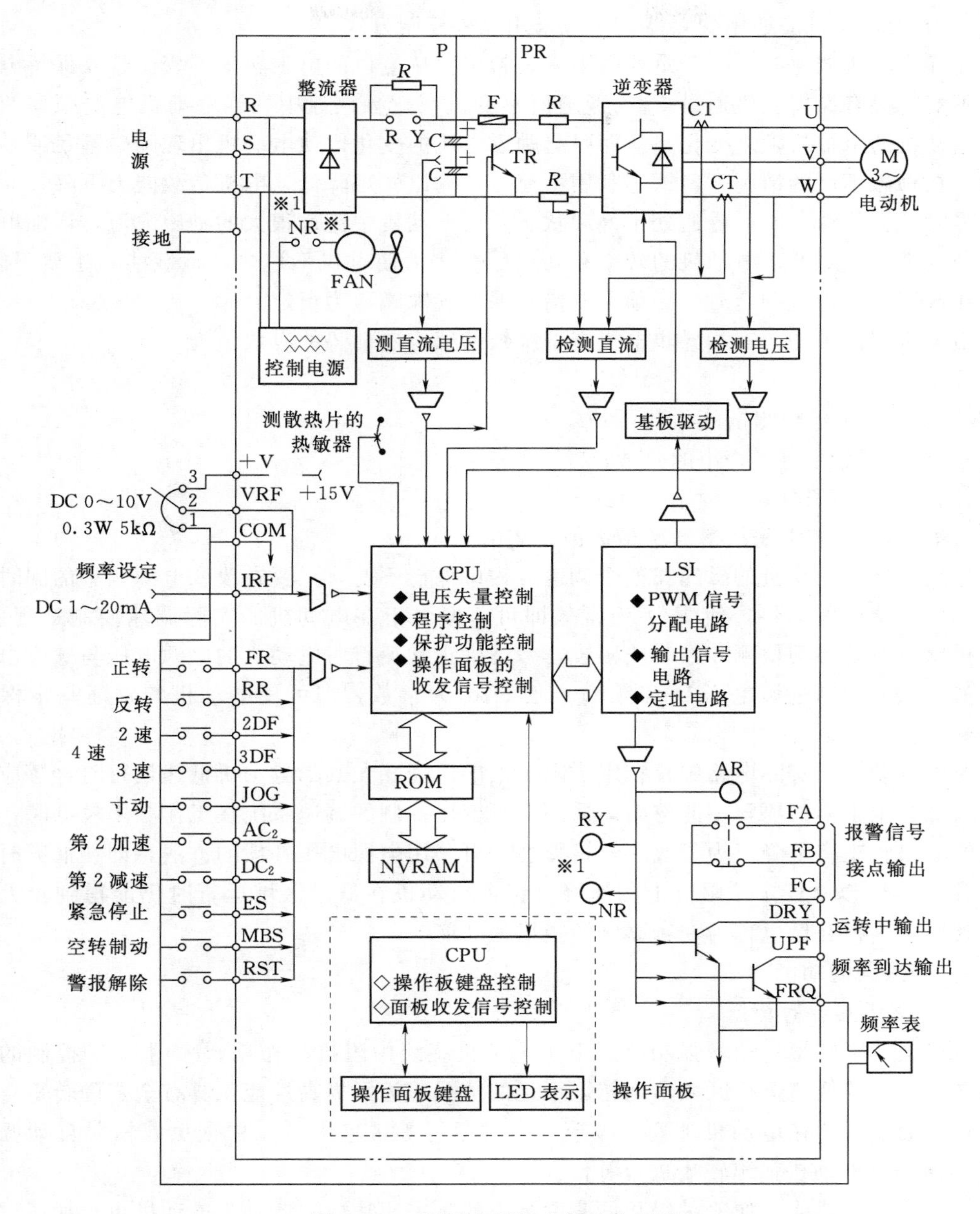

图 7－26 通用变频器内部结构框图

（3）变频器中的电力电子器件。变频器中所用电力电子器件目前基本上为全控型电力电子器件，可参见本书第 1 章中全控型电力电子器件的内容。

2. 变频器工作原理

（1）逆变器基本工作原理和脉宽调制。本部分内容参考本书第 6 章内容即可。

（2）U/f 控制。在改变变频器输出电压频率的同时改变输出电压的幅值，从而维持电动机磁通基本恒定，保证在较宽的调速范围内，使电动机的效率、功率因数不下降，这就是 U/f 控制，目前通用变频器大多数采用此种控制方式。

在异步电机调速时，一个重要的因素是希望保持电机的电磁转矩不变。若要保持电磁转矩不变，只有保持主磁通量 F_m 为额定值不变。在变频调速中，当电动机电源频率变化时，电动机的阻抗将随之变化，从而引起励磁电流的变化，使电动机出现励磁不足或励磁过强。在励磁不足的情况下，铁芯利用不充分，输出转矩降低，电机负载能力下降；而励磁过强时，会使铁芯中的磁通处于饱和状态，使电动机中流过很大的励磁电流，增加电动机的功率损耗，降低了电动机的效率和功率因数，为使电机不过热，负载能力也要下降。因此在改变频率进行调速时，必须采取措施保持气隙磁通为恒定。

由电机理论可知，三相异步电机定子绕组的感应电动势的有效值为

$$E = 4.44k_r f_1 N_1 \Phi_m$$

式中　k_r ——定子绕组的绕组数；

N_1 ——每相定子绕组的匝数；

f_1 ——定子电源的频率，Hz；

Φ_m——铁芯中每极磁通的最大值，Wb。

显然，要使电动机的磁通在整个调速过程中保持不变，只要在改变电源频率的同时改变电动机的感应电动势，使 E/f 为常数即可。但由于在电动机的实际调速控制过程中，电动机感应电动势的检测和控制较困难，考虑到正常运行时电动机的电源电压与感应电动势近似，只要控制电源电压 U 和频率 f 使 U/f 为常数，即可使电动机的磁通基本保持不变。

由于电动机的实际电路中存在定子阻抗上的压降，尤其当电动机低速运行时，感应电动势较低，定子上的压降不能忽略，采用变频变压控制的调速系统在工作频率较低时，电动机的输出转矩将下降。为了改善转矩特性，可采用电源电压补偿的方法，即在低频时适当提升电压 U 以补偿定子阻抗上的压降，保证电动机在低速区域运行时仍能得到较大的输出转矩，这种补偿也称为变频器的转矩增强功能。

7.5.3　变频器的功能

1. 系统所具有的功能

（1）全范围转矩自动增强功能。由于电动机绕组中阻抗的作用，采用 U/f 控制的变频器在电动机的低速运行区域出现转矩不足的情况，为了提高性能，具有全范围转矩自动增强功能的变频器在电动机加速、减速、正常运行等区域中可以根据负载情况自动调节 U/f 的值，对电动机输出转矩进行补偿。

（2）防失速功能。加速过程和恒速运行中的防失速功能主要是当电动机由于加速过快或负载过大等原因出现过电流现象时，变频器将自动降低输出频率，以避免出现变频器因过电流保护电路动作而停止工作。

在电动机减速过程中回馈能量将使变频器的直流中间电路的电压上升，可能会出现过电压保护电路动作而使变频器停止工作的情况。减速防失速就是在电压保护电路动作之前暂停降低变频器的输出频率或减小输出频率的降低速率，达到防失速的目的。

(3) 过矩限定运行功能。其作用是对机械设备进行保护并保证运行的连续性，利用该功能可以对电动机的输出转矩极限值进行设定，当电动机的输出转矩达到该设定值时，变频器停止工作。

(4) 运行状态检测。主要检测变频器的工作状态，使操作者及时了解变频器的工作状态。

(5) 自动节能运行状态。变频器自动选择工作参数，使电动机在满足负载转矩要求的情况下以最小电流运行。

(6) 自动调压功能。当电源电压降低时，自动调压可以维持电动机的高启动转矩。

(7) 外部信号启停功能。通过外部信号控制变频器的启动和停止。

2. 频率设定功能

(1) 频率给定的方法。有以下3种方式可供用户选择。

1) 面板给定方式。通过面板上的键盘设置给定频率。

2) 外接给定方式。通过外部的模拟量或数字输入给定端口，将外部频率给定信号传送给变频器。

外接给定信号有以下两种。

电压信号：一般有0～5V、0～±5V、0～10V、0～±10V等几种。

电流信号：一般有0～20mA、4～20mA两种。

3) 通信接口给定方式。由计算机或其他控制器通过通信接口进行给定。

(2) 频率给定线及其预置。

1) 频率给定线的概念。由模拟量进行频率给定时，变频器的给定频率 f_x 与给定信号 X 之间的关系曲线 $f_x = f(X)$，称为频率给定线。

2) 基本频率给定线。在给定信号 X 从0增大至最大值 X_{max} 的过程中，给定频率 f_x 线性地从0增大到最大频率给定线称为基本频率给定线。其起点为 ($X=0$，$f_x=0$)；终点为 ($X=X_{max}$，$f_x=f_{max}$)，如图7-27中曲线1所示。

3) 频率给定线的预置。频率给定线的起点和终点坐标可以根据拖动系统的需要任意预置。

起点坐标 ($X=0$，$f_x=f_{BI}$)，f_{BI} 为给定信号 $X=0$ 时所对应的给定频率，称为偏置频率。

终点坐标 ($X=X_{max}$，$f_x=f_{xm}$)，f_{xm} 为给定信号 $X=X_{max}$ 时对应的给定频率，称为最大给定频率。

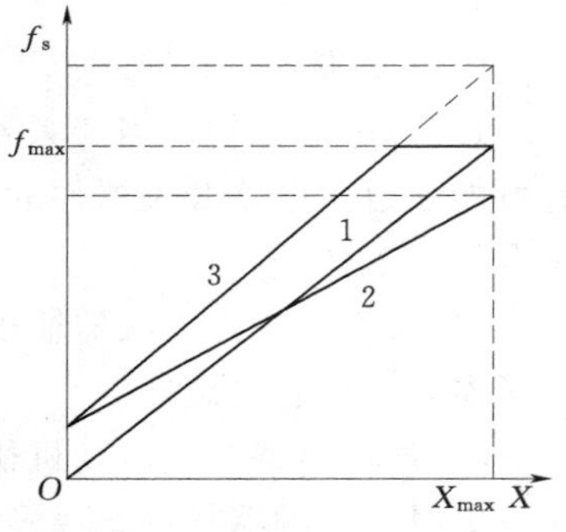

图7-27 频率给定曲线
1—基本频率给定线；
2—$G\%<100\%$的频率给定线；
3—$G\%>100\%$的频率给定线

预置时，偏置频率 f_{BI} 是直接设定的频率值；而最大给定频率 f_{xm} 常常是通过预置“频率增益” $G\%$ 来设定的。

$G\%$ 是最大给定频率 f_{xm} 与最大频率 f_{max} 之比的百分数，即

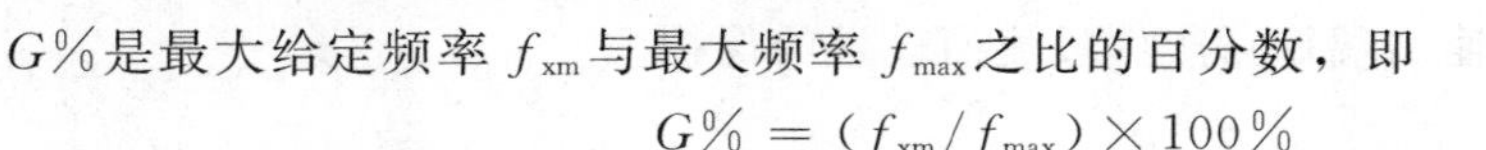

$$G\% = (f_{xm}/f_{max}) \times 100\%$$

预置后的频率给定线如图7-27中的曲线2与曲线3所示。

4) 最大频率、最大给定频率与上限频率的区别。最大频率 f_{max} 和最大给定频率 f_{xm}，都与最大给定信号 X_{max} 相对应，但最大频率 f_{max} 通常是根据基准情况决定的，而最大给定

频率 f_{xm} 常常是根据实际情况进行修正的结果。

当 $f_{xm}<f_{max}$ 时，变频器能够输出的最大频率由 f_{xm} 决定，f_{xm} 与 X_{max} 对应。

当 $f_{xm}>f_{max}$ 时，变频器能够输出的最大频率由 f_{max} 决定。

上限频率 f_H 是根据生产需要预置的最大运行频率，它并不和某个确定的给定信号 X 相对应。

当 $f_H<f_{max}$ 时，变频器能够输出的最大频率由 f_H 决定，f_H 并不与 X_{max} 对应。

当 $f_H>f_{max}$ 时，变频器能够输出的最大频率由 f_{max} 决定。

3. 升速时间与降速时间的设定

（1）升速时间。加速时间是指工作频率从 0 上升到最高频率 f_H 所需要的时间，各种变频器都提供了在一定范围内可任意给定加速时间的功能。用户可根据拖动系统的情况自行给定一个加速时间。众所周知，加速时间越长，启动电流就越小，启动也越平缓，但却延长了拖动系统的过渡过程。对于某些频繁启动的机械来说，将会降低生产效率。

因此，给定加速时间的基本原则是在电动机的启动电流不超过允许值的前提下，尽量地缩短加速时间。由于影响加速过程的因素是拖动系统的惯性，故系统的惯性越大，加速越难，加速时间也应该长一些。但在具体的操作过程中，由于计算非常复杂，可以将加速时间设得长一些，观察启动电流的大小，然后再慢慢缩短加速时间。

（2）降速时间。变频器降速时间有两种定义：一种是工作频率从基本频率降到 0 所需的时间；另一种是工作频率从最高频率降到 0 所需时间。变频器中降速时间的设定范围和升速时间相同。

4. 保护功能

（1）变频器的保护。

1）过电流保护。当变频器由于负载突变、输出侧短路等原因出现过大的电流峰值，有可能超过主电路开关器件的允许值，变频器将采取保护措施限制电流值，有的变频器甚至会停止工作。

2）过载保护。变频器输出电流超过额定值且持续时间达到规定的时间，为防止损坏变频器，需要有过载保护。

3）过电压保护。电动机快速减速时，再生能量将使直流中间电路的电压升高，超过允许值时，变频器将停止或停止快速减速。

4）欠电压保护。变频器电源电压降低时，直流中间电路的电压下降，使变频器输出电压过低，造成电动机的输出转矩不足和过热，此时变频器通过欠压保护动作停止运行。

5）接地保护。当变频器的负载侧接地时，变频器能自动检测出接地故障并进行保护。

6）过热保护。防止变频器内部过热引起器件损坏而设置的保护。

7）短路保护。防止输出端短路产生过流而设置的保护。

（2）电机的保护。

1）过载保护。利用热继电器为电动机过载提供保护。

2）超速保护。当电动机的速度超过规定值时，使变频器停止运行的保护。

通用变频器的主要功能如表 7-1 所示。

表 7－1　　　　通用变频器的主要功能表

特　性	功　能		功　能　举　例
控制特性	控制方式		正弦波 PWM 控制
	过负载耐量		额定输出电流 150%，0.1～20s
	频率设定信号		DC 0～5V，DC 0～10V（10kΩ），4～20mA，0～250mA
	U/f 自动补偿曲线		17 条曲线，可供大惯性、高启动转矩
	失速防止设定		加速度以工作电流设定，降速保护以电压设定
	频率控制范围		0.5～240Hz
	频率精度		数字指令：0.1%；模拟指令：0.5%
保护功能	瞬时过电流		加速过电流；恒速过电流；降速过电流
	过负载		额定电流 150%，0.1～20s 停止输出
	过电压 低电压		主回路 DC 400V 或 DC 200V 以下停止输出
			主回路 DC 800V 或 DC 400V 以下停止输出
			加速过电压
	瞬时过电压		15ms 以上停止（有负载状态）
	过热保护		热敏开关
	充电中指示		主回路 DC 50V 以上充电指示灯亮
运转方式	输入	运转方式	正传/反转，个别指令，数字、模拟双向操作，加减速，停止
		外部异常	外部异常信号输入，运转停止
		复位	保护功能的保护解除
		多功能输入	多点控制
			DC 0～10V（4～20mA，0～20mA）
	输出	多功能输出	3 点（运转、零速、输出频率≥设定值）
		异常触点	异常输出触点警报继电器 AC 触点
		晶体管开关输出	DC 输出最高 DC 24V
			AC 输出最高 AC 250V
		模拟电压输出	线性输出 0～10V 可接频率表或转速表
	显示	状态显示	LED RUN/STOP，FWD/REV
		数字操作	设定频率、输出频率、运转方向、异常内容
适用环境	使用场所		室内，无腐蚀性气体、无尘埃场所
	周围温度		－10～50℃
	保存温度		－15～50℃
	湿度		90%RH 以下
	耐振动加速度		0.5kg/s² 以下

7.5.4　变频器的选择

1. 变频器的类型选择

对于风机类负载，由于低速时转矩较小，对过载能力和转速精度要求较低，一般选用价格较低的变频器。

对于恒转矩负载下的传动电机，如果采用通用标准电机，则应考虑低速下的强迫通风冷却。若是新设备投产，可以考虑专为变频调速设计的加强绝缘等级并考虑低速强迫通风的变频专用电机。

对于低速时要求较硬的机械特性，并要求有一定调速精度，但在动态性能方面无较高要求的负载，可选用不带速度反馈的矢量控制型。

对于调速精度和动态特性都要求较高的，可选用带速度反馈的矢量控制型变频器。

2. 变频器容量的选择

变频器容量通常用额定输出电流、输出容量和适用电动机功率表示。其中额定输出电流为变频器可以连续输出的最大交流电流的有效值，不论什么用途的变频器连续输出电流都不允许超过此值。输出容量是决定于额定输出电流与额定输出电压的三相视在输出功率。适用电动机功率是以2、4极的标准电动机为对象，表示在额定输出电流以内可以驱动的电动机的功率。变频器的容量按运行过程中可能出现的最大工作电流来选择。

本　章　小　结

本章主要讲述了电力电子技术在电源装置中应用的一些基本内容，主要包括利用电力电子技术制作的电源种类及一些常用电源的基本结构、工作原理、电路分析等。电力电子装置非常多，应用范围也非常广泛，本章内容主要介绍了开关电源、UPS不间断电源、功率因数校正、通用变频器等知识。这些知识的介绍也仅是电力电子技术应用领域的很少一部分，大家在学习过程中可以参考更多方面的专门书籍来阅读，从而对电力电子技术的应用有更多、更好地理解和掌握。

习题与思考题

7-1　常用电源的种类有哪些？

7-2　开关电源的分类及工作原理是什么？

7-3　UPS不间断电源的分类及工作原理是什么？

7-4　功率因数校正的基本工作原理是什么？

7-5　变频调速的原理是什么？

7-6　什么是U/f控制？

7-7　变频器的功能有哪些？

附录　电力电子实训项目

实训一　示波器的使用及主要设备的认识

一、实训目的

(1) 熟悉并掌握 DF4313D 型双踪示波器的调试及使用方法。

(2) 能够熟练使用示波器对较为简单的输入信号进行幅值及周期测量。

(3) 认识 MCL-Ⅲ型实验台中用于电力电子技术实验的相关挂箱及其使用方法。

二、实训内容

使用示波器进行相关信号波形的观测和记录。

三、实训设备及仪器

(1) MCL 系列教学实验台主控制屏 MCL-32。

(2) MCL-31 组件：低压控制电路及仪表。

(3) MCL-33 组件：触发电路及晶闸管主回路。

(4) MEL-03 组件（900Ω，0.41A）：三相可调电阻器。

(5) 双踪示波器、万用表。

四、实训设备的使用方法

(一) 示波器面板控制件说明

DF4313D 型示波器为 10MHz 便携式双通道长余辉慢扫描示波器，垂直灵敏度为 5mV/div～20V/div，水平扫描速率 0.5μs/div～1s/div，触发功能完善，有自动、常态、单次 3 种触发方式。

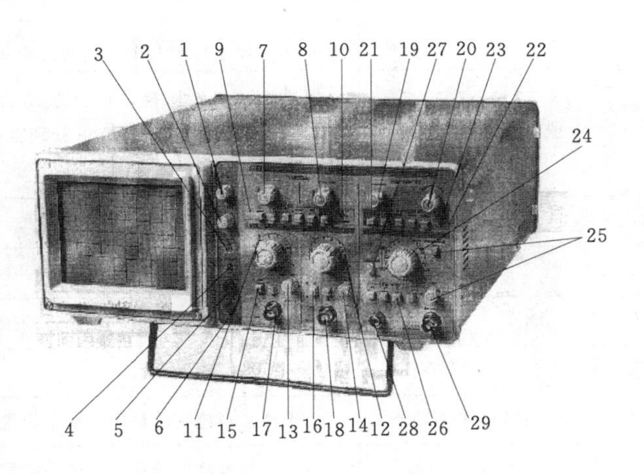

实训图 1-1　前面板控制件位置

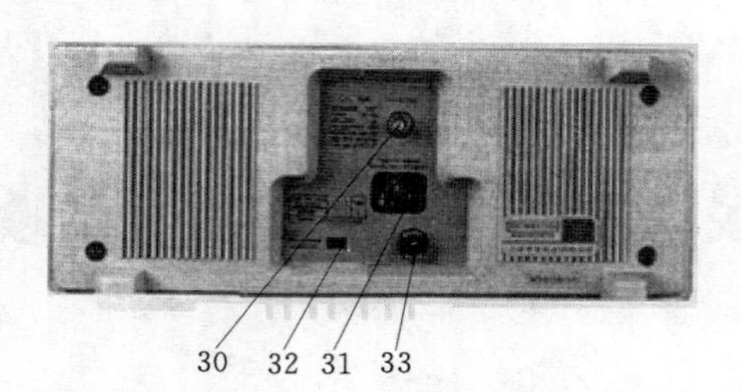

实训图 1-2 后面板控制件位置

1. 控制件位置图及功能说明

示波器前后3控件位置如实训图1-1和实训图1-2所示，图中所示控件名称参见实训表1-1。

实训表 1-1 示波器控件表

序号	控制件名称	功能
1	亮度（INTENSITY）	轨迹亮度调节
2	聚焦（FOCUS）	轨迹清晰度调节
3	轨迹旋转（TRACE ROTAION）	调节轨迹与水平刻度线平行
4	电源指示（POWER INDICATOR）	电源接通时指示灯亮
5	电源（POWER）	电源接通或关闭
6	校准信号（PROBE ADJUST）	提供幅度为0.5V，频率为1kHz的方波信号，用于调整探头的补偿和检测垂直和水平电路的基本功能
7、8	垂直移位（VERTICAL POSITION）	调整轨迹在屏幕中垂直位置
9	垂直方式（VERTICAL MODE）	垂直通道的工作方式选择 CH1或CH2：通道1或通道2单独显示 ALT：两个通道交替显示 CHOP：两个通道断续显示，用于在扫描速度较低时的双踪显示 ADD：用于显示两个通道的代数和或差
10	通道2极性（CH2 NORM/INVERT）	通道2的极性转换，垂直方式工作在“ADD”方式时，“NORM”或“INVERT”可分别获得两个通道代数和或差的显示
11、12	电压衰减（VOLTS/DIV）	垂直偏转灵敏度的调节
13、14	微调（VARIABLE）	用于连续调节垂直偏转灵敏度
15、16	耦合方式（AC-GND-DC）	用于选择被测信号馈入至垂直的耦合方式
17、18	CH1 OR X；CH2 OR Y	被测信号的输入端口
19	水平移位（HORIZONTAL POSITION）	用于调节轨迹在屏幕中的水平位置
20	电平（LEVEL）	用于调节被测信号在某一电平触发扫描
21	触发极性（SLOPE）	用于选择信号上升或下降沿触发扫描

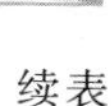

续表

序号	控制件名称	功　　能
22	扫描方式（SWEEP MODE）	扫描方式选择： 自动（AUTO）：信号频率在20Hz以上时常用的一种工作方式 常态（NORM）：无触发信号时，屏幕中无轨迹显示，在被测信号频率较低时选用 单次（SINGLE）：只触发一次扫描，用于显示或拍摄非重复信号
23	被触发或准备指示（TRIG'D READY）	在被触发扫描时指示灯亮，在单次扫描时，灯亮指示扫描电路在触发等待状态
24	扫描速率（SEC/DIV）	用于调节扫描速度
25	微调、扩展（VARIABLE PULL×5）	用于连续调节扫描速度，在旋钮拉出时，扫描速度被扩大5倍
26	触发源（TRIGGER SOURCE）	用于选择产生触发的源信号
27	PUSH×10	用于选择慢端单位×10扩展功能
28	接地（⏚）	安全接地，可用于信号的连接
29	外触发输入（EXT INPUT）	在选择外触发工作时触发信号插座
30	通道1输出	用于跟踪CH1信号频率
31	电源插座	电源输入插座
32	电源设置	110V或220V电源设置
33	保险比座	电源保险丝座

2. 具体操作方法

（1）面板的一般功能检查。

1）接通电源，电源指示灯亮，稍等预热，屏幕中出现光迹，分别调节亮度和聚焦旋钮，使光迹的亮度适中、清晰。

2）通过连接电缆将本机校准信号输入至CH1通道。

3）调节电平旋钮使波形稳定，分别调节垂直移位和水平移位，使波形与图相吻合。

4）将连接电缆换至CH2通道插座，垂直方式置“CH2”，重复3）操作。实训图1-3所示为校准信号波形。

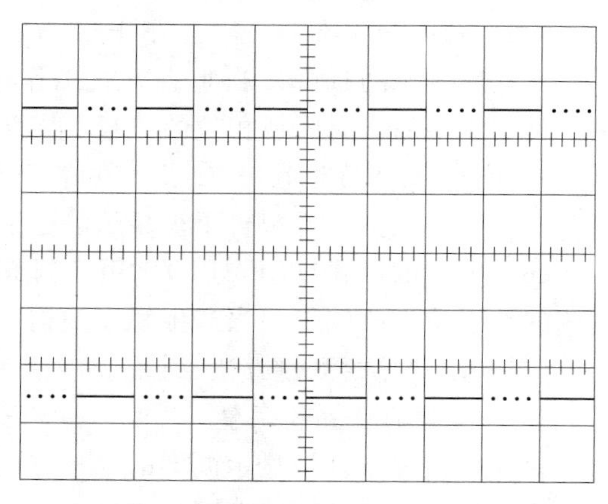

实训图1-3　校准信号波形

（2）亮度控制。调节辉度电位器，使屏幕显示的轨迹、亮度适中。一般观察不宜太亮，以避免荧光屏过早老化。高亮度的显示用于观察一些低重复频率信号的快速显示。

（3）工作方式的选择。

1）垂直方式的选择。见实训表1-1中垂直通道的工作方式选择一栏（序号9）。

2）输入耦合选择。

直流（DC）耦合：适用于观察包含直流成分的被测信号，如信号的逻辑电平和静态信号的直流电平，当被测信号的频率很低时，也必须采用该方式。

交流（AC）耦合：信号中的直流成分被隔断，用于观察信号的交流成分，如观察较高直流电平中的小信号。

接地（GND）：通道输入端接地（输入信号断开）用于确定输入为零时光迹所在位置。

3）扫描方式的选择。

自动（AUTO）：当无触发信号输入时，屏幕上显示扫描光迹，一旦有触发信号输入，电路自动转换为触发扫描状态，调节电平可使波形稳定地显示在屏幕上，此方式是观察频率在20Hz以上信号的最常用的一种方式。

常态（NORM）：无信号输入时，屏幕上无光迹显示，有信号输入时，触发电平调节在合适位置上，电路被触发扫描，当被测信号频率低于20Hz时，必须选择该方式。

单次（SINGLE）：用于产生单次扫描，按动此键，扫描方式开关均被复位，电路工作在单次扫描方式，“READY”指示灯亮，扫描电路处于等待状态，当触发信号输入时，扫描产生一次，“READY”指示灯灭，下次扫描需再次按动单次按键。

TV按键用于电视信号的扫描。

（4）扫描速度的设定。扫速范围从0.5μs/div～1s/div按1—2—5进位分20挡步进，微调“VARIABLE”提供至少2.5倍的连续调节，根据被测信号频率的高低，选择合适的挡级，在微调顺时针旋足至校正位置时，可根据度盘的指示值和波形在水平轴方向上的距离读出被测信号的时间参数，当需要观察波形的某一个细节时，扫描速度在0.5μs/div～1s/div范围内，按下PUSH×5按钮后，此时原波形在水平方向被扩展5倍。在慢扫描（1ms/div～1s/div）情况下，按下PUSH×10按钮后，扫描速度将会减慢10倍。

（5）触发源的选择。当垂直方式工作于“交替”或“断续”时，触发源选择某一通道，可用于两通道时间或相位的比较，当两通道的信号（相关信号）频率有差异时，应选择频率低的那个通道用于触发。在单踪显示时，触发源选择无论是置“CH1”还是“CH2”，其触发信号都来自于被显示的通道。

（6）电平的设置（LEVEL）。用于调节被测信号在某一合适的电平上启动扫描，使所观测的波形稳定不闪烁，当产生触发扫描后，“TRIG”指示灯亮。

（二）示波器的测量方法

1. 测量前的检查和调整

在正常情况下，被显示波形的水平方向应与屏幕的水平刻度线平行，但由于地磁或其他某原因造成误差，可按下列步骤检查或调整：

（1）将输入耦合方式选择接地（GND），使屏幕获得一条扫描基线。

（2）调节垂直移位使扫描基线与水平刻度平行，如不平行，用起子调整前面板“TRACE ROTATION”控制器。

2. 幅值的测量

将信号输入至CH1或CH2通道，将垂直方式置选用的通道，设置电压衰减挡位并观

察波形，将衰减微调顺时针旋足（校正位置）。调整触发电平，使波形稳定。

幅值=垂直方向的格数×垂直偏移因数

其中，"垂直偏移因数"就是电压衰减的挡位。

例如，在实训图1-4中，测出A-B两点的垂直格数为4.6格，垂直偏移因数为5V/div，则幅值 $V_{P-P}=4.6\times5=23(V)$。

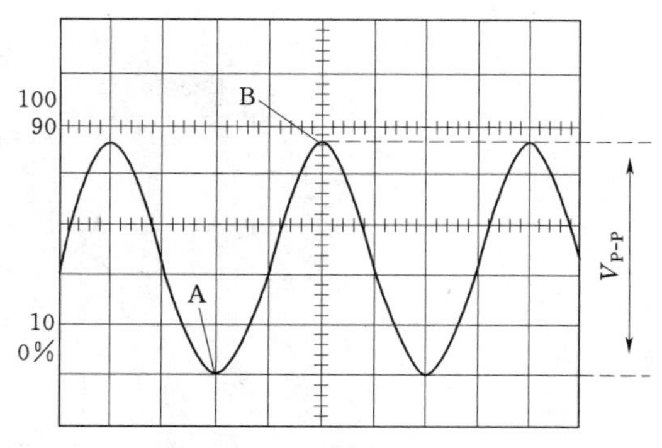

实训图1-4　峰-峰电压的测量

3. 时间的测量

对一个波形中两点间时间间隔的测量，可按下列步骤进行：

(1) 将被测信号馈入CH1或CH2通道，设置垂直方式为选用的通道。

(2) 调整触发电平，使波形稳定显示。

(3) 将扫速微调顺时针旋足（CAL位置），调整扫速选择开关，使屏幕显示1～2个信号周期。

(4) 分别调整垂直移位和水平移位，使波形中需测量的两点位于屏幕中央的水平刻度线上。

(5) 测量两点间的水平距离，按下式计算出时间间隔，即

$$\text{时间间隔}=\frac{\text{两点间的水平距离（水平格数）}\times\text{扫描时间因数（时间/格）}}{\text{水平扩展因数}}$$

例如，在实训图1-5中，测得A-B两点的水平距离为8格，扫描时间因数设置为2ms/格，水平扩展为×1，则

$$\text{时间间隔}=\frac{8\text{格}\times2\text{ms/格}}{1}=16\text{ms}$$

（三）电力电子技术实验主要设备的认识

1. MCL-31挂箱

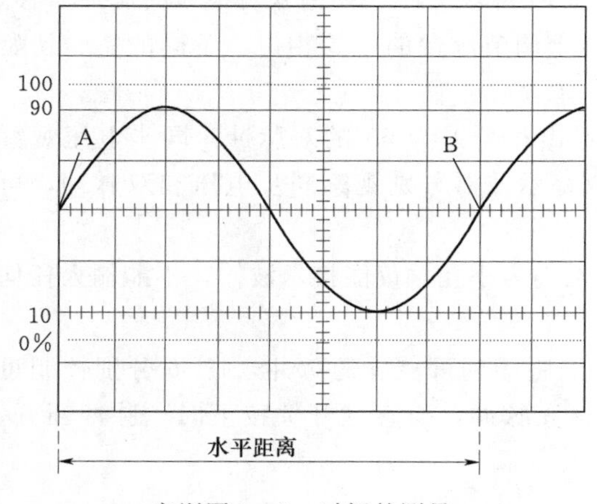

实训图1-5　时间的测量

MCL-31由G（给定）、零速封锁器(DZS)、速度变换器（FBS）、转速调节器(ASR)、电流调节器（ACR）及过流过压保护等部分组成。这里仅介绍G（给定），其他模块将在第二部分直、交流调速相关章节中介绍。

G（给定）原理如实训图1-6所示，它的作用是得到下列几个阶跃的给定信号：

(1) 0V突跳到正电压，正电压突跳到0V。

(2) 0V突跳到负电压，负电压突跳到0V。

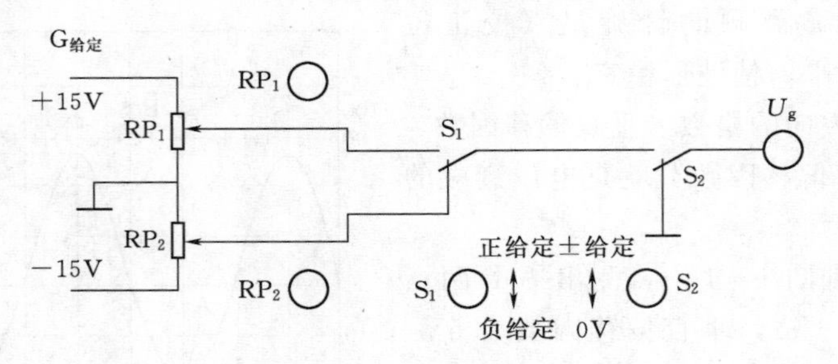

实训图 1-6 G 给定原理

（3）正电压突跳到负电压，负电压突跳到正电压。

正负电压可分别由 RP_1、RP_2 两电位器调节大小（调节范围为 0～±13V）。数值由面板右边的数显窗读出。

只要依次扳动 S_1、S_2 的不同位置即能达到上述要求。

（1）若 S_1 放在“正给定”位置，扳动 S_2 由“零”位到“给定”位，即能获得 0V 突跳到正电压的信号，再由“给定”位扳到“零”位能获得正电压到 0V 的突跳。

（2）若 S_1 放在“负给定”位，扳动 S_2，能得到 0V 到负电压及负电压到 0V 的突跳。

（3）S_2 放在“给定”位，扳动 S_1，能得到正电压到负电压及负电压到正电压的突跳。

注意：给定输出有电压时，不能长时间短路，特别是输出电压较高时；否则容易烧坏限流电阻。

2. MCL-33 挂箱

MCL-33 由脉冲控制及移相、双脉冲观察孔、一组可控硅、两组可控硅及二极管、*RC* 吸收回路及平波电抗器 *L* 组成。

本实验台提供相位差为 60°，经过调制的“双窄”脉冲（调制频率为 3～10kHz），触发脉冲分别由两路功放进行放大，分别由 U_{blr} 和 U_{blf} 进行控制。当 U_{blf} 接地时，第一组脉冲放大电路进行放大。当 U_{blr} 接地时，第二组脉冲放大电路进行工作。脉冲移相由 U_{ct} 端的输入电压进行控制，当 U_{ct} 端输入正信号时脉冲前移，当 U_{ct} 端输入负信号时脉冲后移，移相范围为 30°～180°。偏移电压调节电位器用于调节脉冲的初始相位，不同的实验初始相位要求不一样。

按实训图 1-7 所示接线，双脉冲观察孔输出相位差为 60°的双脉冲，同步电压观察孔，输出相电压为 30V 左右的同步电压，用双踪示波器分别观察同步电压和双脉冲，可比较双脉冲的相位。

注意：单双脉冲及同步电压观察孔在面板上均为小孔，仅能接示波器，不能输入任何信号。

（1）脉冲控制。面板上部的 6 挡直键开关控制接到可控硅的脉冲，1～6 分别控制可控硅 VT_1、VT_2、VT_3、VT_4、VT_5、VT_6 的触发脉冲，当直键开关按下时，脉冲断开，弹出时脉冲接通。

（2）一桥可控硅由 6 只 5A/800V 组成。

（3）二桥可控硅由 6 只 5A/800V 构成，另有 6 只 5A/800V 二极管。

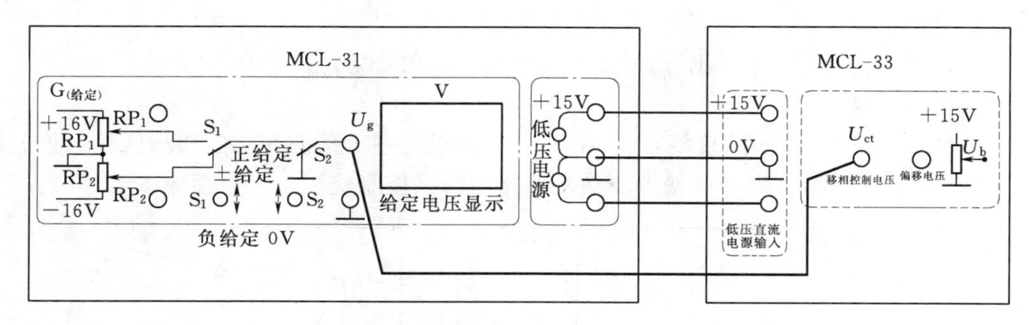

实训图 1-7 脉冲触发控制单元接线

（4）*RC* 吸收回路可消除整流引起的振荡。当做调速实验时需接在整流桥输出端。平波电抗器可作为电感性负载电感使用，电感分别为 50mH、100mH、200mH、700mH，在 1A 范围内基本保持线性。

注意：外加触发脉冲时，必须切断内部触发脉冲。

五、实训报告

（1）简要说明 MCL-33 挂箱中的 U_{ct} 输入信号以及偏移电压电位器的用途。

（2）用示波器记录从同步电压以及脉冲观察孔中观测到的信号波形，要求有确定的幅值及时间。

实训二　锯齿波同步移相触发电路实训

一、实训目的

（1）加深理解锯齿波同步移相触发电路的工作原理及各元件的作用。

（2）掌握锯齿波同步触发电路的调试方法。

二、实训内容

（1）锯齿波同步触发电路的调试。

（2）锯齿波同步触发电路各点波形观察分析。

三、实训线路及原理

锯齿波同步移相触发电路主要由脉冲形成和放大、锯齿波形成、同步移相等环节组成，其工作原理可参见“电力电子技术”有关教材。

四、实训设备及仪器

（1）MCL 系列教学实验台主控制屏 MCL-32。

（2）MCL-31 组件：低压控制电路及仪表。

（3）MCL-36 组件：锯齿波触发电路。

（4）双踪示波器。

（5）万用表。

五、注意事项

（1）正确使用示波器，避免示波器的两根地线接在非等电位的端点上，造成短路

事故。

（2）使用旋具旋拧电位器时，用力不能过大，以免将电位器拧坏。

六、实训方法

（1）按实训图 2-1 所示接线，将 MCL-36 面板上左上角的同步电压输入接入控制屏 MCL-32 的 U、V 端（为避免锯齿波触发电路中的三极管烧损，可以接入 U、N）。

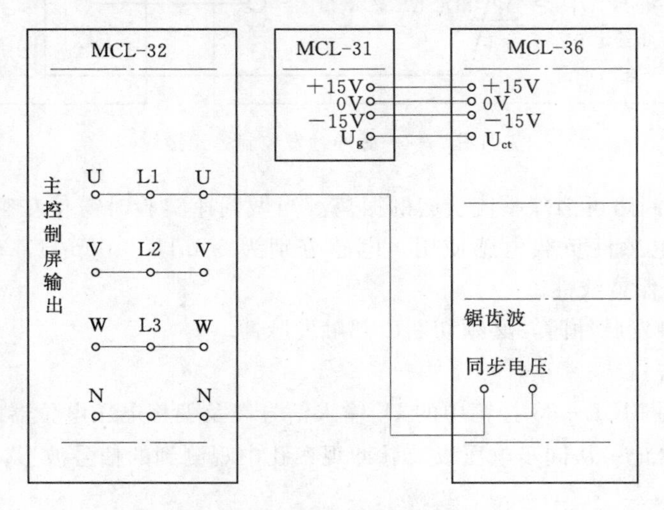

实训图 2-1　锯齿波电压同步信号

（2）合上主电路电源开关（将所插钥匙顺时针方向由“关”位置扳向“开”位置，此时红色指示灯亮，如果红色、绿色指示灯同时亮，则按下白色过流复位按钮，只有红色指示灯亮，然后按下绿色按钮，若绿色指示灯亮，此时主电源接通），用万用表测试 U、V、W 输出电压是否正常（线电压 250V 左右，相电压 140V 左右）。用示波器观察各观察孔的电压波形，示波器的地线接于“7”端。

在观察“1”、“2”孔的波形时，了解锯齿波宽度和“1”点波形的关系。观察“3”～“5”孔波形及输出电压 U_{G1K1} 的波形，调整 MCL-36 的电位器 RP_1，使“3”孔的锯齿波刚出现平顶。

（3）将 MCL-31 的“G”输出电压 U_g 调至 0V（将白色“正”—“负”旋钮扳向“正”给定方向，并将“给定”—“0V”旋钮扳向给定方向，调节 MCL-31 的 RP_1 旋钮），即将控制电压 U_{ct} 调至零，用示波器观察 U_2 电压，即“2”孔电压波形（或“1”孔波形）及 U_5 的波形，调节偏移电压 U_b（即调 MCL-36 的电位器 RP_2），使 $\alpha=180°$，其波形如实训图 2-2 所示。

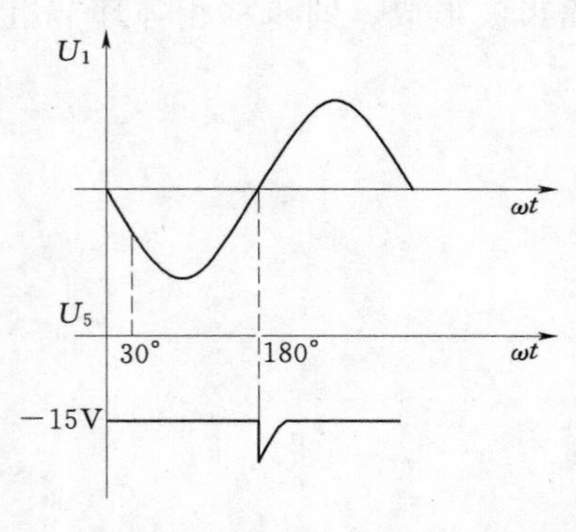

实训图 2-2　脉冲移相范围

增加 U_{ct}，使得 $U_{ct}=U_{max}$ 时（再增大 U_{ct} 后会发现脉冲消失，此时达到最大调节能力位置）$\alpha=30°$，如果不能使移相角 $\alpha=30°$ 则还需调节 MCL-36 的电位器 RP_1。

（4）再次调节 $U_g=0V$，观察“5”孔脉冲是否仍保

持在 $\alpha=180°$ 位置，若不是则继续调节 MCL－36 的电位器 RP_2，重复第（3）步操作，直到 U_{ct} 在 0V～U_{max} 之间变化时，α 在 180°～30°之间变化。

（5）调节 U_{ct}，使 $\alpha=60°$，观察并记录"2"孔至"5"孔的波形，并标出其幅值与宽度。

七、实训报告

（1）描绘实训中在 $\alpha=60°$ 时"2"孔至"5"孔的各点波形，并标出幅值与宽度。

（2）总结锯齿波同步触发电路移相范围的调试方法，移相范围的大小与哪些参数有关？

（3）如果要求 $U_{ct}=0$ 时，$\alpha=90°$，应如何调整？

（4）根据实训图 2－3 所示，说明触发电路触发脉冲产生的过程和原理。

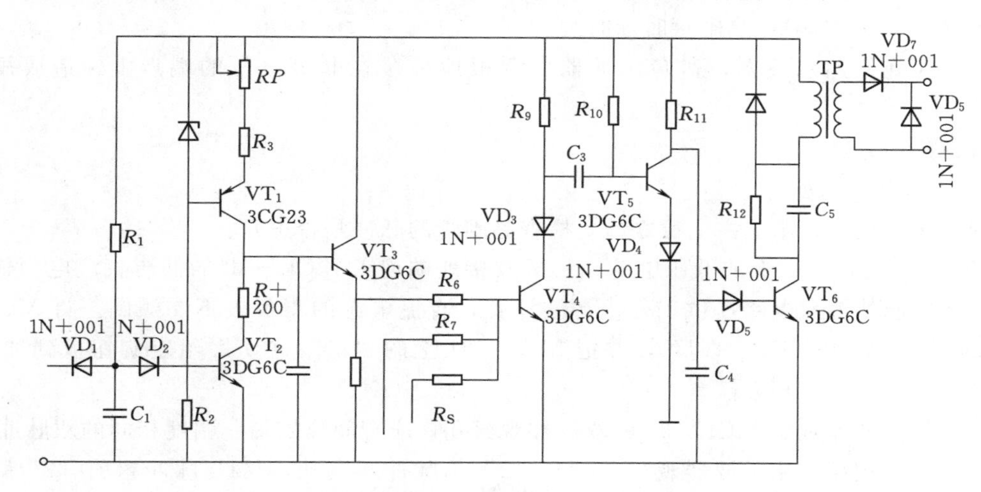

实训图 2－3　锯齿波触发电路原理

实训三　三相半波可控整流电路实训

一、实训目的

了解三相半波可控整流电路的工作原理，研究可控整流电路在电阻负载和电阻—电感性负载时的工作。

二、实训原理及线路

三相半波可控整流电路用 3 只晶闸管，与单相电路比较，输出电压脉动小，输出功率大，三相负载平衡。不足之处是晶闸管电流即变压器的二次电流在一个周期内只有 1/3 时间有电流流过，变压器利用率低。

实训线路见实训图 3－1。

三、实训内容

（1）研究三相半波可控整流电路供电给电阻性负载时的工作。

（2）研究三相半波可控整流电路供电给电阻—电感性负载时的工作。

四、实训设备及仪表

（1）MCL系列教学实验台主控制屏MCL-32。

（2）MCL-31组件：低压控制电路及仪表。

（3）MCL-33组件：触发电路及晶闸管主回路。

（4）MEL-03组件（900Ω，0.41A）：三相可调电阻器。

（5）双踪示波器。

（6）万用表。

五、注意事项

（1）整流电路与三相电源连接时，一定要注意相序。

（2）整流电路的负载电阻不宜过小，应使I_d不超过0.8A，同时负载电阻不宜过大，保证I_d超过0.1A，避免晶闸管时断时续。

（3）正确使用示波器，避免示波器的两根地线接在非等电位的端点上，造成短路事故。

六、实训方法

1. 实训前的检查

（1）按图接线，未上主电源之前，检查晶闸管的脉冲是否正常。

（2）将MCL-31上的低压电源±15V及接地端连入MCL-33的低压直流电源输入端，为数字脉冲触发电路提供工作电源。注意，直流电源的正负极不要颠倒。将MCL-31上的U_g连到MCL-33的U_{ct}，并把MCL-31上的“正”、“负”给定旋钮扳到“正”给定位置。

（3）用示波器观察MCL-33的双脉冲观察孔，应有间隔均匀、幅度相同的双脉冲。

（4）检查相序，用示波器观察“1”、“2”单脉冲观察孔，“1”脉冲超前“2”脉冲60°，则相序正确；否则，应调整输入电源。

（5）用示波器观察每只晶闸管的控制极、阴极，应有幅度为1～2V的脉冲。

2. 研究三相半波可控整流电路供电给电阻性负载时的工作

合上主电源，打开MCL-32电源开关（将所插钥匙顺时针方向由“关”位置扳向“开”位置，此时红色指示灯亮，如果红色、绿色指示灯同时亮，则按下白色过流复位按钮，如果只有红色指示灯亮，则按下绿色按钮，若绿色指示灯亮，此时主电源接通），给定电压有电压显示，用万用表测试U、V、W输出电压是否正常（线电压250V左右，相电压140V左右）。按实训图3-1所示接上电阻性负载，整流电路的负载电阻不宜过小，应使I_d不超过0.8A，为此可以采用两个900Ω电阻并联的方法（即令A_3、A_1作为输入输出端，将A_1与A_2短接），此时负载电阻最大为450Ω，允许通过的额定负载电流为0.82A。

（1）将作为负载电阻的可调变阻器逆时针方向旋到底，改变控制电压U_{ct}，（可以在最大整流输出电压情况下，即$\alpha=0°$时，调节变阻器使直流电流表读数在0.5A左右，以便负载电流的变化范围）观察在不同触发移相角α时，可控整流电路的输出电压$U_d=f(t)$与输出电流波形$i_d=f(t)$，并记录相应的U_d、I_d、U_{ct}值。其中，U_2为输入相电压，如实训表3-1所示。

实训表 3-1

α/(°)	0	30	60	90	120
U_2/V					
U_d/V					
I_d/A					

为作图平滑，可以增加 $\alpha=45°$ 和 $\alpha=75°$ 两个测量点，即测量这两个点下的 U_d、I_d 的大小并填于实训表 3-1 中。

（2）观察 $\alpha=90°$ 时的 $U_d=f(t)$ 及 $i_d=f(t)$，$U_{vt}=f(t)$ 的波形图。

（3）求取三相半波可控整流电路的输入—输出特性 $U_d/U_2=f(\alpha)$。

（4）求取三相半波可控整流电路的负载特性 $U_d=f(I_d)$。

3. 研究三相半波可控整流电路供电给电阻—电感性负载时的工作

按实训图 3-1 将 MEL-03 的电阻（900Ω∥900Ω）与 MCL-33 的电抗器（$L=$ 700mH）串联接入负载电路中，调节负载电阻的大小，监视电流，不宜超过 0.8A。

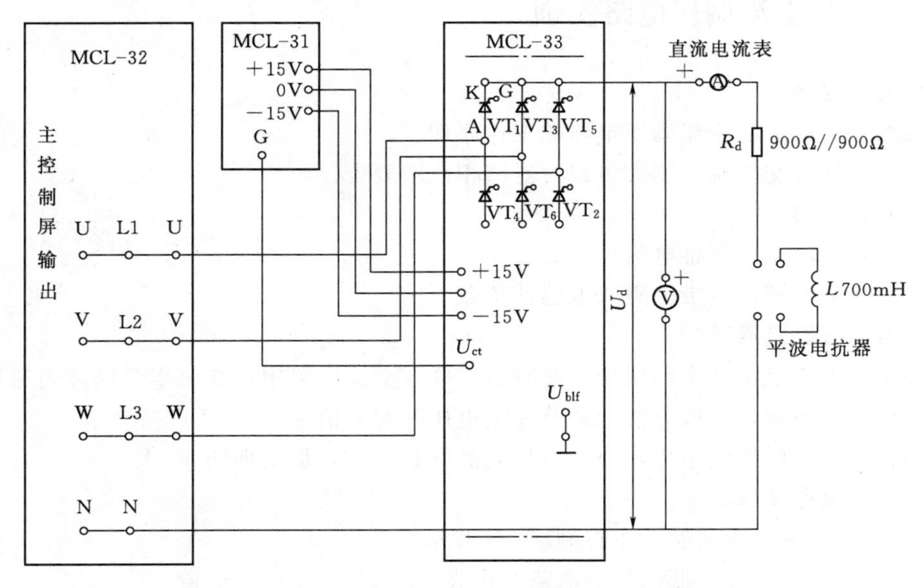

R_d：可选用 MEL-03 的 900Ω 瓷盘电阻并联，（$I_{max}=0.8A$）或自配

实训图 3-1　三相半波可控整流接线

（1）观察不同移相角 α 时的输出 $U_d=f(t)$、$i_d=f(t)$，并记录相应的 U_d、I_d 值到实训表 3-2 中。

实训表 3-2　　电压、电流测量记录表

α/(°)	0	30	45	60	75	90
U_2/V						
U_d/V						
I_d/A						

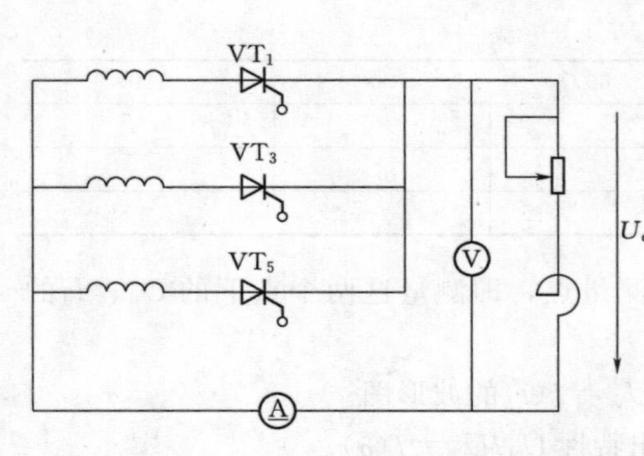

实训图 3-2 三相半波可控整流电路原理

(2) 观察 $\alpha=90°$ 时的 $U_d=f(t)$ 及 $i_d=f(t)$, $U_{vt}=f(t)$ 的波形图。

(3) 求取整流电路的输入—输出特性 $U_d/U_2=f(\alpha)$。

七、实训报告

(1) 比较电阻性负载与电阻—电感性负载在 $\alpha=90°$ 情况下的 $U_d=f(t)$、$i_d=f(t)$ 波形的不同，进行分析讨论。

(2) 根据实训数据，绘出整流电路的阻性负载与阻感负载特性 $U_d=f(I_d)$ 以及输入—输出特性 $U_d/U_2=f(\alpha)$。

(3) 根据实训图 3-2 说明三相半波可控整流的工作原理和工作过程。

实训四 单相交流调压电路实训

一、实训目的

(1) 加深理解单相交流调压电路的工作原理。

(2) 加深理解交流调压感性负载时对移相范围要求。

二、实训内容

(1) 单相交流调压器带电阻性负载。

(2) 单相交流调压器带电阻—电感性负载。

三、实训线路及原理

单相调压电路是把两个晶闸管反并联后串联在交流电路中，在每半个周波内通过对晶闸管开通相位的控制，可以方便地调节输出电压的有效值。

晶闸管交流调压器的主电路由两只反向晶闸管组成，见实训图 4-1。

四、实训设备及仪器

(1) MCL 系列教学实验台主控制屏 MCL-32。

(2) MCL-31 组件：低压控制电路及仪表。

(3) MCL-33 组件：触发电路及晶闸管主回路。

(4) 双踪示波器。

(5) 万用表。

五、注意事项

在电阻电感负载时，当 $\alpha<\varphi$ 时，若脉冲宽度不够会使负载电流过大，损坏元件。为此主电路可采用相电压 U_{UN} 供电，这样既可看到电流波形不对称现象，又不会损坏设备。

六、实训方法

1. 未上主电源之前检查晶闸管的脉冲是否正常

(1) 将 MCL-31 上的低压电源±15V 及接地端连入 MCL-33 的低压直流电源输入端，为数字脉冲触发电路提供工作电源。注意，直流电源的正、负极不要颠倒。

(2) 用示波器观察 MCL－33 的双脉冲观察孔，应有间隔均匀、幅度相同的双脉冲。

(3) 检查相序，用示波器观察“1”、“2”单脉冲观察孔，“1”脉冲超前“2”脉冲60°，则相序正确；否则，应调整输入电源。

(4) 用示波器观察每只晶闸管的控制极、阴极，应有幅度为 1～2V 的脉冲。

2. 单相交流调压器带电阻性负载

按实训图 4－1 所示构成调压器主电路，使用一组晶闸管中的 VT_1 与 VT_4，其触发脉冲已通过内部连线接好，只要将一组触发脉冲的开关拨至“接通”即可，接上变电阻器负载（采用两只 900Ω 电阻并联），并调节电阻使其阻值都等于 400Ω。

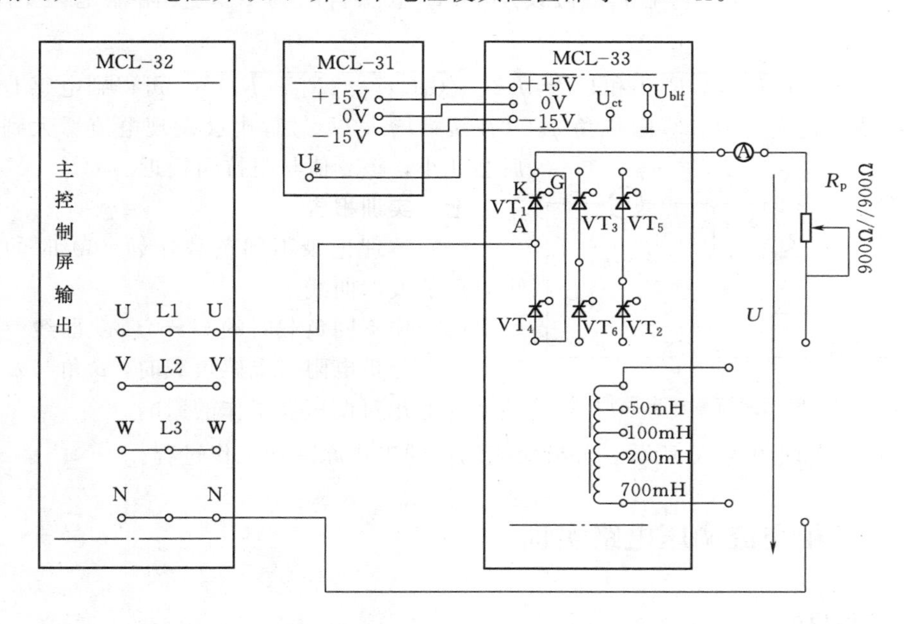

实训图 4－1　单相交流调压电路接线

合上主电源，调节 U_g，记录 $\alpha=30°$、60°、90°、120°、150°时，相应的输出电压有效值 U 及相电流 I，用示波器观察并记录 $\alpha=60°$时负载电压波形，并记录到实训表 4－1 中。

实训表 4－1　　电压、电流记录表

α/(°)	30	60	90	120	150
U/V					
I/A					

3. 单相交流调压器带电阻—电感性负载

调节 $U_{ct}=0V$ 断开电源，将 700mH 电感与变电阻器（改变阻值为 150Ω 左右）一起串入主电路并接通主电源，缓慢调节 U_{ct}（应时刻注意交流电流表指针的大小，不能使电流长时间超过 0.7A，以防止电流过大，烧损瓷盘变阻器），然后记录 $\alpha=30°$、60°、90°、120°、150°时，相应输出电压有效值 U 及相电流 I（实训表 4－2），用示波器观察记录 $\alpha=60°$时输出电压波形。

实训表 4-2　　数据记录表

$\alpha/(°)$	φ	60	90	120	150
U/V					
I/A					

采用交流伏安法大体估算一下阻感负载的阻抗角 $\varphi = \arctan \dfrac{\omega L}{R}$。首先将电感直接接入相电压 U_{U-N} 回路中，读取电压 U_1、电流 I_1；然后将变阻器电阻调至 200Ω 与电感串入原电路，读取电压 U_2、电流 I_2。假设 700mH 电感自阻为 R_L，变阻器电阻 R_p，则由公式：

$U_1 = I_1 \times \sqrt{(\omega L)^2 + R_L{}^2}$ 和 $U_2 = I_2 \times \sqrt{(\omega L)^2 + (R_L + R_p)^2}$，可得到电感 L 及其自阻 R_L 的数值。进而可以计算阻抗角 φ。（在缓慢增大 U_{ct} 过程中会发现电流增大到一定值后会变小，该 α 值与阻抗角接近。）

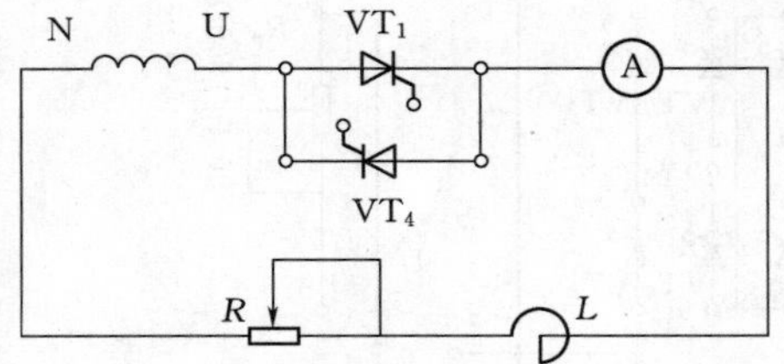

实训图 4-2　单相交流调压电路原理

七、实训报告

（1）整理记录不同负载在 $\alpha = 60°$ 时的调压输出电压的波形曲线。

（2）作不同负载时的 $U = f(\alpha)$ 曲线。

（3）分析电阻—电感负载时，α 角与 φ 角相应关系的变化对调压器工作的影响。

（4）根据实训图 4-2 所示，分析交流调压的工作原理和工作过程。

实训五　三相交流调压电路实训

一、实训目的

（1）加深理解三相交流调压电路的工作原理。

（2）了解三相交流调压电路带不同负载时的工作情况。

（3）了解三相交流调压电路触发电路原理。

二、实训内容

（1）三相交流调压电路带电阻负载。

（2）三相交流调压电路带电阻电感负载。

三、实训线路及原理

本实训的三相交流调压器为三相三线制，由于没有中线，每相电流必须从另一相构成回路。交流调压应采用宽脉冲或双窄脉冲进行触发。这里使用的是双窄脉冲。实验线路如实训图 5-1 所示。

四、实训设备及仪器

（1）MCL 系列教学实验台主控制屏 MCL-32。

（2）MCL-33 组件。

（3）MEL-03 可调电阻器（或滑线变阻器 1.8kΩ、0.65A）。

(4) 双踪示波器。

(5) 万用表。

五、实训方法

1. 未上主电源之前检查晶闸管的脉冲是否正常

(1) 打开 MCL-18 电源开关，给定电压有显示。

(2) 用示波器观察双脉冲观察孔。

(3) 检查相序，用示波器观察“1”、“2”脉冲观察孔，“1”脉冲超前“2”脉冲 60°，则相序正确；否则应调整输入电源。

(4) 用示波器观察每只晶闸管的控制极、阴极，应有幅度为 1～2V 的脉冲。

2. 三相交流调压器带电阻性负载

按实训图 5-1 所示构成调压器主电路，使用一组晶闸管中的 VT_1 与 VT_4，其触发脉冲已通过内部连线接好，只要将一组触发脉冲的开关拨至“接通”即可，接上变阻器负载(采用两只 900Ω 电阻并联)，并调节电阻使其阻值都等于 400Ω。

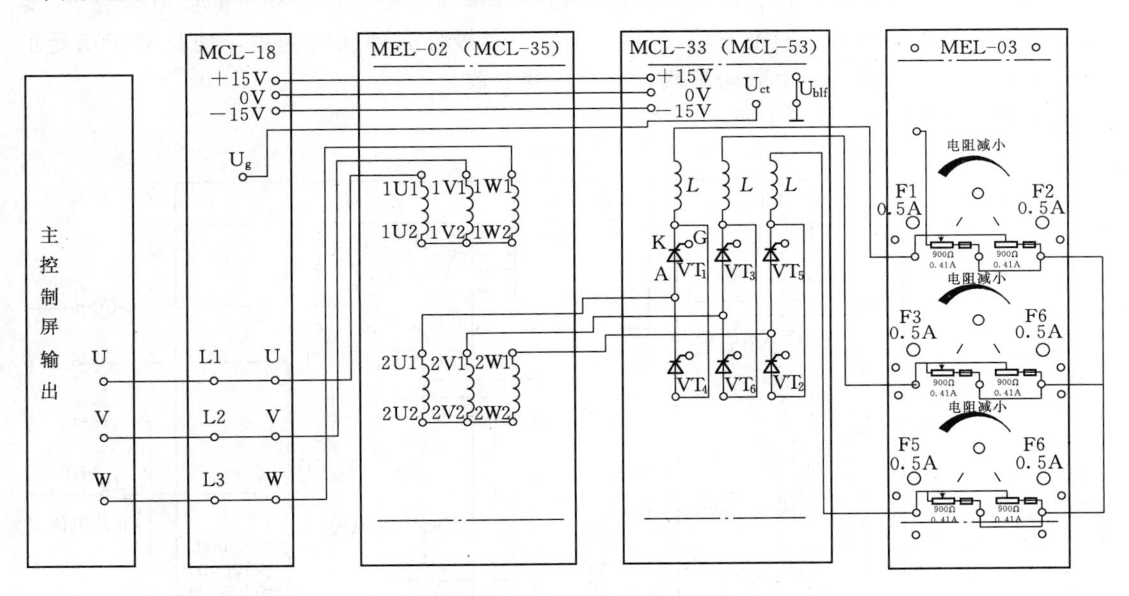

实训图 5-1　三相交流调压接线

合上主电源，调节 U_g，记录 α=30°、60°、90°、120°、150°时，相应的输出电压有效值 U 及相电流 I，用示波器观察并记录 α=60°时负载电压波形，并记录到实训表 5-1 中。

实训表 5-1　　电压、电流记录表

α/(°)	30	60	90	120	150
U/V					
I/A					

3. 三相交流调压器带电阻电感负载

断开电源，改接电阻电感负载。接通电源，调节三相负载的阻抗角 φ=60°，用示波器观

察 $\alpha=30°$、$90°$、$120°$时的波形，并记录输出电压 u、电流 i 的波形及输出电压有效值 U。

六、实训报告

（1）整理记录下的波形，作不同负载时的 $U=f(\alpha)$ 的曲线。

（2）讨论分析实验中出现的问题。

实训六 晶闸管三相半波有源逆变电路实训

一、实训目的

（1）加深理解三相半波有源逆变电路的工作原理。

（2）验证可控整流电路在有源逆变时的工作条件。

二、实训原理及线路

三相半波有源逆变电路有共阴极和共阳极两种接法，其工作原理是相同的，这里只介绍共阴极接法有源逆变电路工作原理。由于晶闸管单向导电性，电动机的反电动势 E_M 要大于变流电路直流侧电压的绝对值 $|U_d|$，且二者极性必须同时为负，使晶闸管承受正向电压而导通；否则会产生顺向串联，导致逆变失败。

实训线路如实训图 6-1 所示。

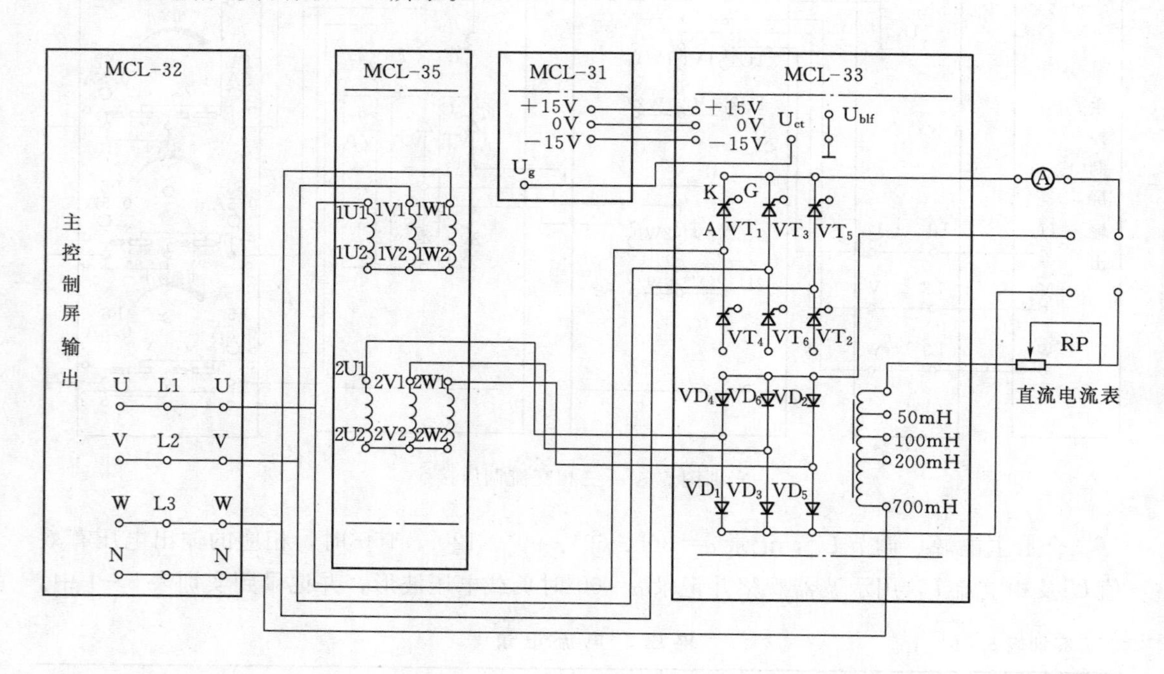

实训图 6-1 三相半波有源逆变电路主接线

三、实训内容

（1）观察三相半波逆变电路输出电压的波形，结合半波整流电路比较不同。

（2）研究三相半波有源逆变工作条件下的负载特性与输入—输出特性。

四、注意事项

（1）为防止逆变颠覆，逆变角必须在 $90°\geqslant\beta\geqslant30°$ 范围内。调整 U_{ct} 时，必须慢慢操作并用直流电流表监视电路电流（$I_d\leqslant0.8A$）。

（2）电路中可调变阻器使用 900Ω//900Ω 瓷盘电阻额定电流 0.8A，接通电路前必须将变阻器旋钮逆时针方向旋到底，使连入电路的电阻最大。

（3）使用示波器时须注意，两根地线必须接在等电位点，防止造成短路。

五、实训设备及仪器

（1）MCL 系列教学实验台主控制屏 MCL－32。

（2）MCL－31 组件：低压控制电路及仪表。

（3）MCL－33 组件：触发电路及晶闸管主回路。

（4）MCL－35 组件：三相变压器。

（5）MEL－03 组件（900Ω、0.41A）：三相可调电阻器。

（6）双踪示波器。

（7）万用电表。

六、实训内容

1. 按图接线，未上主电源之前，检查晶闸管的脉冲是否正常

（1）将 MCL－31 上的低压电源±15V 及接地端连入 MCL－33 的低压直流电源输入端，为数字脉冲触发电路提供工作电源。注意：直流电源的正负极不要颠倒。

（2）用示波器观察 MCL－33 的双脉冲观察孔，应有间隔均匀、幅度相同的双脉冲。

（3）检查相序，用示波器观察“1”、“2”单脉冲观察孔，“1”脉冲超前“2”脉冲 60°，则相序正确；否则，应调整输入电源。

（4）用示波器观察每只晶闸管的控制极、阴极，应有幅度为 1～2V 的脉冲。

2. 研究晶闸管三相半波整流电路在与三相不可控桥式整流电路相连接时的有源逆变工作

（1）按下合闸绿色按钮前，先将 MCL－31 上的 U_g 连到 MCL－33 的 U_{ct}，并把 MCL－32 上“正”、“负”给定旋钮扳到“负”给定位置。在 $U_g=0V$ 时（调节 MCL－32 上的负给定电位器 RP_2），调节 MCL－33 上的偏移电压电位器，使得 $\beta=90°$；增大 U_{ct} 脉冲将向后移动，最后到达 $\beta=30°$ 的位置。

（2）相位 $90°\geqslant\beta\geqslant30°$ 调整好之后，按实训图 6－1 所示，将作为可调变阻器与电感（700mH）串入主电路，合上主电源，调整输出电压 U_g，记录在不同逆变角下的输出电压 U_d 以及电流 I_d 的相应数值，并填写在实训表 6－1 中，其中，U_2 为输入相电压。

实训表 6－1　　电压、电流记录表

β/(°)	60				90
U_2/V					
U_d/V					
I_d/A					

（3）求取三相半波可控整流电路的输入—输出特性 $U_d/U_2=f(\alpha)$。

（4）求取三相半波可控整流电路的负载特性 $U_d=f(I_d)$。

(5) 分别观察并记录 $\beta=60°$、$90°$时，逆变电路输出电压 $U_d=f(t)$与电流 $I_d=f(t)$的波形。

七、实训报告

(1) 绘制有源逆变条件下，负载特性 $U_d=f(I_d)$以及输入—输出特性 $U_d=f(\beta)$。

(2) 画出 $\beta=60°$、$90°$时，逆变电路输出电压 $U_d=f(t)$以及电流 $I_d=f(t)$的波形。

(3) 根据实训图 6-2 所示，分析三相半波有源逆变的工作原理和工作过程。

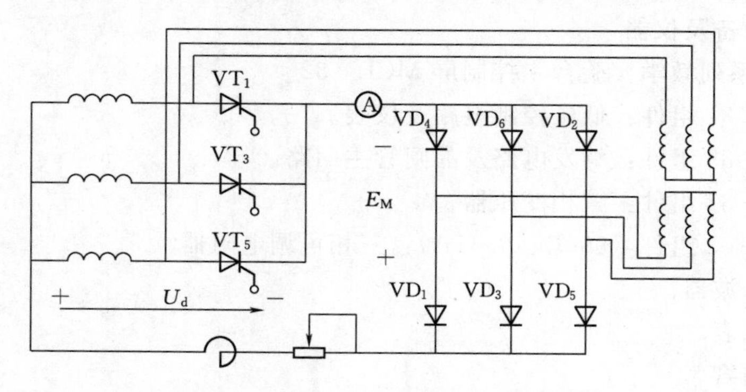

实训图 6-2　三相半波有源逆变电路原理

实训七　三相桥式全控整流及有源逆变电路实训

一、实训目的

(1) 加深理解三相桥式全控整流及有源逆变电路的工作原理。

(2) 比较三相桥式有源逆变电路与整流工作时的区别。

二、实训内容

(1) 三相桥式全控整流电路。

(2) 三相桥式有源逆变电路。

(3) 观察整流或逆变状态下模拟电路故障现象时的波形。

三、实训线路及原理

实验线路如实训图 7-1 所示。主电路由三相全控变流电路及作为逆变直流电源的三相不控整流桥组成。触发电路为数字集成电路，可输出经高频调制后的双窄脉冲链。三相桥式整流及有源逆变电路的工作原理可参见“电力电子技术”的有关教材。

四、实训设备及仪器

(1) MCL 系列教学实验台主控制屏 MCL-32。

(2) MCL-31 组件：低压控制电路及仪表。

(3) MCL-33 组件：触发电路及晶闸管主回路。

(4) MCL-35 组件：三相变压器。

(5) MEL-03 组件（900Ω、0.41A）：三相可调电阻器。

(6) 双踪示波器。

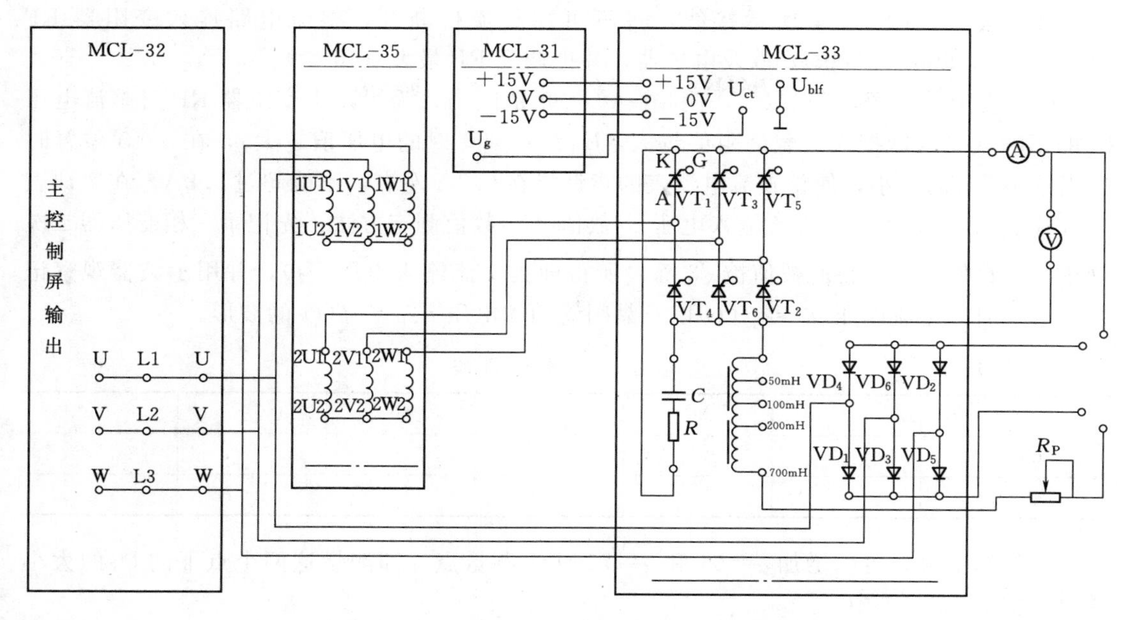

实训图 7-1　三相桥式全控整流及有源逆变接线

（7）万用表。

五、实训设备及仪器

（1）为防止逆变颠覆，逆变角必须在 $90^\circ \geqslant \beta \geqslant 30^\circ$ 范围内。调整 U_{ct} 时，必须慢慢操作并用直流电流表监视电路电流（$I_d \leqslant 0.8A$）。

（2）电路中可调变阻器使用 900Ω//900Ω 瓷盘电阻额定电流 0.8A，接通电路前必须将变阻器旋钮逆时针方向旋到底，使连入电路的电阻最大。

（3）示波器使用时须注意，两根地线必须接在等电位点上，防止造成短路。

六、实训方法

1. 按图接线，未上主电源之前，检查晶闸管的脉冲是否正常

（1）将 MCL-31 上的低压电源±15V 及接地端连入 MCL-33 的低压直流电源输入端，为数字脉冲触发电路提供工作电源。注意，直流电源的正、负极不要颠倒。

（2）用示波器观察 MCL-33 的双脉冲观察孔，应有间隔均匀、幅度相同的双脉冲。

（3）检查相序，用示波器观察“1”、“2”单脉冲观察孔，“1”脉冲超前“2”脉冲 60°，则相序正确；否则，应调整输入电源。

（4）用示波器观察每只晶闸管的控制极、阴极，应有幅度为 1～2V 的脉冲。

注：将面板上的 U_{blf}（当三相桥式全控变流电路使用一组桥晶闸管 $VT_1 \sim VT_6$ 时）接地，将一组桥式触发脉冲的 6 个开关均拨到“接通”位置。

2. 三相桥式全控整流电路

（1）将 MCL-31 上的 U_g 连到 MCL-33 的 U_{ct}，并把 MCL-32 上“正”、“负”给定旋钮扳到“正”给定位置。在 $U_{ct}=0V$ 时，调节 MCL-33 上的偏移电压电位器，使得 $\alpha=90^\circ$；增大 U_{ct} 脉冲将向前移动，最后到达 $\alpha=0^\circ$ 的位置。

（2）按实训图 7－1 所示接线，将不可控整流桥断开，整流电路连入变阻器 RP（MEL－03，900Ω//900Ω）以及电抗器，并把调至 RP 最大（450Ω）。

（3）合上主电源，调节 U_{ct}，使 α 在 0°～90°范围内，为了减小变阻器 RP 对整流电压 U_d 的影响（变阻器接入负载的阻值越大，U_d 在 $\alpha=90°$ 时的电压值越大），在 $\alpha=0°$ 位置时适当减小 RP 的大小，使得直流电流表的指针指在 0.7A 左右，不能超过 0.8A，在实训表 7－1 中记录相应的 U_d 和交流输入电压 U_2 数值（U_2 数值测定方法：先记录三相变压器二次侧线电压数值，然后将此数值被 $\sqrt{3}$ 除，所得即为交流输入电压 U_2），并用示波器观察记录 $\alpha=30°$ 时，整流电压 $u_d=f(t)$ 以及晶闸管两端电压 $u_{VT}=f(t)$ 的波形。

实训表 7－1　　　　电压、电流记录表

α/(°)	0	30		60		90
U_2/V						
U_d/V						

为作图平滑，可以增加 $\alpha=45°$ 和 $\alpha=75°$ 两个测量点，即测量这两个点下的 U_d 的大小并填于实训表 7－1 中。

3. 三相桥式有源逆变电路

（1）断开电源开关后，把 MCL－31 上“正”、“负”给定旋钮扳到“负”给定位置。此时，增大 U_{ct} 会发现脉冲向后移动，最终停在 $\alpha=150°$ 位置，即逆变角 $\beta=30°$。

（2）将不控整流桥按实训图 7－1 所示连入电路，然后合上主电源，调节 U_{ct}，使 β 在 30°～90°范围内，在实训表 7－2 中记录相应的 U_d 和交流输入电压 U_2 数值，并用示波器观察记录 $\alpha=120°$ 时，直流电压 $u_d=f(t)$ 以及晶闸管两端电压 $u_{VT}=f(t)$ 的波形。

实训表 7－2　　　　电压、电流记录表

β/(°)	30	45	60	75	90
U_2/V					
U_d/V					

4. 电路模拟故障现象观察

在整流状态时，断开某一晶闸管元件的触发脉冲开关，则该元件无触发脉冲，即该支路不能导通，观察此时的 U_d 波形。

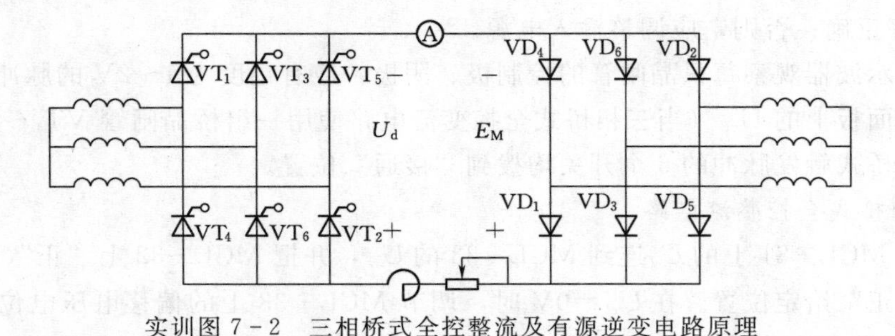

实训图 7－2　三相桥式全控整流及有源逆变电路原理

七、实训报告

（1）作出整流电路的输入—输出特性 $U_d/U_2=f(\alpha)$。

（2）画出三相桥式全控整流电路时，$\alpha=30°$时的 U_d 波形。

（3）画出三相桥式有源逆变电路时，$\beta=60°$时的 U_d 波形。

（4）试分析为什么逆变角减小，变流电路电压 U_d（极性为负）的绝对值会增大，电流会减小。

实训八　单结管触发的半波可控整流电路

一、实训目的

（1）学习单结晶体管和晶闸管的简易测试方法。

（2）熟悉单结晶体管触发电路（阻容移相桥触发电路）的工作原理及调试方法。

（3）熟悉用单结晶体管触发电路控制晶闸管调压电路的方法。

二、实训原理

可控整流电路的作用是把交流电变换为电压值可以调节的直流电。实训图 8－1 所示为单相半波整流实验电路。主电路由负载 R_L（灯泡）和晶闸管 VT_1 组成，触发电路为单结晶体管 VT_2 及一些阻容元件构成的阻容移相桥触发电路。改变晶闸管 VT_1 的导通角，便可调节主电路的可控输出整流电压（或电流）的数值，这一点可由灯泡负载的亮度变化看出。晶闸管导通角的大小决定于触发脉冲的频率 f，由公式

$$f=\frac{1}{RC}\ln\left(\frac{1}{1-\eta}\right)$$

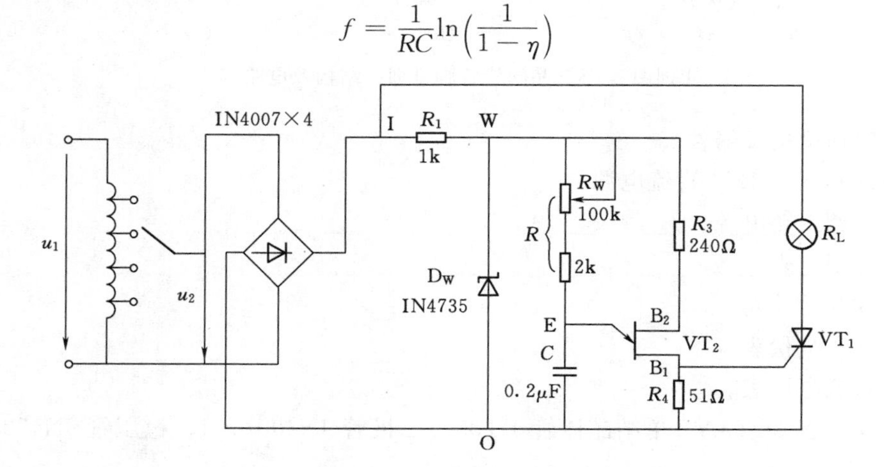

实训图 8－1　单相半波整流实验电路

可知，当单结晶体管的分压比 η（一般在 0.5～0.8 之间）及电容 C 值固定时，则频率 f 大小由 R 决定。因此，通过调节电位器 R_w 便可以改变触发脉冲频率，主电路的输出电压也随之改变，从而达到可控调压的目的。

用万用电表的电阻挡（或用数字万用表二极管挡）可以对单结晶体管和晶闸管进行简易测试。

实训图 8－2 所示为单结晶体管 BT33 管脚排列、结构及电路符号。好的单结晶体管

PN结正向电阻R_{EB1}、R_{EB2}均较小，且R_{EB1}稍大于R_{EB2}，PN结的反向电阻R_{B1E}、R_{B2E}均应很大，根据所测阻值，即可判断出各管脚及管子的质量优劣。

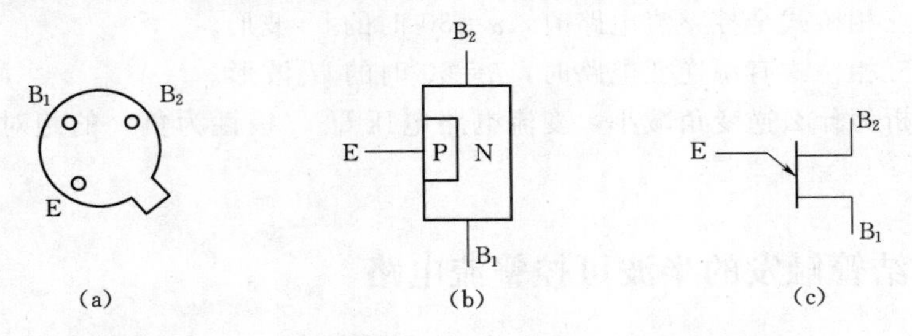

实训图8-2 单结晶体管BT33管脚排列、结构及电路符号

实训图8-3所示为晶闸管3CT3A管脚排列、结构及电路符号。晶闸管阳极（A）—阴极（K）及阳极（A）—门极（G）之间的正、反向电阻R_{AK}、R_{KA}、R_{AG}、R_{GA}均应很大，而G—K之间为一个PN结，PN结正向电阻应较小，反向电阻应很大。

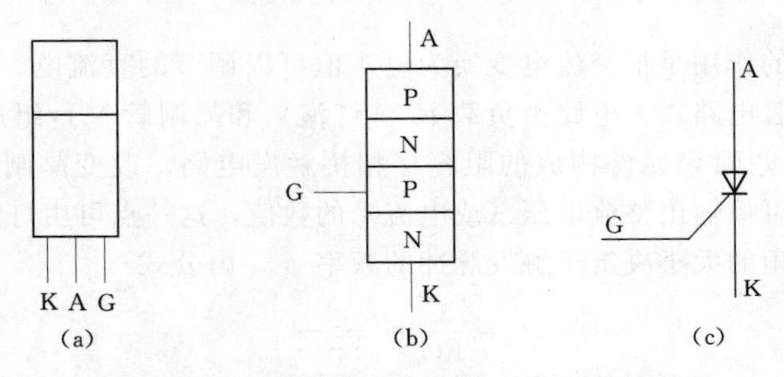

实训图8-3 晶闸管管脚排列、结构及电路符号

三、实训设备及器件

（1）±5V、±12V直流电源。

（2）可调工频电源。

（3）万用电表。

（4）双踪示波器。

（5）交流毫伏表。

（6）直流电压表。

（7）晶闸管3CT3A、单结晶体管BT33、二极管IN4007×4、稳压管IN4735、灯泡12V/0.1A。

四、实训内容

1. 单结晶体管的简易测试

用万用电表$R\times10\Omega$挡分别测量EB_1、EB_2间正、反向电阻，记入实训表8-1中。

实训表8-1 单结管实验记录表

R_{EB1}/Ω	R_{EB2}/Ω	$R_{B1E}/k\Omega$	$R_{B2E}/k\Omega$	结论

2. 晶闸管的简易测试

用万用电表 $R\times1k\Omega$ 挡分别测量 A—K、A—G 间正、反向电阻；用 $R\times10\Omega$ 挡测量 G—K 间正、反向电阻，记入实训表 8－2 中。

实训表 8－2　　晶闸管实验记录表

R_{AK}/kΩ	R_{KA}/kΩ	R_{AG}/kΩ	R_{GA}/kΩ	R_{GK}/kΩ	R_{KG}/kΩ	结论

3. 晶闸管导通、关断条件测试

断开±12V、±5V 直流电源，按实训图 8－4 所示连接实验电路。

(1) 晶闸管阳极加 12V 正向电压，门极加 5V 正向电压，观察管子是否导通（导通时灯泡亮，关断时灯泡熄灭）。管子导通后，去掉＋5V 门极电压，反接门极电压（接－5V），观察管子是否继续导通。

(2) 晶闸管导通后，去掉＋12V 阳极电压、反接阳极电压（接－12V ），观察管子是否关断。记录之。

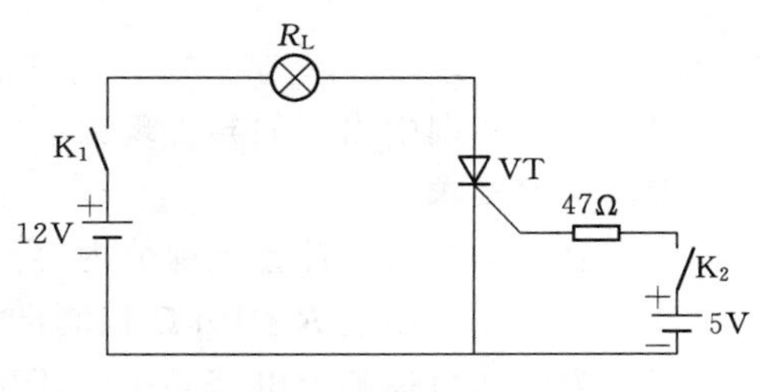

实训图 8－4　晶闸管导通、关断条件测试

4. 晶闸管可控整流电路

按实训图 8－1 所示连接实验电路。取可调工频电源 14V 电压作为整流电路输入电压 u_2，电位器 R_W置中间位置。

(1) 单结晶体管触发电路。

1) 断开主电路（把灯泡取下），接通工频电源，测量 U_2值。用示波器依次观察并记录交流电压 u_2、整流输出电压 u_I（I—0）、削波电压 u_W（W—0）、锯齿波电压 u_E（E—0）、触发输出电压 u_{B1}（B_1—0）。记录波形时，注意各波形间对应关系，并标出电压幅度及时间。

2) 改变移相电位器 R_W阻值，观察 u_E及 u_{B1}波形的变化及 u_{B1}的移相范围，记入实训表 8－3 中。

实训表 8－3　　电压参数记录表

u_2	u_I	u_W	u_E	u_{B1}	移相范围

(2) 可控整流电路。断开工频电源，接入负载灯泡 R_L，再接通工频电源，调节电位器 R_W，使电灯由暗到中等亮，再到最亮，用示波器观察晶闸管两端电压 u_{T1}、负载两端电压 u_L，并测量负载直流电压 U_L及工频电源电压 U_2的有效值，记入实训表 8－4 中。

实训表 8－4　　半波可控整流参数记录表

	暗	较亮	最亮
u_L波形			

续表

	暗	较亮	最亮
u_T波形			
导通角 θ			
U_L/V			
U_2/V			

五、实训总结

(1) 总结晶闸管导通、关断的基本条件。

(2) 画出实训中记录的波形（注意各波形间的对应关系），并进行讨论。

(3) 对实训数据U_L与理论计算数据$U_L=0.9U_2\dfrac{1+\cos\alpha}{2}$进行比较，并分析产生误差的原因。

(4) 分析实训中出现的异常现象。

六、预习要求

(1) 复习晶闸管可控整流部分内容。

(2) 可否用万用表 $R\times 10\text{k}\Omega$ 挡测试管子？为什么？

(3) 为什么可控整流电路必须保证触发电路与主电路同步？本实训操作是如何实现同步的？

(4) 可以采取哪些措施改变触发信号的幅度和移相范围？

(5) 能否用双踪示波器同时观察u_2和u_L或u_L和u_{T1}波形？为什么？

参 考 文 献

[1] 王兆安，黄俊．电力电子技术［M］．北京：机械工业出版社，2009.
[2] 莫正康．电力电子应用技术［M］．北京：机械工业出版社，2010.
[3] 陈伯时．电力拖动自动控制系统［M］．北京：机械工业出版社，2005.
[4] （美）比马尔．K．博斯（Bimal K. Bose）．Modern Power Electronics and AC Drives［M］．北京：机械工业出版社，2003.
[5] 胡寿松．自动控制原理［M］．北京：科学出版社，2005.
[6] 浣喜明，姚为正．电力电子技术［M］．北京：高等教育出版社，2001.
[7] 王云亮．电力电技术［M］．北京：电子工业出版社，2004.
[8] 黄家善，王廷才．电力电子技术［M］．北京：机械工业出版社，2000.
[9] 袁燕．电力电子技术［M］．北京：中国电力出版社，2005.
[10] 王兆安，张明勋．电力电子设备设计和应用手册［M］．北京：机械工业出版社，2009.
[11] 刘峰，孙艳萍．电力电子技术［M］．大连：大连理工大学出版社，2006.
[12] 张乃国．UPS供电系统手册［M］．北京：电子工业出版社，2003.
[13] 杜少武．现代电源技术［M］．合肥：合肥工业大学出版社，2010.
[14] 冯垛生，张淼．变频器的应用与维护［M］．广州：华南理工大学出版社，2007.
[15] 陶权，吴尚庆．变频器应用技术［M］．广州：华南理工大学出版社，2007.
[16] 石秋洁．变频器应用基础［M］．北京：机械工业出版社，2003.
[17] 姚锡禄．变频技术应用［M］．北京：电子工业出版社，2009.
[18] 路秋生．开关电源典型技术与应用［M］．北京：电子工业出版社，2009.
[19] 周志敏，周纪海，纪爱华．开关电源实用电路［M］．北京：中国电力出版社，2006.
[20] 吴广祥．王伟．电工电子技术［M］．郑州：中国电力出版社，2008.
[21] 梁南丁，叶予光，王春莹．电力电子技术［M］．北京：北京大学出版社，2009.
[22] 周克宁．电力电子技术［M］．北京：机械工业出版社，2006.
[23] 刘雨棣．电力电子技术及应用［M］．西安：西安电子科技大学出版社，2006.
[24] 蒋渭忠．电力电子技术应用教程［M］．北京：电子工业出版社，2009.

参 考 文 献

[illegible]